U0189707

现代油脂科技丛书

南瓜籽油加工技术

主　编　雷芬芬　闫子鹏　何东平

中国轻工业出版社

图书在版编目（CIP）数据

南瓜籽油加工技术 / 雷芬芬，闫子鹏，何东平主编
. — 北京：中国轻工业出版社，2024.7
ISBN 978-7-5184-4624-7

Ⅰ.①南…　Ⅱ.①雷…　②闫…　③何…　Ⅲ.①南瓜—
油料加工　Ⅳ.①TS225.1

中国国家版本馆 CIP 数据核字（2024）第 065328 号

责任编辑：刘逸飞　　责任终审：李建华
文字编辑：赵晓鑫　　责任校对：晋　洁　　封面设计：锋尚设计
策划编辑：张　靓　　版式设计：砚祥志远　　责任监印：张　可

出版发行：中国轻工业出版社（北京鲁谷东街 5 号，邮编：100040）
印　　刷：北京君升印刷有限公司
经　　销：各地新华书店
版　　次：2024 年 7 月第 1 版第 1 次印刷
开　　本：720×1000　1/16　印张：15.75
字　　数：322 千字
书　　号：ISBN 978-7-5184-4624-7　定价：98.00 元
邮购电话：010-85119873
发行电话：010-85119832　010-85119912
网　　址：http://www.chlip.com.cn
Email：club@ chlip.com.cn

本书编写人员

主　　编

　　　雷芬芬　武汉轻工大学

　　　闫子鹏　河南华泰粮油机械股份有限公司

　　　何东平　武汉轻工大学

参编人员

　　　陈　东　武汉轻工大学

　　　周　力　武汉轻工大学

　　　洪坤强　武汉轻工大学

前　言

南瓜在我国已有 500 余年的栽培历史，是典型的药食两用植物之一，在全国广泛栽培。南瓜籽是南瓜成熟后的主要副产品，含有大量脂肪、蛋白质、钙、钾、锌、镁等营养成分。南瓜籽中油脂含量占 35% ~ 50%，可作为优质油料资源。南瓜籽油是世界上公认的高品质药食两用植物油，具有降低人体血清胆固醇和甘油三酯、预防男性前列腺疾病、降低血糖、预防糖尿病、促进新陈代谢等作用。南瓜籽油中不饱和脂肪酸占 80% 左右，与葵花籽油、橄榄油等接近，还含有共轭亚油酸和花生四烯酸，同时还含有丰富的活性成分，如生育酚、类胡萝卜素、甾醇、角鲨烯等，南瓜籽油独特的甾醇组成被认为是决定其功能活性的关键。

本书以南瓜籽油开发利用为出发点，介绍了南瓜籽和南瓜籽油、南瓜籽油加工技术、南瓜籽油品质提升技术、南瓜籽油乳液制备技术及南瓜籽油加工副产物（南瓜籽蛋白和多肽）开发利用等内容，在系统介绍相关理论内容的基础上，展示了编者团队在功能性南瓜籽油开发应用方面的研究成果，旨在促进南瓜子油产业的发展。本书可作为南瓜及南瓜籽加工企业人员的专业参考书和企业员工培训的参考资料。

本书的主要研究内容得到了湖北省技术创新专项重大项目（2019ABA116）和第六届中国科协青年人才托举工程项目（YESS20200380）的资助。

本书共分九章，编写人员为武汉轻工大学雷芬芬（第一章、第六章至第九章）、武汉轻工大学何东平（第二章）、河南华泰粮油机械股份有限公司闫子鹏（第三章）、武汉轻工大学周力（第四章）、武汉轻工大学陈东、洪坤强（第五章）。

本书特邀武汉轻工大学陈文麟教授主审，感谢他的辛勤劳动和悉心指导。

感谢武汉轻工大学油脂及植物蛋白科技创新团队胡传荣教授、张四红副教授、罗质副教授、田华老师、高盼博士、钟武博士、殷娇娇博士等对本书的指导和贡献。武汉轻工大学杨晨、孔凡、陈雅琪、曹子伦、陈玲、雷锦舸、胡田媛、梁英杰、段小禹、赵思雅、欧丽香和韩梅等研究生参与了木书的文字校正和绘图工作，在此向他们表示衷心感谢。

本书的出版得到了河南华泰粮油机械股份有限公司资助，在此特表谢意。

由于编写人员水平有限，书中恐多疏漏，敬请读者不吝赐教。衷心希望聆听各方意见，来函请发 E-mail（E-mail：fenfenlei@ whpu. edu. cn）。

编者

目录

第一章 南瓜、南瓜籽及南瓜籽油

第一节 南瓜

一、概述

南瓜又称倭瓜、番南瓜、饭瓜等，属于葫芦科（Cucurbitaceae）南瓜属（*Cucurbita*），一年或多年生蔓生草本植物。茎上有关节，叶柄粗壮，叶片呈椭圆形或卵圆形；果柄粗，有棱和槽；瓠果形状多样，因品种而异，常有数条纵沟或无；种子多数呈长卵形或长圆形，花冠黄色，钟状。花期6~7月，果期7~8月。原产地在亚洲南部和中南美洲。

由于原产地贫瘠干旱，南瓜具有非常强的生命力，对气候适应能力强，在世界各地得到普遍种植。

在我国，南瓜一词最早出现在元代养生家贾铭所著的《饮食须知》一书中。南瓜是常见的蔬菜品种之一，在我国已有500余年的栽培历史，一直被认为是一种粗放蔬菜，可被直接食用。如今我国也是南瓜种植的大国，种植面积已达100多万 hm^2，产量达4000万t左右，约占全世界产量的40%，尤其是在东北地区，南瓜的种植非常广泛。近年来南瓜因其丰富的营养和保健价值被广泛应用于保健品行业，此外还有观赏、饲料、籽用等多种用途。

（一）南瓜的品种

南瓜对环境适应性很强，在世界各地都有广泛分布。其主要品种有：印度南瓜（*Cucurbita maxima*）、墨西哥南瓜（*Cucurbita argyrosperma*）、美洲南瓜（*Cucurbita pepo*）、黑籽南瓜（*Cucurbita ficifolia*）和中国南瓜（*Cucurbita moschata*）。本书着重介绍其中3种。

1. 中国南瓜

（1）蜜本南瓜 早熟杂交种，果实底部膨大，瓜身稍长，近似木瓜形状，老熟果黄色，有浅黄色花斑。果肉细密甜糯。全生育期约95d，单果重约2kg，对病毒侵害有较强抗性。

（2）黄狼南瓜 又称小闸南瓜。植株生长势强，茎蔓粗，分权多，节间长。第一雌花着生于主蔓第15~16节，以后每隔1~3节出现雌花。果实长棒槌形，纵径约45cm，横径15cm左右。果皮橙红色，完全成熟后被覆蜡粉。果肉厚，肉质细腻味甜，较耐贮运。全生育期 110~120d，单果重 1.5kg 左右。

（3）大磨盘南瓜　第一雌花着生于主蔓第 8~10 节。果实呈扁圆形，状似磨盘，横径 30cm 左右，高约 15cm。嫩果皮色墨绿，完全成熟后变为红褐色，有浅黄色条纹，被覆蜡粉。果肉橙黄色，含水分少，味甜质面，单果重 3kg 左右。

（4）小磨盘南瓜　早熟品种，第一雌花着生于主蔓第 8~10 节。果实呈扁圆形，状似小磨盘。嫩果皮色青绿，完全成熟后变为棕红色，有纵棱。果肉味甜质面，单果重 2kg 左右。

（5）牛腿南瓜　晚熟品种，果实长筒形，末端膨大，内有种子腔。果肉粗糙，肉质较粉，耐贮运。全生育期 110~120d，单果重 1.5~4kg。

（6）蛇南瓜　中熟品种，果实蛇形，种子腔所在的末端不膨大。果肉致密，味甜质粉，糯性强品质好。全生育期约 100d。

（7）甘栗王　早熟杂交一代，生长势强，茎蔓粗壮，叶色浓绿，第一雌花节位第 6~8 节，可连续出现雌花，坐果性好，果实发育期 40d 左右。单瓜重 2kg 左右，果实扁圆形，果皮深绿色，果实整齐一致，商品率高。肉厚 3.2cm，肉质致密，粉质高，风味口感好。耐低温弱光，抗热，抗病毒病，适应性广。一般亩产 2000kg 左右。

（8）红栗王　早熟杂交一代，生长势较强，茎蔓粗壮，叶色绿，第一雌花节位第 4~6 节，可连续出现雌花，坐果性好，果实发育期 35~40d。单瓜重 1.5kg 左右，果实扁圆形，果皮深绿色，果实整齐一致，商品率高。肉厚 3.0~3.2cm，肉质致密，粉质高。耐低温弱光，抗病毒病，适应性广。一般亩产 1800~2000kg。

（9）砍瓜　葫芦科南瓜，属于中国南瓜的一个变种。其生长特性和种植技术与普通南瓜基本相同，对自然环境、土壤要求不高，春夏均可种植，每棵瓜秧能结 2~4 个瓜，每个瓜长 0.9~1.7m，重 6~9kg。砍瓜之所以能被砍伤而再生，是因为它含有大量的植物愈合素，这种成分可加速伤口愈合。砍瓜绿蔓攀缘，叶片为心形，背面有茸毛。同株异花，花呈黄色，为大喇叭形。雄花茎基部 30~50cm 处开花，雌花茎基部 150cm 处开花，一般以主蔓结瓜为主，权瓜为辅。瓜为长圆柱形，瓜色先绿后黄，长度一般 120cm 左右，最长可达 150cm 左右，直径 12~15cm。瓜的生理成熟期为 20~26d。砍瓜根系发达，对土壤的适应性广泛。

2. 印度南瓜

（1）东升　叶片颜色深绿，分枝中等，第一雌花着生于主蔓第 7~8 节。嫩果圆形皮色黄，完全成熟后变为橙红色扁圆果，有浅黄色条纹。果肉金黄色，纤维少，肉质细密甜糯。单果重 1.2kg 左右。

（2）一品　果实扁圆形，果皮黑绿色，有灰绿色斑纹。果肉黄色，味甜质粉。单果重 1kg 左右。

（3）早生赤栗　生长势强，连续坐果性好。果实扁圆形，果皮金红色，有浅黄色条纹。果肉橘黄，味甜质粉。全生育期 80d 左右，单果重约 1.5kg。

（4）甜栗　生长势强，连续坐果性好。果实扁圆形，果皮深绿色，有浅色斑纹。果肉黄色，质细粉糯，口味香甜，品质极佳。全生育期 80d 左右，单果重约 1.5kg。

（5）锦栗　果实墨绿色扁圆形，有浅色斑。果肉橙黄色，肉质细密甜粉。单果重 1.5kg 左右。

（6）红栗　果实橙红色扁圆形。果肉味甜质粉。单果重 2kg 左右。

3. 黑籽南瓜

黑籽南瓜为多年生蔓生草本植物，原产中美洲至南美洲海拔较高的山谷里，生长环境极为严苛，日照在 13h 以上的地区或季节不会形成花芽，极为稀有。

（二）南瓜果肉的营养组成

南瓜是人们食物中非常理想的低脂食品，营养成分丰富，营养价值较高，含有糖类、蛋白质、脂肪、维生素 A、B 族维生素、维生素 C、维生素 E、葫芦巴碱、腺嘌呤、戊聚糖、甘露醇、膳食纤维、叶黄素，同时还含有 K、Na、Ga、P 等矿物元素，是宝贵的保健和功能性食品，这些成分可促进肠胃蠕动，帮助食物消化吸收，适合中老年人以及高血压患者食用。《本草纲目》记载南瓜藤有清热的作用，瓜蒂有安胎的功效，治牙痛。南瓜果肉的主要营养成分见表 1-1。

表 1-1　　　　　　　　　　　　南瓜果肉的主要营养成分

营养成分	含量	营养成分	含量
水分/%	90	脂肪/%	0.1
蛋白质/%	0.6	膳食纤维/%	0.8
糖类/%	5.8	维生素 C/（mg/100g）	8

二、南瓜栽培分布概况

南瓜具有良好的栽培特性，管理方便，易成活，对环境要求不高，引入我国后被普遍栽种，在东北地区、华北地区、西北地区、西南地区、东南沿海地区及长江中游地区皆有种植。

根据联合国粮食及农业组织（FAO）统计，2010—2020 年，我国南瓜每年生产总量从 670 万 t 增至 750 万 t，占世界总产量的 1/4 以上，总产量居世界第一。我国在 2020 年南瓜栽培面积约 40 万 hm^2，占世界总收获面积的 19.98%，栽培面积居世界第二，仅次于印度（2020 印度南瓜栽培面积 53 万 hm^2）。我国不仅是南瓜生产大国，更是南瓜消费大国，随着人们饮食结构的改善及近年来对南瓜营养成分的深入研究，大众在了解到南瓜的食用价值后越来越喜欢它了。不仅国内南瓜栽培面积和产量在不断增长，全世界南瓜栽培面积也在不断扩大（表1-2）。

表1-2　中国、印度及全世界南瓜栽培面积及产量（2020年，FAO）

国家	面积/hm²	面积占世界比重/%	产量/t	产量占世界比重/%
中国	403442	19.98	7483470	26.76
印度	532619	26.37	5113692	18.29
世界	2019564	100	27962742	100

我国南瓜的主要种植产区和品种如下：

1. 山西省

山西省位于我国黄河中游地区，属于温带大陆性季风气候，夏季高温多雨，光热资源丰富，适宜南瓜的种植。"甜面大南瓜"在当地具有较大的种植面积。山西对短蔓南瓜"蜜冠"的研究较为深入并大面积生产，是世界上最早判明南瓜的裸仁（薄皮种）性状、无蔓（矮生）性状遗传规律的省份。1982年，在山西发现纯系裸仁型南瓜，进行研究成功培育定名为"6518"裸仁型南瓜，后经选育推广出新品种"无蔓1号""无蔓2号""无蔓3号""无蔓4号"。根据山西省统计局数据显示，2018年以南瓜为首的瓜类蔬菜种植面积23700hm²，占全省蔬菜总面积13.4%；瓜类产量127.7万t，占全省蔬菜总产量的15.5%。是国内闻名的南瓜制种及生产地。

2. 黑龙江省

黑龙江省地域辽阔，位于我国东北，农业用地占全省土地面积的83.5%，是耕地面积最大的省份。黑龙江黑土肥沃，土壤有机质丰富，加上独特的气候条件及地理位置使当地昼夜温差大，病虫害较轻，种植生长季节温光资源丰富，利于南瓜生长。黑龙江南瓜种植面积在20万hm²以上。黑龙江果肉用南瓜的种植主要分布在牡丹江市、哈尔滨市、大庆市等地。黑龙江种植的多为绿皮南瓜，随着市场南瓜种类的日益丰富，从以前的单一品种"谢花面"发展到现在的多品种共同种植。随着灰皮南瓜市场需求逐渐上升，黑龙江也开始种植以"贵族南瓜""银栗南瓜"为代表的灰皮南瓜。黑龙江籽用南瓜的种植主要集中在牡丹江市、七台河市、齐齐哈尔市等地，品种为"银辉2号""无权南瓜"和"金贝1号"。每年生产的籽用南瓜籽粒饱满、种仁大、品质好，主要出口到韩国、日本、加拿大、俄罗斯等国，南瓜籽出口量占全国的70%。

3. 甘肃省

甘肃省地处我国内陆西部地区，全年干旱少雨，昼夜温差大，适宜南瓜制种业的发展，主要种植区分布在武威市、庆阳市及其周边农场。武威种植的籽用南瓜多为无壳瓜籽，主要采用在沙土地中地膜覆盖栽培，每年种植面积约达 5600hm²，每公顷产量 1740~2640kg，年产籽量达 8000~10000t。

4. 内蒙古自治区

内蒙古不仅是籽用南瓜产区，更是籽用南瓜取籽机械加工的主要生产基地，南瓜种植主要分布在巴彦淖尔市临河区、呼伦贝尔市、鄂尔多斯市、乌兰察布市凉城县等地。内蒙古南瓜年种植面积约占全国种植面积的 17.5%，达 7.0 万 hm²。每公顷产量 1200~2250kg，年产南瓜籽 8.0 万~11.0 万 t，主要销售至甘肃省和东北地区。

5. 云南省

云南是国内重要的蔬菜生产和出口大省，南瓜生产在云南占有重要地位。云南夏季受海洋季风影响，冬季受大陆季风影响，加上错综复杂的地形地貌使当地气候呈现出多样性，因此不同的南瓜资源在云南也呈现出地理分布的多样性，主要集中在滇中、滇东、滇北一带。以昆明市嵩明县、曲靖市会泽县、楚雄彝族自治州南华县等为例的温带种植的南瓜品种不耐高温、低温、高湿、冷害；以玉溪市元江哈尼族彝族傣族自治县、楚雄彝族自治州元谋县为例的高热河谷地区种植的南瓜品种耐高温；以临沧市、红河哈尼族彝族自治州、怒江傈僳族自治州为例的地带种植的南瓜品种耐高温、高湿，不耐低温；而在香格里拉市、昭通市等地种植的南瓜品种耐低温能力强，耐高温能力弱。

三、南瓜加工产业存在的主要问题

1. 加工深度及综合利用

我国南瓜资源丰富，但存在加工深度及原料综合利用程度不高，产业链不够延伸等突出问题。目前南瓜加工产业比较成熟的是南瓜籽加工，但也仅限于商品南瓜籽，如黑龙江省宝清县南瓜产业示范园年生产有机南瓜籽 8000~10000t，每年可出口创汇近 3000 万美元，产生了良好的经济效益。南瓜籽油、南瓜籽蛋白等深加工产业还有很大的发展空间。此外，南瓜皮、南瓜藤等利用化程度更低，迫切需要进行有效开发和利用。

2. 南瓜保藏技术

南瓜收获季节性强，含水量大，易腐烂变质，导致原料的损耗及品质劣化，而适宜的保藏是南瓜深加工和产品开发的关键环节，也是加工企业实现全年生产的根本保障。南瓜的保藏主要是保鲜和干燥，而目前针对南瓜原料保鲜和干燥技术方面的研究相对较少。南瓜干燥的关键问题是原料含水量大，干燥时间长、成本高，热风干燥等传统干燥方法很难有效解决根本问题，而冷冻干燥成本高、喷雾干燥因原料含糖量过高也难以顺利实施；南瓜保鲜问题也是长期困扰鲜食南瓜产业发展的关键问题。所以，南瓜保鲜、干燥的新技术、新方法是亟待研究的课题，以形成适合鲜食南瓜保鲜及原料干燥的技术及装备，从而解决南瓜加工产业原料保藏关键技术问题。

3. 高附加值产品开发

目前南瓜产品的附加值偏低，多为原始产品，如整只南瓜（蔬菜类）、南瓜籽等，市售加工产品也多为简单的加工产品，诸如南瓜糕、南瓜馒头、南瓜粉等大众化产品，且多为小规模甚至手工作坊加工，难以产生规模化效应。而南瓜果胶、南瓜多糖、南瓜色素、南瓜蛋白等高附加值产品多停留在实验研究阶段，尚未实现产业化，故远未挖掘出南瓜应有的附加值。

4. 加工规模

南瓜加工企业目前规模一般较小，并且加工技术及设备还不完善，产品研发实力不足，很难形成规模化效益。而南瓜采收季节性强，小规模的加工企业很难及时完成采收后的大量南瓜加工任务，不可避免地造成原料的损耗。同时，上述原料保藏问题也难以保障常年生产的原料供应，从而制约了大规模南瓜加工企业的发展。

5. 大众对南瓜及其产品的认知

目前大众对南瓜的营养成分、保健功能等诸多方面认知还不够，没有充分认识到南瓜的重要价值；加之由于饮食习惯等原因，人们对南瓜产品的接受度还不高，大多只认可原始南瓜，作为偶尔的蔬菜搭配选项，故南瓜加工产品的市场培育依然任重道远。

第二节 南瓜籽

一、概述

南瓜籽为南瓜的种子，形状是扁平椭圆形，黄白色的外表皮，其表面可以看到少量绒毛；种皮较厚，种脐不明显。除去种皮，即见绿色的胚乳。中医认为，南瓜籽味甘且无毒，具有杀虫、补肾、去痰、止咳和消肿等功效。近几年来研究结果表明，经常食用南瓜籽，不仅能降低人体血清胆固醇和甘油三酯，而且还能预防前列腺病，促进溃疡愈合，加快胆汁分泌，增进肠胃蠕动，防止便秘等。目前，对于南瓜籽的开发利用主要是用来制油、果汁饮料、直接食用的焙烤食品等。

二、营养组成

南瓜籽含有的营养成分，见表1-3。

表 1-3		南瓜籽的营养成分
营养成分	种类	特点
脂肪酸	油酸，亚油酸，棕榈酸，棕榈油酸，硬脂酸，亚麻酸，肉豆蔻酸，花生酸，二十二碳酸	油脂含量高，达到 40.4% ~ 41.0%，高于大豆（20%），略低于葵花籽（51.5%）；脂肪酸组成中不饱和脂肪酸含量为 76.9% ~ 91.5%，堪比大豆油（84.3%）和葵花籽油（89.4%）；不饱和脂肪酸组成主要是亚油酸、油酸，其中亚油酸含量达到 43.0% ~ 64.0%，与大豆油，葵花籽油接近
氨基酸	亮氨酸，异亮氨酸，赖氨酸，色氨酸，精氨酸，组氨酸，谷氨酸，丙氨酸，甘氨酸，苯丙氨酸，酪氨酸，苏氨酸，缬氨酸，丝氨酸，南瓜子氨酸	蛋白质含量高达 30% ~ 40%，含有人体必需的 8 种氨基酸
类脂物	植物甾醇酯，磷脂酰胆碱，脑磷脂，脑苷脂，类胡萝卜素等	抗氧化活性强
维生素	B 族维生素，维生素 C，维生素 E，芦丁等	抗氧化活性强
矿物质	锌，铁，钙，磷，钾，钠等	具有多种生理功能
其他	水苏糖，棉籽糖，毛蕊花糖，胰蛋白酶抑制剂，植酸，单宁	生吃南瓜籽可预防过敏反应

1. 蛋白质

南瓜籽的蛋白质含量丰富，但不同品种之间含量差异较大。南瓜籽蛋白质含量高达 30% ~ 40%，特别是脱脂后的南瓜籽粕中蛋白质含量可高达 66%。从氨基酸组成来看，南瓜籽蛋白质含有苏氨酸、丝氨酸、谷氨酸、甘氨酸、丙氨酸、缬氨酸、甲硫氨酸、异亮氨酸、亮氨酸、苯丙氨酸、赖氨酸、组氨酸、精氨酸等 17 种氨基酸，总含量为 30.03g/100g，包括含有成人必需的 8 种氨基酸和儿童必需的组氨酸，含量超过 FAO 与世界卫生组织（WHO）所推荐的标准，必需氨基酸比例与人体所需要的氨基酸模式相似。

据研究测定，南瓜籽蛋白质的氨基酸总量为 527.1mg/g（高于大豆的 456.5mg/g），必需氨基酸含量为 180.7mg/g，占氨基酸总量的 34.3%，其中赖氨酸、甲硫氨酸和苏氨酸等限制性氨基酸含量较高，分别为 1.405，0.739，1.480g/100g。

由此可见，南瓜籽蛋白质的营养成分种类丰富，含量高，是一种优质的植物蛋白资源。

2. 脂肪酸

南瓜籽油的不饱和脂肪酸含量为 76.9%~91.5%，单不饱和脂肪酸含量高于 35%（其中棕榈油酸占 15%，油酸 23.8%~33.1%）。由于产地与品种的不同，南瓜籽的含油量和脂肪酸组成也不尽相同。

3. 多糖

南瓜籽多糖具有抗氧化、降三高（高血压、高血糖、高血脂）、抗肿瘤、抑菌等作用。南瓜籽多糖表面平整，具有不定型性。通过复合酶法（木瓜蛋白酶+纤维素酶）提取南瓜籽多糖，在提取时间 43min，提取温度 60℃，酶添加量 2.5% 以及 pH 6.0 时，南瓜籽多糖的得率约为 3.22%；通过热水浸提法提取南瓜籽多糖，得率约为 2.18%。南瓜籽多糖由鼠李糖、阿拉伯糖、木糖、甘露糖、葡萄糖、半乳糖 6 种单糖组成，不含糖醛酸；超声辅助提取，在最优的条件下，南瓜籽多糖的得率约为 2.29%。

4. 维生素

南瓜籽中含有 B 族维生素、维生素 C、维生素 E 等。南瓜籽中含量最丰富的是维生素 E，其中含量最高的是 γ-生育酚（4794.1~5270.2mg/kg），含量最低的是 δ-生育三烯酚（1.3~2.4mg/kg）。γ-生育酚抗氧化功能很强，是人体高效的抗氧化剂，具有抗炎、预防肠癌等多种功效。

5. 矿物质

南瓜籽中含有钙、镁、钾、钠等常量矿物质元素，铁、铜、锌、硒、铬、锰等微量矿物质元素。这些矿物质元素是人类生命活动之必需，具有维持细胞内外渗透压正常、神经肌肉细胞的兴奋性、细胞膜通透性和细胞正常生理活性等多种功能，也是机体细胞各种生化反应的催化剂。

6. 其他活性成分

南瓜籽中还含有单宁、类胡萝卜素、水苏糖、棉籽糖、甾醇、角鲨烯等其他活性成分。其中，单宁具有抗营养作用，但适量的单宁具有促生长、提高抗病力等作用。南瓜籽甾醇可以提高机体抗氧化能力。角鲨烯是一种重要的多不饱和三萜类物质，能参与机体多种生理过程，具有抗氧化、增强免疫力、防癌、抗菌抑菌、提高动物繁殖能力等功效。

三、南瓜籽深加工产品

1. 南瓜籽油

南瓜籽是优质的油料资源。南瓜籽油的色泽呈红棕色，气味芳香，含有丰富的不饱和脂肪酸和生物活性物质，具有抗氧化、抗炎、免疫调节等功能，是公认的一种高品质食药两用的植物油。南瓜籽油提取方法主要有热榨、冷榨、溶剂萃取、水酶法、超声波辅助提取法等。为了保护南瓜籽中的天然活性成分，避免传统高温压榨和浸出带来的不利影响，市面上售卖的南瓜籽油大多是以冷榨工艺制得。

2. 南瓜籽粉

南瓜籽粉是南瓜籽经干燥粉碎后过细筛得到的。南瓜籽粉冲调饮品风味独特，食用方便，改变了南瓜籽产品单一的局面，是一种具有广阔市场的新型食品。南瓜籽粉在营养组成上与南瓜籽无异，同样有驱虫、抗氧化、降血糖等功效，目前已有广泛的应用，如生产具有保健功能的南瓜籽粉饮料、南瓜籽粉胶囊和速溶南瓜籽粉等产品。

3. 南瓜籽酸奶

南瓜籽酸奶是将无壳南瓜籽与纯净水按 1kg：6L 配制，破壁机打浆 4min，过 200 目筛。将南瓜籽浆与牛奶混合加热到 60℃左右，一级压力 20MPa，二级压力 5MPa 条件下均质。复配好的液体装入杀菌后的容器中，在 65℃下水浴杀菌 30min，迅速冷却至室温。发酵结束后，立即放入 4℃左右的冰箱冷藏后熟 10h。

南瓜籽酸奶颜色微绿，质地丝滑，入口柔顺，后味留有南瓜籽的香味，凝固性好。用南瓜籽和牛奶复合发酵的酸奶产品，不仅拥有普通酸奶的保健功能，还提升了南瓜籽的抗氧化、提高免疫力等优良特性。

4. 南瓜籽粕

南瓜籽粕是南瓜籽经压榨或浸提制油后得到的脱脂饼粕。南瓜籽粕的蛋白质含量为 53.0%~75.2%，高于其他常见油料粕，必需氨基酸占总氨基酸的 31%，含有 17 种氨基酸，其中还含有特殊的南瓜籽氨基酸。粗纤维和粗灰分也符合饲料标准中的要求，南瓜籽粕不含对机体有害的物质，是一种安全的蛋白质资源。南瓜籽粕添加的量为 12.5%的养鱼虾饲料，其饲养效果与传统鱼粉相近，成本更低。南瓜籽蛋白质具有多种生理活性，如降血糖和抗氧化作用，且对多种肿瘤细胞具有抑制增殖、诱导凋亡和诱导分化的作用。除了作为饲料，南瓜籽粕还可以用来生产南瓜籽酱油、南瓜籽蛋白等深加工产品。

南瓜籽粕粉与普通白面粉混合烘烤制作饼干，能得到具有特殊风味的南瓜籽饼干。南瓜籽粕粉不仅起到了酥油的作用，还可代替小麦粉，降低饼干中脂肪和糖的含量，因此可利用南瓜籽粕粉生产出更利于人们健康的南瓜籽饼干。

5. 南瓜籽炒货食品

南瓜籽从古至今多以炒食为主，炒制加工技术是南瓜籽经过干燥后进入炒制设备中进行翻炒，使其受热均匀，温度控制在 135℃左右，炒出的南瓜籽具有独特的风味。在炒制、贮藏南瓜籽过程中容易发生氧化而使其品质劣变，同时所产生的有害物质会损害消费者健康，从而影响生产及销售，需得选择合适的贮藏条件来防止炒制的南瓜籽发生劣变。

第三节　南瓜籽油

一、概述

用南瓜籽制得的毛油呈红棕色，有着浓郁的南瓜籽香味和焙烤气味，精炼过后则呈淡黄色。南瓜籽油就作为一种功能性油脂受到人们的关注与喜爱，如今其产量正处于上升阶段。

南瓜籽平均含油量与花生相当，油酸含量低于花生，但亚油酸含量高于花生。亚油酸含量越高，油的营养价值越高。可见，南瓜籽油的营养价值不低于花生油，且有高于花生油的趋势。南瓜籽与油菜籽相比，其含油量高于油菜籽，油酸平均含量与油菜籽基本持平，亚油酸含量显著高于油菜籽。南瓜籽与大豆相比，其营养价值的消化吸收性与大豆相当，然而大豆中亚麻酸含量相对较高，易被氧化劣变而产生"豆腥味"，南瓜籽油则无豆腥味。南瓜籽与油橄榄籽相比，其营养价值不相上下。

1. 南瓜籽油的化学组成

研究发现，对不同品种的南瓜籽进行脂肪及脂肪酸含量测定，粗脂肪占 $37.94\% \sim 59.36\%$（平均 48.40%），其中油酸含量为 $6.37\% \sim 25.13\%$（平均 16.59%），亚油酸为 $20.87\% \sim 58.10\%$（平均 39.53%）。有研究者用己烷抽提南瓜籽，经皂化、甲酯化后，利用毛细管色谱-质谱联用法（GC-MS）测定南瓜籽油中脂肪酸的组成，共鉴定出了 12 种不同的脂肪酸成分，结果显示以亚油酸和油酸为主，各自的相对含量分别为 38.60% 和 28.63%，其他成分还包括己酸、辛烯酸、棕榈油酸、棕榈酸、十七碳酸、硬脂酸、花生酸和二十二碳酸。南瓜籽油还富含多种微量营养素，其中，生育酚含量较高：α-生育酚和 γ-生育酚含量分别为 $2 \sim 91 mg/kg$ 和 $41 \sim 620 mg/kg$；还含有丰富的维生素 A、维生素 D 和维生素 K_1（叶绿醌）。此外，β-胡萝卜素、叶黄素、叶绿素等均被检出。值得一提的是，南瓜籽油含有丰富的植物甾醇，因其是油中的特殊组分而引起人们广泛的关注。南瓜籽油中主要的植物甾醇有豆二烯甾醇、豆三烯甾醇、燕麦甾醇和菠菜甾醇等，这些甾醇共同的结构特点是 7 位碳键上存在双键，这使得它们具有区别于其他植物油脂甾醇的特性，同时赋予南瓜籽油特殊的保健功能。还有人测出南瓜籽油中含有异黄酮类的多酚化合物，如异黄酮苷、染料木黄酮和似开环异落叶松树脂酚类化合物。

2. 南瓜籽油的理化性质

南瓜籽经粉碎、烘烤、压榨后，油脂的颜色为深绿色，与种皮的颜色基本一致。油脂的颜色取决于南瓜籽的品种和制油工艺。精炼后的南瓜籽油呈淡黄绿色、澄清的食用油。选取产自甘肃庆阳的籽用南瓜籽，采用溶剂浸提法提取南瓜籽油，对其理化指标测定结果见表1-4。

表1-4 南瓜籽油的理化性质

指标	性质参数	指标	性质参数
气味、滋味	南瓜籽油固有的气味和滋味，无异味	皂化值/（mg/g）	192
透明度	透明、澄清	过氧化值/（mmol/kg）	5.22
水分及挥发物/%	0.05	折射率	1.4734
色泽（25.4mm槽）	Y（黄）= 12，R（红）= 9，B（蓝）= 3	相对密度	0.9217
酸价/（mg/g）	0.27	加热反应	合格

二、南瓜籽油的营养与功能

南瓜籽油所含的不饱和脂肪酸在80%以上，同时含有丰富的生物活性化合物，如生育酚、甾醇、β-胡萝卜素、叶黄素、α-生育酚和γ-生育酚等。因此南瓜籽油是一种生物活性成分含量高的植物油，具有很强的抗氧化活性。南瓜籽油不仅作为食用油，而且作为一种保健品近年来受到了广泛的关注。

（一）南瓜籽油的营养成分

1. 脂肪酸

南瓜籽油脂肪酸含量较高，不饱和脂肪酸主要由亚油酸、油酸、亚麻酸组成（表1-5），其中亚油酸含量达43%～64%，亚油酸是人体不能合成的必需脂肪酸，具有降低血脂、软化血管、降低血压的作用，可预防或降低心血管发病率，特别是对高血压、高脂血症、心绞痛、冠心病、动脉粥样硬化等的预防极为有利，能防止人体血清胆固醇在血管中的沉积，有"血管清道夫"的美誉。研究者采用超临界CO_2流体萃取南瓜籽油，其中含亚油酸41.60%、油酸31.63%、棕榈酸9.55%、硬脂酸1.43%。亚油酸和油酸具有提高免疫力、软化血管、预防动脉粥样硬化等作用，所以南瓜籽油具有很高的营养价值。

表1-5 南瓜籽油的脂肪酸组成

脂肪酸	分子式	相对分子质量	含量/%
亚油酸甲酯	$C_{19}H_{34}O_2$	294	43.83
棕榈酸甲酯	$C_{17}H_{34}O_2$	270	23.39

续表

脂肪酸	分子式	相对分子质量	含量/%
油酸甲酯	$C_{19}H_{36}O_2$	296	13.03
硬脂酸甲酯	$C_{19}H_{38}O_2$	298	11.73
花生酸甲酯	$C_{21}H_{34}O_2$	326	1.15
山嵛酸甲酯	$C_{23}H_{46}O_2$	354	0.41
棕榈油酸甲酯	$C_{17}H_{32}O_2$	268	0.4
十七碳酸甲酯	$C_{18}H_{36}O_2$	284	0.26
其他	—	—	5.80

南瓜籽油中含有一定量的花生四烯酸。花生四烯酸是人体大脑和视神经发育的重要物质，对提高智力和增强视敏度具有重要作用。另外南瓜籽油还含有奇数碳脂肪酸，它们具有很强的抗癌活性。从医学和营养学角度考虑，南瓜籽油是一种理想的营养保健食用油脂。

南瓜籽油不仅能为人体提供能量，还是所需各种脂溶性生物活性成分的重要来源。脂肪酸是饱和或不饱和一元羧酸，是细胞膜和能量物质的主要成分，与细胞识别、特异性和组织免疫力密切相关。油脂中脂肪酸和脂溶性生物活性物质的组成影响着油脂在应用中的性能。因此，油脂中这些生物活性物质的准确表征对于选择高价值资源和合成生物活性化学原料至关重要。

2. 植物甾醇

植物甾醇是一种重要的天然甾体化合物，具有多种重要的生理功能，研究表明，由于植物甾醇与胆固醇的结构相似，植物甾醇具有胆固醇吸收抑制特性。除了降低胆固醇的作用外，植物甾醇还具有抗癌、抗动脉粥样硬化、抗炎和抗氧化活性的功能。

植物甾醇主要存在于水果、蔬菜等多种植物中。植物甾醇中比较常见的是 β-谷甾醇、菜油甾醇以及豆甾醇。研究发现，每日摄取 β-谷甾醇可起到预防食管癌的作用，摄取豆甾醇具有预防卵巢癌的作用。通过对南瓜籽油不皂化物的研究，发现其含有丰富的植物甾醇，且其特有的 $\Delta7$-植物甾醇有别于其他植物甾醇。研究发现南瓜籽油中的植物甾醇主要为 β-谷甾醇、$\Delta5,24$-豆甾二烯醇和 $\Delta7$-燕麦甾烯醇。

2010 年我国正式批准植物甾醇及其酯在食品中添加。植物甾醇具有减少胆固醇吸收、降低血清中低密度脂蛋白、抗氧化、预防动脉粥样硬化、调节免疫抑制肿瘤、预防前列腺疾病等多种生理功能，是植物油中一种非常重要的微量伴随物。

3. 生育酚

生育酚是在所有光合生物中普遍存在的亲脂性分子，在动植物的抗氧化和细胞膜保护中起着关键作用，还参与某些基因表达的调控。生育酚一共有 8 种同分异构体，包括 4 种生育酚（α-生育酚、β-生育酚、γ-生育酚和 δ-生育酚）和 4 种生育三烯醇（α-生育三烯醇、β-生育三烯醇、γ-生育三烯醇和 δ-生育三烯醇）。生育酚在食品加工领域具有非常广泛的应用，特别是在作为特殊人群食品的抗氧化剂、营养强化剂等方面具有重要意义，例如其能够在一定程度上降低乳腺癌的发病率。

南瓜籽油中含量最高的生育酚是 γ-生育酚（41~620mg/kg），是 α-生育酚含量（2~91mg/kg）的 5~10 倍。研究者比较了多种植物油的总酚含量，结果表明在一般情况下为 δ-生育酚>γ-生育酚>β-生育酚>α-生育酚，生育三烯酚含量高于与其对应的生育酚含量。生育酚的抗氧化作用的机理主要是通过自身被氧化成醌类物质，代替其他物质优先被氧化，从而中断油脂氧化的连锁反应，有效抑制脂类的氧化作用。综合多种文献研究，生育酚的抗氧化能力主要与生育酚的浓度和油脂的脂肪酸组成有关。在合适的浓度范围内，抗氧化能力随着浓度的提高而增强；在饱和脂肪酸含量较高的油脂中，生育酚的降解速率快，而在不饱和脂肪酸含量高的油脂中，生育酚的降解速率慢。不同生育酚异构体，抗氧化能力也不相同。

各类油脂中南瓜籽油的总酚含量最高（2.46mg CEA/100mg），其次是大麻籽油（2.45mg CEA/100mg）、大豆油（1.48mg CEA/100mg）和葵花籽油（1.20mg CEA/100mg），葡萄籽油的含量最低，仅为 0.51mg CEA/100mg。研究者测定出南瓜籽油中含有 6 种酚酸：原儿茶酸、咖啡酸、丁香酸、香草酸、香豆酸和阿魏酸，其中丁香酸含量最高。用高效液相色谱法测定了 6 种南瓜籽油中酚类物质的组成，所有南瓜籽油中都含有甾醇，多数南瓜籽油中含有香草酸，只有一种南瓜籽油中含有木犀草素。

4. 角鲨烯

角鲨烯（squalene），又称鲨萜、鲨烯，在食品、化妆品等领域均有应用，鲨烯是植物体内植物甾醇和萜烯生物合成中的碳氢化合物中间体，被广泛用于皮肤保湿剂、疫苗或亲脂性分子载体中。近些年有较多的相关研究，在南瓜籽油、橄榄油中有较高含量的角鲨烯。通过对我国不同地区南瓜籽油的角鲨烯含量进行测定，并进一步与其他植物油中的角鲨烯含量进行比较分析。结果表明南瓜籽油中角鲨烯含量为 310~446mg/kg，与橄榄油相近，高于核桃油、澳洲坚果油以及茶叶籽油等植物油中的含量。

5. 类胡萝卜素

类胡萝卜素是一种天然色素，可以使油脂呈黄红色。南瓜籽油中的类胡萝卜

素主要有 α-胡萝卜素、β-胡萝卜素、叶黄素和玉米黄素等。类胡萝卜素具有较强的功能性，如抗氧化和抗癌等功能，可以预防慢性疾病的发生。研究表明，南瓜籽油中类胡萝卜素含量为 7.67~26.80μg/g，主要包括玉米黄素（28.52mg/kg）、隐黄素（4.91mg/kg）、β-胡萝卜素（5957.6μg/kg）和叶黄素（270.1μg/kg）。

β-胡萝卜素分子在人体内可转化成 2 分子的维生素 A，维生素 A 对保护视力、预防眼疾有重要作用。其次，胡萝卜素是一种有效的生物抗氧化剂，它能清除体内自由基，单线态氧（$1O_2$）具有较高的免疫能力，它与维生素 C 可阻断致癌物质亚硝胺在体内合成，抑制癌细胞增生，阻止肿瘤生长。因此，南瓜已被公认为防癌食物。再者，南瓜按中等产量计算，胡萝卜素生产量可达 5~6kg/hm²，被公认为胡萝卜素含量高的蔬菜，而番茄和胡萝卜的胡萝卜素的生产量为 1~2kg/hm²。如果考虑到南瓜比胡萝卜和番茄栽培劳动力消耗少，把它作为优质、经济的胡萝卜素来源，显然具有重大意义。

6. 维生素

南瓜籽油中维生素 E 含量相当高，达到 410~620mg/kg，已经远远超出了膳食营养素参考摄入量（DRIS）。维生素 E 能够促进精子的生成和活力，增加卵巢功能，使细胞免受过氧化物的氧化破坏，从而有效地清除体内自由基，在防止衰老、抗肿瘤等方面起着重要作用。

参考文献

［1］《中国蔬菜育种学》[J]. 中国蔬菜，2021（6）：26.

［2］山春. 砧木南瓜种子繁育技术研究 [D]. 北京：中国农业科学院，2012.

［3］李新峥，乔丹丹，刘振威，等. 南瓜新品种'百蜜 2 号'[J]. 园艺学报，2021，48（S2）：2849-2850.

［4］谢钊，代伟，杨卓，等. 早熟中小果磨盘南瓜新品种盘龙 204 的选育 [J]. 长江蔬菜，2020（20）：46-48.

［5］Niewczas J，Mitek M，Korzeniewska A，et al. Characteristics of selected quality traits ofnovel cultivars of pumpkin（*Cucurbita Maxima* Duch.）[J]. Polish Journal of Food and Nutrition Sciences，2014，64（2）.

［6］谢河山，沈汉国，任淑梅，等. 观赏南瓜新品种吉星的选育 [J]. 蔬菜，2021（12）：75-76.

［7］郭玉萍. 南瓜粉的加工工艺及特性研究 [D]. 厦门：集美大学，2019.

［8］李敬. 南瓜粉干燥过程品质控制技术 [D]. 泰安：山东农业大学，2018.

［9］苏明明. 不同人工授粉方式对中国南瓜坐果和种子产量与质量的影响 [D]. 合肥：

安徽农业大学，2022.

[10] 孔凡.南瓜籽油制取工艺及氧化稳定性的研究 [D].武汉：武汉轻工大学，2021.

[11] 张妮.南瓜籽蛋白及多肽制备的研究 [D].武汉：武汉轻工大学，2019.

[12] Grobe J L, Mecca A P, Lingis M, et al. Prevention of angiotensin ll . induced cardiac-remodding by angiotensin（117）[J]. Am. J. Physiol Heart Circ. Physiol. , 2007, 292：736−742.

[13] Heenenmn S, Sluimer J C, Daemen M J. Anglotensin−converting enzyme and vasculac-remodeling [J]. Circ. Res. , 2007, 101：441−454.

[14] Dotto J M, Chacha J S. The potential of pumpkin seeds as a functional food ingredient：A review [J]. Scientific African, 2020, 10：575−576.

[15] Wang L, Liu F, Wang A, et al. Purification, characterization and bioactivity determination of anovel polysaccharide from pumpkin（*Cucubita moschata*）seeds [J]. Food Hydrocolloids, 2017, 66：357−364.

[16] Nederal S, Petrovic M, Vincek D, et al. Variance of quality parameters and fatty acid composition in pumpkin seed oil during three crop seasons [J]. Industrial Crops and Products, 2014, 60：15−21.

[17] Potoinik T, Rak Cizej M, Kosir I J. Influence of seed roasting on pumpkin seed oil to-copherols, phenolics and antiradical activity [J]. Journal of Food Composition and Analysis, 2018, 69：7−12.

[18] Abdel Aziz A R, AbouLaila M R, Aziz M, et al. In vitro and in vivo anthelmintic activity of pumpkin seeds and pomegranate peels extracts against Ascaridia galli [J]. Beni−Suef University Journal of Basic and Applied Sciences, 2018, 7（2）：231−234.

[19] Vinayashree S, Vasu P. Biochemical, nutritional and functional properties of protein iso-late and fractions from pumpkin（*Cucurbita moschata* var. Kashi Harit）seeds [J]. Food Chemistry, 2021, 340：128177−128177.

[20] 彭梦瑶.南瓜籽品质随烘烤的变化及其蛋白性质研究 [D].无锡：江南大学，2022.

[21] Cui Xiaofeng, Huang Qicheng, Zhang Wenbin. Pumpkin seed coat pigments affected aque-ous enzymatic extraction processing through interaction with its interfacial protein [J]. Food Biosci-ence, 2023, 52.

[22] Villamil Ruby Alejandra, Escobar Natalia, Romero Laura Natalia, et al. Perspectives of pumpkin pulp and pumpkin shell and seeds uses as ingredients in food formulation [J]. Nutrition & Food Science, 2023, 53（2）.

[23] Piepiórka−Stepuk Joanna, Wojtasik−Kalinowska Iwona, Sterczyńska Monika, et al. The effect of heat treatment on bioactive compounds and color of selected pumpkin cultivars [J]. LWT, 2023, 175.

[24] Zuhair H A, El−Fattah A A, El−Sayed M I. Pumpkin−seed oil modulates the effect of felodipine and captopril in spontaneously hypertensive rats [J]. Pharmacological Research, 2000, 41（5）：555−563.

［25］Tantawy S, Elgohary H, Kamel D. Trans-perineal pumpkin seed oil phonophoresis as an adjunctive treatment for chronic nonbacterial prostatitis ［J］. Research and Reports in Urology, 2018, 10: 95-101.

［26］Tsai Y S, Tong Y C, Cheng J T, et al. Pumpkin seed oil and phytosterol-f can block testosterone/prazosin-induced prostate growth lin Rats ［J］. Urologia Internationalis, 2006, 77（3）: 269-274.

［27］Fahim A T, Fattah A E, Agha A M, et al. Effect of pumpkin-seed oil on the level of free radical scavengers induced during adjuvant-arthritis in rats ［J］. Pharmacological Research, 1995, 31（1）: 73-79.

［28］袁继红, 于晓明, 孟俊华, 等. 含南瓜籽油膳食对 2 型糖尿病患者糖脂代谢及营养状况的影响 ［J］. 海南医学, 2016, 27（4）: 531-534.

［29］Zuhair H A, Elfattah A A, Elsayed M L. Pumpkin seed oil modulates the effect of felodipine and captopril in spontaneously hypertensive rats ［J］. Pharmacological Research, 2000, 41（5）: 555-53.

［30］董国玲, 田密霞, 姜爱丽, 等. 南瓜籽油的开发利用价值 ［J］. 粮食科技与经济, 2010, 35（4）: 33-35.

［31］吴国欣, 李永星, 陈密玉, 等. GC-MS 法分析南瓜籽油脂肪酸组成 ［J］. 中草药, 2003, 34（12）: 1079-1080.

［32］Kim M Y, Kim E J, Kim Y N, et al. Comparison of the chemical compositions and nutritive values of various pumpkin（Cucurbitaceae）species and parts ［J］. Nutrition Research and Practice, 2012, 6（1）: 21.

［33］Younis Y M H, Seniat Ghirmay, Al-Shihry S S. African Cucurbita pepo L: properties of seed and variability in fatty acid composition of seed oil ［J］. Phytochemistry, 2000, 54（1）: 71-75.

［34］张耀伟, 崔崇士, 李云红. 籽用南瓜油用性评价 ［J］. 中国瓜菜, 2005,（4）: 37-39.

［35］柳艳霞, 汤高奇, 刘兴华. 籽用南瓜籽油理化特性及脂肪酸组成研究 ［J］. 食品与发酵科技, 2004, 40（4）: 46-48.

［36］Jones P, Abumweis S. Phytosterols as functional food ingredients: linkages to cardiovascular disease and cancer ［J］. Curr Opin Clin Nutr Metab Care, 2009, 12（2）: 147-151.

［37］Bacchetti T, Masciangelo S, Bicchiega V, et al. Phytosterols, phytostanols and their esters: from natural to functional foods ［J］. Mediterranean Journal of Nutrition and Metabolism, 2011, 4（3）: 165-172.

［38］Mccann S E, Freudenheim J L, Marshall J R, et al. Risk of humn ovarian cancer is related to dietary intake of selected nutrients, phytochemicals and food groups ［J］. Journal of Nutrition, 2003, 133（6）: 1937.

［39］朱琳, 薛雅琳, 张东, 等. 特种植物油中甾醇总量及组成分析 ［J］. 粮油食品科技, 2015, 23（2）: 49-52.

［40］陈振宁，梁志华．南瓜子油的气相色谱-质谱分析［J］．分析测试学报，2003，22（6）：77-79.

［41］Murkovic M，Piironen V，Lampi A，et al. Changes of chemical composition of pumpkin seeds during the roasting process for production of pumpkin seed oil［J］. Part I：non-volatile compounds. Food Chem，2004，（84）：367-374.

［42］Murkovic M，Hillebrand A，Winkler J，et al. Variability of fatty acid content in pumpkin seeds（Cucurbita pepo L.）［J］. Zeitschrift fürLebensmittel-Untersuchung und-Forschung，1996，203（3）：216-219.

［43］Michael J B，Peter D N. Lipid，fatty acid and squalene composition of liver oil from six species of deep-sea sharks collected in southern australian waters［J］. Comparative Biochemistry and Physiology，Part B，1995，110（1）：267-275.

［44］杨学芳，张继光，吴万富，等．南瓜籽油中角鲨烯含量及特征指标比较［J］．食品与发酵工业，2021，47（5）：217-223.

［45］陈振宁，梁志华．南瓜子油的气相色谱-质谱分析［J］．分析测试学报，2003，22（6）：77-79.

［46］郭彤，于凤芝，胡平，等．维生素 E 调节抗氧化作用的研究进展［J］．山东畜牧兽医，2021，42（12）：42-49+53.

［47］Murkovic M，Piironen V，Lampi A，et al. Changes of chemical composition of pumpkin seeds during the roasting process for production of pumpkin seed oil［J］. Part I：non-volatile compounds. Food Chem，2004，（84）：367-374.

［48］Murkovic M，Hillebrand A，Winkler J，et al. Variability of fatty acid content in pumpkin seeds（Cucurbita pepo L.）［J］. Zeitschrift für Lebensmittel-Untersuchung und-Forschung，1996，203（3）：216-219.

［49］Michael J B，Peter D N Lipid，fatty acid and squalene composition of liver oil from six species of deep-sea sharks collected in southern australian waters［J］. Comparative Biochemistry and Physiology，Part B，1995，110（1）：267-275.

［50］杨学芳，张继光，吴万富，等．南瓜籽油中角鲨烯含量及特征指标比较［J］．食品与发酵工业 2021，47（5）：217-223.

［51］Stevenson D G，et al. 16TI AGFD 110-Fatty acid composition and tocopherol content of pumpkin seed oil. Abstracts of Papers of The American Chemical Society，2007. 234：110-AGFD.

［52］Siegmund B，Murkovic M. Changes inchemical composition of pumpkin seeds during the roasting process for production of pumpkin seed oil（Part 2：volatile compounds）. Food Chemistry，2004. 84（3）：367-374.

［53］Nederal S，et al. Variance of quality parameters and fatty acid composition in pumpkin seed oil during three crop seasons［J］. Industrial crops and products，2014. 60：15-21.

［54］Salgin U，H. Korkmaz. A green separation process for recovery of healthy oil from pumpkin seed［J］. The Journal of Supercritical Fluids，2011. 58（2）：239-248.

［55］Rezig L et al. Chemical composition and profile characterisation of pumpkin（Cucurbitamaxima) seed oil [J]. Industrial Crops and Products, 2012. 37 (1): 82-87.

[56] Tsai Y S, Tong Y C, Cheng J T, et al. Pumpkin seed oil and phyto sterol can block testo stero ne/prazo sin2induced prosta2 tegrowth in rats [J]. Urol Int, 2006, 77 (3): 2692274.

[57] Moghadasian M H, McManus B M, Pritchard P H, Frohlich J J:"Tall oil" -derived phy-tosterols reduce atherosclerosis in ApoE-deficient mice [J]. ArteriosclerThromb Vasc Biol. 1997, 17: 119-126.

[58] Fawzy E l, El Makawy A l, El-Bamby M M, et al. Improved effect of pumpkin seed oil against the bisphenol-A adverse effects in male mice [J]. Toxicol Rep, 2018, 5: 857-863.

[59] Abou-Zeid S M, AbuBakr H O, Mohamed M A, et al. Ameliorative effect ofpumpkin seed oil against emamectininduced toxicity in mice [J] . Biomed Ph armacother, 2018, 98: 242-251.

第二章 南瓜籽油压榨制取技术

第一节 南瓜籽油的传统压榨制取技术

一、压榨法简介

我国早在 4000 多年前就开始种植油料作物了，通过压榨法获取植物油也有了 3000 多年的历史。早期的植物油压榨采用手工工艺，其中包括烘籽、碾籽、蒸料、包料、整理、上榨、打锤和出油 8 个过程。1958 年，我国第一台螺旋榨油机诞生于上海新祥机器制造厂，标志着我国进入了机器压榨植物油的时代。

时至今日，由于压榨理论的日趋完善，工艺与设备的不断提升，以及现代技术的广泛应用，许多新工艺新设备已经出现。20 世纪 90 年代末，我国的榨油机械装备、单机最大处理能力、成套生产线的技术水平都有了长足的进步。油脂制造业已经能够提供质量可靠、技术先进的压榨成套设备——油料的清理筛、破碎机、轧坯机、蒸炒锅（软化锅）、榨油机等机械的能力和质量都达到了国际先进水平。目前，对植物油的提取方法主要有物理压榨法和化学溶剂萃取法。

压榨法制油时，油料要经过清选、破碎、软化、轧坯、蒸炒后再送入压榨机，依靠巨大的压力让油脂从油料坯中分离出来。压榨是传统制油方法，是一个物理制取过程。

与其他制油工艺相比，压榨法的工艺简单、设备要求低、泛用性强、生产方便，制得的油脂品质好、风味正。因此市面上售卖的高端油脂产品多采用压榨法制取而成。按制油温度可将压榨法分为热榨法和冷榨法。

在压榨工艺运行过程中，要先将油料进行剥壳操作，确保基本物质材料准备。然后，工艺操作人员要进行一系列的标准化操作流程，特别要注意，在压榨工艺中，蒸炒主要是为了从油料坯中去除水分，使蛋白质变性而释放出油脂，有效去除水分，才能提高压榨效果。

另外，在压榨制得毛油之后，要采用水化脱胶等精炼过程而提高压榨油的质量。

国内目前主要使用压榨机取油，其优点是加工过程简单、操作方便、适应性强、安全性高。主要可分为液压榨油机和动力螺旋榨油机。由于压榨机能承受的压力是有限的，因此不建议无限地增加压力以提高出油效率（所以，含油量较低的油料通常使用溶剂浸出法来提取油脂）。液压榨油机中 90 型液压机是当前使用最多的设备。它的工作原理与其他液压机相似，是利用帕斯卡的水力学原理进行运作，即使加于液体的压力在密闭系统当中以不变的压强传递于系统的每个角落。90 型液压机不仅具有之前所描述的优点，还节省动力，可用于多种油料加工，且操作容易上手。因此，它尤其适用于油料复杂但交通不便的地区。另外我国使用的小型动力螺旋榨油机品种颇多，但其结构、工作原理大体相似。以 95 型螺旋榨油机为例，它构成简单，动力较大，可压榨油料种类多，并且可以连续工作，因其榨螺螺纹外径为 95mm，故称为 95 型。

二、压榨法制取南瓜籽油

1. 预处理

在油脂生产中，从原料清理到进入榨机榨取油脂之前的所有准备工作统称为预处理（preparation）。预处理主要分为两大步骤：清选和制坯。油料的清选是为了清理去除杂质（如碎石、铁块等）、剥壳（脱皮）以及仁壳（皮）分离等，提高油料的纯度；制坯包括破碎、调质（软化）、轧坯、蒸炒（膨化）等工序。

（1）清选

①清选的目的：可以减少油脂损失，提高出油率；提高油脂、饼粕及副产物的质量；提高设备对油料的有效处理量；减轻设备的磨损，延长设备的使用寿命；避免生产事故，保证生产安全；改善操作环境，实现文明生产。

②清选的方法：筛选；风选；磁选；比重去石；并肩泥清除。

（2）制坯

①破碎（cracking）：颗粒较大的油料需经破碎均匀，以便于后续的软化和增加油料的加热接触面，一般破碎至 4~8mm，粉末通过 20 目筛的少于 10%。

②软化（conditioning）：通过对油料温度和水分的调节，使油料具有适宜的可塑性，减少轧坯时的粉末度和粘辊现象。软化后的料粒有适宜的塑性和弹性且内外均匀一致，能够满足轧坯的工艺要求。

③轧坯（flaking）：利用对辊或多辊式滚筒轧坯机将软化后的颗粒油料碾轧成薄片。要做到"薄而匀，少成粉，不露油"。

④蒸炒：经过轧坯的油籽细胞受到初步的破坏，油脂呈分散型的细滴。蒸炒时，在温度与水分的综合作用下，料坯中的蛋白质变性，由紧密型变为散状结构，细滴型油脂暴露到表面，便于油脂的制取。

2. 压榨

（1）压榨过程中的物理变化

①压榨的开始阶段：粒子开始变形，在个别接触处结合，粒子间空隙缩小，

空气（蒸气）放出，油脂开始从空隙中流出。

②压榨的主要阶段：粒子进一步变形结合，空隙更缩小，油脂大量被榨出，油路尚未封闭。

③压榨的结束阶段：粒子结合完成，通道横截面突然缩小，油路显著封闭，油脂已很少榨出。

④解除压力后的油饼：由于弹性变形而膨胀生成细孔，有时有粗的裂缝，未排的油反被吸入。

（2）影响压榨效果的因素　在诸多的榨料结构性质中，榨料的机械性质特别是可塑性对压榨取油效果的影响最大。榨料在含油、含壳及其他条件大致相同的情况下，其可塑性主要受水分、温度以及蛋白质变性程度的影响。

①水分。水分含量过高，塑性提升，但塑性过好容易发生"挤出"现象，水分含量过低，塑性下降，塑性过差不利于出油。

②温度。温度提高，塑性增大，但是温度太高可能会产生焦化。温度过低，塑性下降，饼块松散不易成型。榨料温度不仅影响其可塑性和出油效果，还影响油和饼的质量。因此，温度也存在最优范围。

③蛋白质变性程度。蛋白质变性程度过高，会导致"挤出"压力增大。蛋白质变性程度太低会导致饼中残油量增加。压榨时由于温度和压力的联合作用，会使蛋白质继续变性，如压榨前蛋白质变性程度为74.4%~77.03%，经过压榨可达到91.75%~93%。总之，蛋白质变性程度适当才能保证好的压榨出油效果。

三、不同预处理对南瓜籽油品质的影响

1. 烘焙预处理对南瓜籽油品质的影响

南瓜籽油富含油脂伴随物，如多酚、植物甾醇、生育酚和类胡萝卜素等。南瓜籽油中油脂伴随物含量是评价南瓜籽油品质的重要指标。南瓜籽油中油脂伴随物的含量不仅与南瓜籽的品种有关，提取方式也有很大的影响。多酚类物质是分子结构中有多个酚羟基的植物成分的统称，常见于植物性食物中。经焙烤南瓜籽压榨制得的油脂的总酚含量是冷榨南瓜籽油的2倍，并且拥有更好的氧化稳定性；而冷榨南瓜籽油生育酚含量较高。同样，对于不同温度（60~150℃）烘烤热处理后制得的南瓜籽油与未经烘烤制得的南瓜籽油进行比较，结果表明，生育酚和酚类化合物的含量均不随烘烤温度的升高而降低，反而未经烘烤制得的南瓜籽油的生育酚和酚类化合物含量相对较低，而且缺乏南瓜籽油典型的香气，但多环芳烃（PAHs）含量很低。

国内外研究表明，提取工艺对南瓜籽油中活性物质含量有显著影响。可以考虑通过适当热处理后进行压榨，以制备富含有益活性物质的南瓜籽油，以满足消费者对高营养价值油脂的追求。高含量的生物活性物质（如酚类，生育酚和类胡

萝卜素等），不仅提供了营养和药用价值，也提高了油脂的氧化稳定性。氧化稳定性好、生物活性成分丰富，使南瓜籽油不仅是理想的纯天然产品，而且还是医药和化妆品的理想成分。

以焙烤和未经焙烤的南瓜籽制取冷榨南瓜籽油，并在深色瓶中室温贮藏3个月，结果表明，焙烤后南瓜籽油中角鲨烯和生育酚的含量低于未经焙烤的南瓜籽油，但其植物甾醇含量和类胡萝卜素含量更高。贮藏3个月后，角鲨烯含量的损失在两种油中相差不大，生育酚在未经焙烤的南瓜籽油中的损耗较大，而植物甾醇和类胡萝卜素在焙烤南瓜籽油中的损耗较大。南瓜籽的焙烤和南瓜籽油贮藏过程对其脂肪酸组成没有影响；有研究对生育酚和角鲨烯在植物油自动氧化［在（42±2）℃烘箱中贮藏9周］和光敏氧化［（25±1）℃下曝光贮藏20h］过程中的作用。以焙烤南瓜籽油为对照，在烘箱贮藏中，冷榨南瓜籽油比焙烤南瓜籽油更容易被氧化。

2. 改进热榨工艺对南瓜籽油品质及稳定性的影响

传统的热榨工艺是将南瓜籽蒸炒至120℃、水分控制在1%～1.5%下进行压榨，这种方法制取的南瓜籽油出油率较冷榨法高，具有类似香油的浓香味道。如果加工温度过高会使许多天然成分遭到破坏而降低营养价值。改进的热榨工艺是将南瓜籽在80℃左右预先热炒至八成熟、水分控制在6%以内，然后进行压榨。这种工艺加工的南瓜籽油不但保证了出油率，且保留了南瓜籽油独特的香味。

冷榨南瓜籽油和改进后的热榨南瓜籽油的品质指标测定结果，见表2-1。

表2-1　　　　　　　　不同工艺制取南瓜籽油的品质指标测定结果

指标	冷榨南瓜籽油	改进热榨南瓜籽油
气味、滋味	普通南瓜籽油固有的气味	浓郁的南瓜籽油香味
水分及挥发物/%	0.08	0.06
酸价（以KOH计)/(mg/g)	0.6	0.6
过氧化值/(mmol/kg)	1.1	1.2
不皂化物/%	1	1.1
维生素E/(mg/kg)	15.1	15.4
β-胡萝卜素/(mg/kg)	14.7	8.8
维生素A/(mg/kg)	0.86	1.41
棕榈酸/%	11.9	11.7
硬脂酸/%	6.2	6.3
油酸/%	31	31

指标	冷榨南瓜籽油	改进热榨南瓜籽油
亚油酸/%	49.7	49.6
其他脂肪酸/%	1.2	1.4

由表2-1可知，两种工艺条件南瓜籽油的品质和稳定性基本相同，采用改进的热榨工艺可以解决冷榨工艺香味不足和出油率偏低问题。冷榨样品的β-胡萝卜素含量高于热榨样品；而维生素A含量却低于热榨样品。这可能是因为热炒有利于维生素A的溶出，而β-胡萝卜素对温度较为敏感，热炒工艺破坏了部分β-胡萝卜素或促进了β-胡萝卜素转化为维生素A。β-胡萝卜素对油脂抗氧化性有一定影响，因此在实际生产加工中，要加强油脂充氮保护意识，去除空气中的氧气，保证产品贮藏稳定性。

3. 微波预处理技术改善压榨制油

近年来，超声、微波和脉冲电场等预处理方法得到了广泛的应用。这些新的预处理技术不仅可以提高出油率，而且可以改善油脂的营养价值、理化性质和感官品质。微波预处理是一种节约时间、降低能耗的技术，因为它可以穿透油料，使油料从内部开始产生热量。微波预处理可以使油料在没有温度梯度的情况下实现快速均匀地加热。微波预处理越来越被重视，主要是对传统的油料热处理工艺而言，微波辐射的热效率高、处理时间短、过程控制更精确、过热风险小。

油料中的脂类可分为贮存脂质和膜脂质，贮存脂质主要成分是甘油三酯，存在于原生质体中，膜脂质的主要成分是磷脂。微波预处理可以破坏油料种子细胞结构，如细胞壁和细胞膜等，使油料种子的细胞膜上形成通道，有利于油脂的排出而提高出油率。此外，有研究表明适当的微波预处理还可以提高压榨油中生育酚和植物甾醇的含量。

在制取南瓜籽油的过程中，传统的预处理方式容易导致南瓜籽料坯受热不均，用时过长而导致油脂营养物质的损失。而微波预处理比一般热辐射的穿透性好，能穿透油料的内部，使油料种子内外可以同时加热。微波辐射作为一种清洁、高效、方便的能源，现已广泛应用于油脂提取中。微波可以有效破坏植物细胞壁，钝化不需要的酶而使出油率及油脂伴随物含量提高。

第二节 微波预处理对压榨南瓜籽油品质的影响

采用微波预处理技术对南瓜籽进行预处理后压榨制油，利用单因素试验和正交试验对微波预处理技术制备南瓜籽油的工艺条件进行优化并研究微波预处理条件对南瓜籽油品质的影响，以期为南瓜籽油的加工工艺提供参考。

一、仪器、试剂及材料

仪器：微波炉（M1-L213B，美的集团）；榨油机（LYF501，东莞民健）；离心机（TGL-16G，上海安亭）；紫外分光光度计（UV-2450，日本岛津）；凯氏定氮仪（K9840，济南海能）；快速水分测定仪（SFY-20A，深圳冠亚）；高效液相色谱（UV2489，上海沃特世科技）。

试剂：没食子酸：分析纯（98.5%），上海源叶；豆甾醇：分析标准品（HPLC≥95%），上海源叶；α-生育酚：分析标准品（HPLC≥98%），上海安谱；γ-生育酚：分析标准品（HPLC≥96%），上海安谱；δ-生育酚：分析标准品（HPLC≥90%），上海安谱；福林酚试剂：生物试剂（BR），国药；冰乙酸：分析纯，国药；异辛烷：分析纯，国药；碘化钾：分析纯，上海源叶；三氯化铁：分析纯，国药；浓磷酸：分析纯，国药；浓硫酸：分析纯，国药；抗坏血酸：分析纯，国药；硫代硫酸钠：分析纯，上海麦克林。

材料：南瓜籽仁，宝得瑞（湖北）健康产业有限公司。

二、生产工艺

1. 南瓜籽基本理化指标测定

水分含量测定：快速水分测定仪测定。

灰分含量测定：参照 GB 5009.4—2016《食品安全国家标准　食品中灰分的测定》。

粗脂肪含量测定：参照 GB 5009.6—2016《食品安全国家标准　食品中脂肪的测定》。

粗蛋白含量测定：参照 GB 5009.5—2016《食品安全国家标准　食品中蛋白质的测定》。

膳食含量测定：参照 GB 5009.88—2014《食品安全国家标准　食品中膳食纤维的测定》。

2. 微波预处理压榨法制备南瓜籽油方法

取适量南瓜籽置于烧杯中，加入蒸馏水直至没过南瓜籽的上表面，将南瓜籽在蒸馏水中浸泡 2h。将浸泡后的南瓜籽置于烘箱中，在 70℃条件下进行烘干，每 20min 取部分南瓜籽，沾干表面后用快速水分测定仪测定南瓜籽的水分含量，直至南瓜籽水分含量满足实验的设定值。

取烘干到所需水分含量的南瓜籽 50g，均匀铺在直径 18cm 的玻璃平皿中，将其放置于微波炉内进行微波预处理，设置所需微波功率和时间对南瓜籽进行微波预处理（隔 2~3min 翻炒 1 次），处理后将南瓜籽取出使其冷却至室温。

微波预处理南瓜籽 300g，然后将其投入榨油机进行压榨（出油温度<60℃），收集毛油置于离心机中，使其在 6000r/min 下离心 10min 去除沉淀，即可得到南瓜籽油。

3. 微波预处理压榨法制备南瓜籽油的单因素试验及正交试验

（1）原料水分含量对出油率的影响　在微波预处理的微波功率为 420W，微波时间为 9min 的条件下，选取水分含量为 6%，9%，12%，15%，18%的南瓜籽进行微波预处理后制取南瓜籽油。

（2）微波功率对出油率的影响　在原料含水量为 12%，微波时间为 9min 的条件下，选取微波功率分别为 140，280，420，560，700W 对南瓜籽进行微波预处理后制取南瓜籽油。

（3）微波处理时间对出油率的影响　在原料含水量为 12%，微波功率为 420W 的条件下，分别对南瓜籽进行 3，6，9，12，15min 的微波预处理后制取南瓜籽油。

（4）正交试验与优化　以单因素实验为依据，以出油率为目标，以原料水分含量、微波功率、微波处理时间为影响因素，设计正交试验，以优化得到微波预处理压榨法制备南瓜籽油的最佳工艺条件。

4. 出油率的测定

出油率按如下公式计算：

$$出油率（\%）= M_1 / (M \times c)$$

式中　M_1——提取的南瓜籽油的质量，g；

　　　M——南瓜籽原料的质量，g；

　　　c——南瓜籽的粗脂肪含量，通过索氏抽提法测得，g/g。

5. 微波预处理对南瓜籽油品质的影响

探索微波预处理对南瓜籽油品质的影响，即初始方法为：将南瓜籽油的含水量调节至 15%，将南瓜籽在 560W 微波功率下微波处理 9min 后进行压榨制油。以该试验为基础，分别改变微波功率和微波时间对南瓜籽进行预处理后制油，测定不同微波预处理条件对南瓜籽油品质的影响。

6. 酸价的测定

参考 GB 5009.229—2016《食品安全国家标准　食品中酸价的测定》对南瓜籽油的酸价进行测定。

7. 过氧化值的测定

参考 GB 5009.227—2023《食品安全国家标准　食品中过氧化值的测定》对南瓜籽油的过氧化值进行测定。

8. 总酚含量的测定

（1）没食子酸标准曲线制作　精确称取 5.00mg 没食子酸标准品，用甲醇定容至 10mL 制成浓度为 500μg/mL 的标准母液，然后分别精确吸取 20，40，60，80，100μL 标准母液于棕色进样瓶中，分别加 480，460，440，420，400μL 的甲醇，配制成浓度为 20，40，60，80，100μg/mL 标准溶液。取 0.2mL 标准液置于 5mL 的小试管中，加入 3mL 蒸馏水后，再加入 0.25mL 福林酚试剂，室温下静置 6min 后，加入 20% 的碳酸钠溶液 0.75mL，在室温下静置 1h。用紫外可见分光光度计在波长 750nm 处测定其吸光度。没食子酸浓度与吸光度的标准曲线线性关系如图 2-1 所示，该标准曲线方程为 $y = 4.5921x + 0.0225$（$R^2 = 0.9987$）。

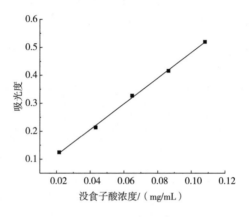

图 2-1　没食子酸标准曲线

（2）样品预处理　称取 1g 的南瓜籽油，加入 5mL 甲醇，混匀后在低温离心机上进行分离，离心机转速 6000r/min，温度 4℃，离心时间 6min。将分离后的上层清液移至 25mL 容量瓶中。重复上述操作 3 次后，向容量瓶中继续加甲醇至 25mL 刻度线，将其转移到玻璃瓶中在 -20℃ 下保存。

（3）测定吸光度　取 0.2mL 提取液，按照测定吸光度的标准方法测定样品的吸光度。最终结果表述为每千克南瓜籽油中所含总酚的含量等于没食子酸的毫克数（GAE）。

9. 不皂化物的提取

不皂化物的提取参照 GB/T 5535.1—2008《动植物油脂　不皂化物测定　第 1 部分：乙醚提取法》，有所改动。取 2g 南瓜籽油置入 100mL 圆底烧瓶中，向其中加入 5mL 浓度为 0.1g/mL 的维生素 C 溶液，再加入 20mL 浓度为 1mol/L 的 KOH-乙醇溶液，使其在 90℃ 下油浴回流 30min。冷却后，将其转移到分液漏斗中，加入 100mL 蒸馏水，用 100mL 乙醚洗 3 次，放出下层后，再用水洗至乙醚层为中性。取乙醚层在 50℃ 下旋蒸除去乙醚，用无水乙醇将不皂化物定容至 25mL。

10. 总甾醇含量的测定

（1）磷硫铁显色剂制备　取三氯化铁（$FeCl_3 \cdot 6H_2O$）10g，溶于85%浓磷酸内，并定容至100mL，得铁贮存液（可保存1年）。取铁贮存液8.0mL，加浓硫酸至100mL，即得磷硫铁显色剂。

（2）豆甾醇标准曲线制作　精确称取0.1g豆甾醇标准品，用无水乙醇定容至100mL制成浓度为500μg/mL的标准母液，然后分别配制浓度0.05，0.1，0.15，0.2，0.25mg/mL的标准溶液。取标准溶液2mL加入10mL小试管中，加入2mL无水乙醇后再加入2mL磷硫铁显色剂，室温下避光显色15min。用紫外可见分光光度计在波长442nm处测定其吸光度。豆甾醇浓度与吸光度的标准曲线线性关系如图2-2所示，该标准曲线方程为 $y = 3.9859x + 0.11$（$R^2 = 0.9999$）。

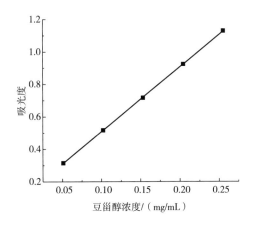

图2-2　豆甾醇标准曲线

（3）测定吸光度　取步骤9所得的不皂化物2mL于10mL小试管中，加入2mL无水乙醇后再加入2mL磷硫铁显色剂，室温下避光显色15min。用紫外可见分光光度计在波长442nm处测定其吸光度，最终结果表述为每100g南瓜籽油中所含总甾醇的含量等于豆甾醇的毫克数。

11. 总生育酚的测定

采用高效液相色谱（HPLC）法测定生育酚含量，包括α-生育酚、γ-生育酚和δ-生育酚。测定方法与标准曲线制作参照GB/T 26635—2011《动植物油脂　生育酚及生育三烯酚含量测定　高效液相色谱法》。

样品制备：取步骤9所得的不皂化物过0.22μm微孔滤膜后进行HPLC分析。

HPLC条件为色谱柱：Venusil XBP（4.6mm×250mm，5μm）；流动相：甲醇；流速：1mL/min；柱温：25℃；进样量：10μL；紫外检测器检测波长：294nm。通过外标法定量，总生育酚的含量为各生育酚含量的总和。

12. 数据处理

所有指标的测定均重复 3 次，结果表示为平均值±标准差。采用 SPSS 软件对各组数据进行单因素方差分析，差异显著性用 Duncan 多重比较分析，图中标注的不同字母表示数据之间存在显著（$p<0.05$）。各因素不同水平对检测指标的影响采用单因素方差分析，采用 Origin 2018 绘图并进行标准曲线线性拟合的分析。

三、生产工艺对南瓜籽油品质的影响

1. 南瓜籽原料的组成成分

根据植物油料基本理化指标的测定方法，测定原料南瓜籽的各项成分含量，其结果见表 2-2。原料南瓜籽中粗脂肪含量约为 43.25%，比传统油料大豆、油菜籽等都要高，是一种优质的油料资源。

表 2-2　原料南瓜籽的基本理化指标

指标	含量/%
水分	6.71±0.52
灰分	5.64±0.43
粗脂肪	43.25±2.86
粗蛋白	37.36±1.21
膳食纤维	8.92±0.32

2. 微波预处理技术对南瓜籽油出油率的影响

（1）原料水分含量对出油率的影响　水分子的存在可使油料更好地吸收微波，使细胞内部产生热量，有利于细胞壁的破坏，使目标产物得到富集，但是如果原料水分含量不合适，在压榨制油时也会影响出油率。在微波预处理的微波功率为 420W，微波时间为 9min 的条件下，选取水分含量为 6%，9%，12%，15%，18% 的南瓜籽进行微波预处理后制取南瓜籽油，考察原料水分含量对南瓜籽油出油率的影响，结果如图 2-3 所示。

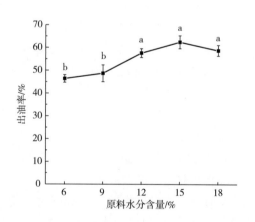

图 2-3　原料水分含量对出油率的影响

不同的上角标字母表示不同组间的数据存在显著差异（$p<0.05$），余同

由图 2-3 可见，随着原料水分含量的增加，出油率呈先上升后下降的趋势。当原料水分含量为 6% 时，出油率最低，为 46.4%；当原料水分含量由 6% 上升到 15% 时，出油率逐渐上升，在原料水分含量为 15% 时，出油率最高，为 62.4%，比原料水分含量为 6% 时提高了 38.36%；当原料水分含量由 15% 上升到 18% 时，出油率有些降低，为 58.7%，比水分含量为 15% 时降低了 5.93%。这可能是因为水分含量的提高有利于南瓜籽更好地吸收微波，有利于破坏南瓜籽细胞结构，促进油体原生质散落，有益于油脂的分离和富集，但是过高的原料水分含量不仅会使南瓜籽在微波预处理时产生结块现象，导致原料受热不均，同时过高的原料水分含量会影响油料的可塑性和弹性，压榨时饼粕难以成型，油路堵塞不易流出，因而导致出油率下降。

（2）微波功率对出油率的影响　在原料含水量为 12%，微波时间为 9min 的条件下，选取微波功率分别为 140，280，420，560，700W 对南瓜籽进行微波预处理后制取南瓜籽油，考察微波功率对南瓜籽油出油率的影响，结果如图 2-4 所示。

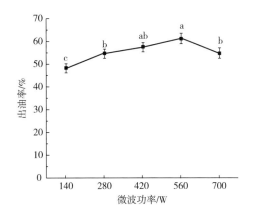

图 2-4　微波功率对出油率的影响

由图 2-4 可见，随着微波功率的增加，出油率呈先上升后下降的趋势。当微波功率为 140W 时，出油率最低，为 48.3%；当微波功率由 140W 上升到 560W 时，出油率逐渐上升，在微波功率为 560W 时，出油率最高，为 61.3%，比微波功率为 140W 时提高了 26.92%；当微波功率由 560W 上升到 700W 时，出油率有些降低。这可能是因为微波时间不变，随着微波功率的增加，南瓜籽的微波程度逐渐加强，导致南瓜籽中的细胞结构被破坏，促进油体原生质的散落，有利于油脂的聚集分离；但当微波功率过大时，南瓜籽可能会发生焦化，不利于油脂的榨取，导致出油率降低。

（3）微波处理时间对出油率的影响　在原料含水量为 12%，微波功率为 420W 的条件下，分别对南瓜籽进行 3，6，9，12，15min 的微波预处理后制取南瓜籽油，考察微波处理时间对南瓜籽油出油率的影响，结果如图 2-5 所示。

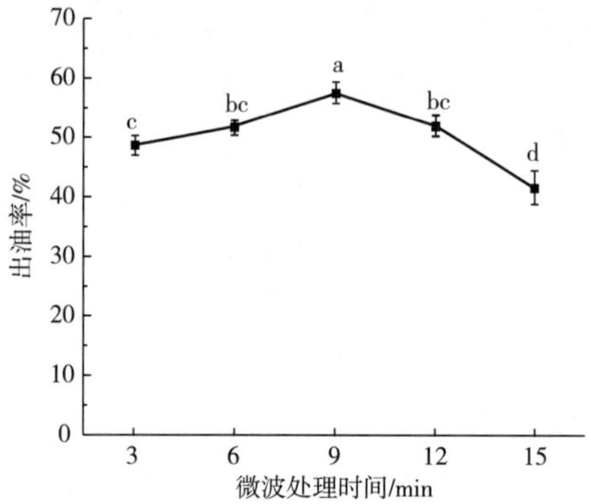

图 2-5　微波处理时间对出油率的影响

由图 2-5 可见，随着微波处理时间的增加，出油率呈先缓慢上升后急剧下降的趋势。当微波处理时间为 3min 时，出油率为 48.6%；当微波处理时间由 3min 上升到 9min 时，出油率逐渐上升，在微波处理时间为 9min 时，出油率最高，为 57.5%，比微波处理时间为 3min 时提高了 18.31%；当微波处理时间由 9min 上升到 15min 时，出油率急剧下降，当微波处理时间为 15min 时，出油率最低，为 41.6%，比微波处理时间为 3min 时降低了 14.40%。这可能是因为微波加热使南瓜籽中的水分蒸发，并使细胞膜破裂，水作为极性分子是重要的传热介质。微波预处理时间过长使南瓜籽中水分更低，并使其更脆，这会导致细胞膜更大程度的破裂，并促进提高其压榨过程中的出油率。然而随着微波处理时间的增加，南瓜籽中的水分含量会到达一个较低的程度，使油料的可塑性和弹性变差，油料会更容易成为粉末，使其压榨过程中不容易保持榨膛压力，从而导致出油率的降低。通过单因素试验可知，当原料含水量为 15%，微波功率为 560W，微波处理时间为 9min 时，微波预处理压榨法制备南瓜籽油的出油率最高。

3. 微波预处理对南瓜籽油品质的影响

如上研究以出油率为指标，通过单因素试验和正交试验确定了微波预处理技术制取南瓜籽油的最优工艺，确定了南瓜籽的最佳水分含量和最优微波条件，但是并未探究微波预处理对压榨法制得的南瓜籽油的品质的影响。因此，以正交试验确定的最优水分含量为原料南瓜籽的水分含量，使其在不同的条件下进行微波预处理，考察微波功率和微波处理时间对南瓜籽油品质的影响。

（1）微波预处理对南瓜籽油理化性质的影响　将南瓜籽的含水量调节至 15%，微波时间为 9min 的条件下，选取微波功率分别为 140，280，420，560，700W 对南瓜籽进行微波预处理后制取南瓜籽油，考察微波功率对南瓜籽油酸价和过氧化值的影响，结果如图2-6所示。

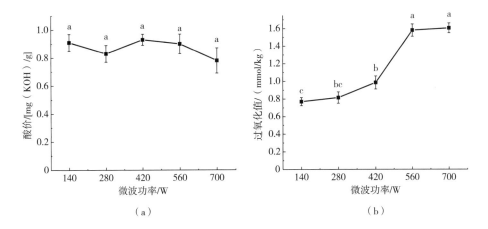

图2-6 微波功率对南瓜籽油理化性质的影响

由图2-6（a）可见，不同微波功率下处理的南瓜籽制得的南瓜籽油的酸价随微波功率的增加呈波动变化，其酸价范围在 0.78~0.93mg（KOH）/g，满足国家标准对植物原油酸价的要求 [<4mg（KOH）/g]。如图可知微波功率对压榨南瓜籽油的酸价没有显著性影响。

由图2-6（b）可见，南瓜籽油的过氧化值随微波功率的增加先迅速上升，之后上升速度减慢。当微波功率由 140W 增加到 420W 时，过氧化值增加较缓慢，由 0.77mmol/kg 增加到了 0.98mmol/kg，增加了 21.4%；而当微波功率从 420W 增加到 560W 时，过氧化值急剧上升，在微波功率为 560W 时过氧化值为 1.58mmol/kg，比微波功率为 420W 时增加了 61.2%；当微波功率高于 560W 时，过氧化值上升速度变缓，在微波功率为 700W 时过氧化值达到最大，为 1.61mmol/kg。随着微波功率的增加，压榨南瓜籽油的过氧化值呈上升趋势，但高于一定微波功率后上升速度放缓，这可能是因为南瓜籽经微波处理后，南瓜籽油的不饱和脂肪酸在微波辐射下易生成过氧化物，同时微波导致种子的水分散失，导致南瓜籽表面产生小孔径，使油脂与空气中的氧气更多接触，也会导致过氧化值的升高；而微波功率上升到 560W 之后过氧化值的上升速度有所下降，这可能是因为随着微波功率的升高，微波程度的加深，油脂的次级氧化反应逐渐加强，初级氧化产物进一步氧化分解，导致过氧化值的上升速度降低。

（2）微波处理时间对南瓜籽油理化性质的影响　将南瓜籽的含水量调节至 15%，在微波功率为 560W 的条件下，分别对南瓜籽进行 3，6，9，12，15min 的微波预处理后制取南瓜籽油，考察微波处理时间对南瓜籽油理化性质的影响，结果如图 2-7 所示。

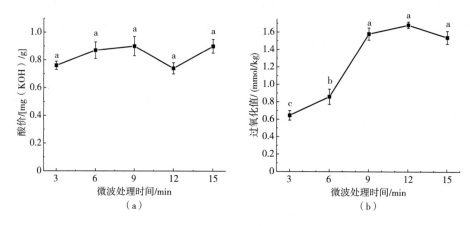

图 2-7　微波处理时间对南瓜籽油理化性质的影响

由图 2-7（a）可见，处理不同微波处理时间的南瓜籽制得的南瓜籽油的酸价随微波时间的增加呈波动变化，其酸价范围在 0.76 ~ 0.90mg（KOH）/g，满足国家标准对植物原油酸价的要求［<4mg（KOH）/g］。如图可知微波时间压榨南瓜籽油的酸价影响并不显著，结果表明微波预处理对南瓜籽油的酸价没有显著性影响。

由图 2-7（b）可见，随着微波处理时间的增加，南瓜籽油的过氧化值呈先迅速上升之后上升速度减缓最后稍微降低的趋势。当微波处理时间由 3min 提高到 9min 时，南瓜籽油的过氧化值迅速上升，由 0.65mmol/kg 增加到了 1.58mmol/kg，增加了 143.1%，当微波时间从 9min 提高到 12min 时，南瓜籽油的过氧化值上升速度缓慢，由 1.58mmol/kg 增加到了 1.68mmol/kg，增加了 6.3%，当微波处理时间提高到 15min 时，过氧化值有所降低，为 1.54mmol/kg，相比微波处理时间为 12min 时降低了 8.3%。这可能是因为在微波处理前期，油脂中的氧化基质发生过氧化反应导致过氧化值升高，但随着微波程度的加深，过氧化物分解使过氧化值降低，而且油脂氧化产生的过氧化物是一种极性分子，如果它的极性较强，或者数量较多，那么，微波辐射可能进一步促进这些过氧化物分解。

（3）微波功率对南瓜籽油油脂伴随物含量的影响　将南瓜籽的含水量调节至 15%，微波时间为 9min 的条件下，选取微波功率分别为 140，280，420，560，700W 对南瓜籽进行微波预处理后制取南瓜籽油，考察微波功率对南瓜籽油油脂伴随物含量的影响，结果如图 2-8 所示。

由图 2-8（a）可见，随着微波功率的增加，南瓜籽油中总酚含量呈先上升后下降的趋势。当微波功率为 140W 时，总酚含量最低，为 751.0mg GAE/kg；

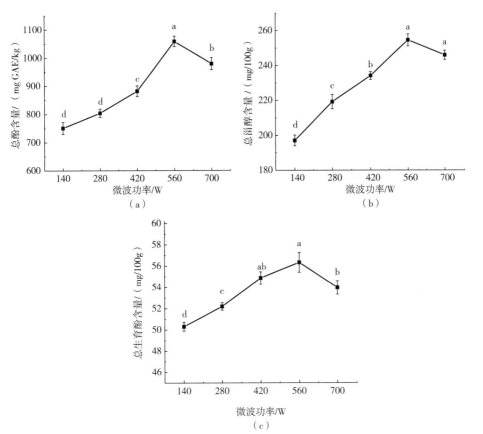

图 2-8 微波功率对南瓜籽油油脂伴随物含量的影响

当微波功率由 140W 上升到 560W 时，总酚含量逐渐上升，在微波功率为 560W 时，总酚含量最高，为 1058.7mg GAE/kg，比微波功率为 140W 时提高了 41.0%；当微波功率由 560W 上升到 700W 时，总酚含量有些降低，为 979.6mg GAE/kg，比微波功率为 560W 时降低了 7.5%。这可能是因为微波时间不变，随着微波功率的增加，南瓜籽的微波程度逐渐增加，使细胞壁破坏，促进了酚类物质的释放，但当微波功率过大时，油脂氧化程度加深导致了总酚的损耗。

由图 2-8（b）可见，随着微波功率的增加，南瓜籽油中总甾醇含量呈先上升后下降的趋势。当微波功率为 140W 时，总甾醇含量最低，为 197.1mg/100g；当微波功率由 140W 上升到 560W 时，总甾醇含量逐渐上升，在微波功率为 560W 时，总甾醇含量最高，为 254.5mg/100g，比微波功率为 140W 时提高了 29.1%；当微波功率由 560W 上升到 700W 时，总甾醇含量有些降低，为 245.9mg/100g，比微波功率为 560W 时降低了 3.4%。这可能是因为微波预处理对南瓜籽细胞有破坏作用，有助于南瓜籽油中甾醇的溶出，但在加热、光照、辐射等条件下，甾醇也很容易氧化，因此随着微波功率的增加，甾醇在高温下发生氧化，生成氧化产物，导致总甾醇含量的降低。

由图 2-8（c）可见，随着微波功率的增加，南瓜籽油中总生育酚含量呈先上升后下降的趋势。当微波功率为 140W 时，总生育酚含量最低，为 50.31mg/100g；当微波功率由 140W 上升到 560W 时，总生育酚含量逐渐上升，在微波功率为 560W 时，总生育酚含量最高，为 56.32mg/100g，比微波功率为 140W 时提高了 11.9%；当微波功率由 560W 上升到 700W 时，总生育酚含量有些降低，为 53.95mg/100g，比微波功率为 560W 时降低了 4.2%。随着微波功率的增加，南瓜籽细胞壁被破坏的程度加深，促进了生育酚的溶出，而微波功率持续增加，则会导致南瓜籽内部温度过高，使生育酚更容易发生降解，导致总生育酚含量降低。

（4）微波处理时间对南瓜籽油油脂伴随物含量的影响　将南瓜籽的含水量调节至 15%，微波功率为 560W 的条件下，分别对南瓜籽进行 3，6，9，12，15min 的微波预处理后制取南瓜籽油，考察微波处理时间对南瓜籽油油脂伴随物含量的影响，结果如图 2-9 所示。

由图 2-9（a）可见，在微波功率为 560W 时，南瓜籽油中总酚含量随微波处理时间的增加逐渐增高，当微波处理时间为 3min 时，南瓜籽油中总酚含量最低，为 837.1mg GAE/kg，当微波处理时间为 15min 时，南瓜籽油中总酚含量最高，为 1120.6mg GAE/kg，比微波处理时间为 3min 时提高了 33.9%。这可能是因为微波处理破坏了细胞壁导致总酚溶出率提高，使得南瓜籽油中总酚含量提高。

由图 2-9（b）可见，随着微波处理时间的增加，南瓜籽油中总甾醇含量逐渐增高，当微波处理时间为 3min 时，南瓜籽油中总甾醇含量最低，为 214.3mg/100g，当微波处理时间为 15min 时，南瓜籽油中总甾醇含量最高，为 262.8mg/100g，比微波处理时间为 3min 时提高了 22.6%。这可能是因为微波预处理破坏了南瓜籽细胞的细胞壁，促进了植物甾醇的溶出。

由图 2-9（c）可见，随着微波处理时间的增加，总生育酚含量的上升速度逐渐降低，当微波处理时间超过 12min 时，总生育酚的含量开始降低。当微波处理时间为 3min 时，总生育酚含量最低，为 50.43mg/100g，当微波处理时间为 3~12min 时，总生育酚含量逐渐增加，当微波时间为 12min 时，总生育酚含量最大，为 56.61mg/100g，增加了 12.3%，当微波处理时间超过 12min 时，总生育酚含量随微波处理时间增加而减少，当微波处理时间为 15min 时，总生育酚含量为 52.81mg/100g，比微波处理 12min 减少了 6.7%。这可能是因为微波预处理破坏了南瓜籽的细胞结构，有利于生育酚的溶出，而随着微波处理时间的延长，南瓜

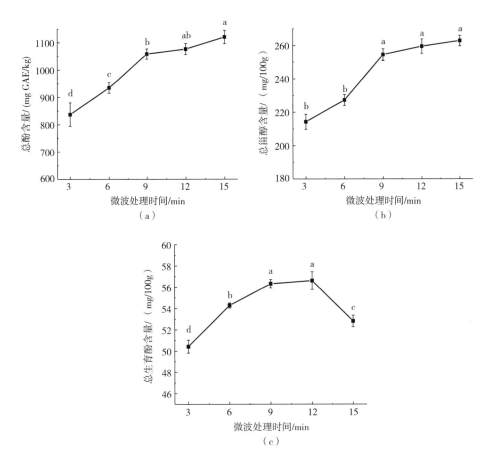

图 2-9 微波处理时间对南瓜籽油油脂伴随物含量的影响

籽吸收了较多能量，导致南瓜籽温度升高，从而导致生育酚氧化分解。

四、总结

（1）以南瓜籽油出油率为考察指标，通过单因素试验和正交试验优化了微波预处理技术提取南瓜籽油的工艺条件，最优工艺条件为：原料水分含量为15%，微波功率为560W，微波时间为9min，在此微波预处理条件下南瓜籽油的出油率最高，为69.5%。

（2）以上述最优工艺条件为基础，考察微波功率和微波处理时间对南瓜籽油理化性质和油脂伴随物含量的影响。结果显示，微波处理对南瓜籽油过氧化值、总酚含量、总甾醇含量、总生育酚含量均有显著影响，微波处理会使南瓜籽油的过氧化值升高，且适当的微波处理能促进油脂伴随物溶出，提高油脂伴随物的含量，而过度微波处理则会导致油脂伴随物有不同程度的氧化从而使油脂伴随物含量降低，以最优条件制备的南瓜籽油的酸价为 0.90mg（KOH）/g，过氧化值为 1.58mmol/kg，总酚含量为 1058.7mg GAE/kg，总甾醇含量为 254.5mg/100g，总生育酚含量为 56.32mg/100g。

适当的微波处理可以提高南瓜籽油的出油率，并对油脂伴随物的提取有正面意义，因此微波预处理是一种前景良好的南瓜籽压榨制油新工艺。

参考文献

［1］丁云花. 南瓜的食疗保健价值及开发前景 ［J］. 中国食物与营养，1998（6）：49-50.

［2］杨巧绒. 南瓜保健食品开发利用 ［J］. 江苏理工大学学报，1998，19（4）：33-37.

［3］Murkovic M，Hillebrand A，Draxl S，et al. Distri-bution of fatty acids and vitamin E content in pumpkin seeds（*Cucurbita pepo* L.）in breeding lines ［J］. Acta Hort，1999，492：47-56.

［4］Ivan K，Vekoslava S，Zdenka T. Iodine and selenium contents in pumpkin（*Cucurbita pepo* L.）oil and oil cake. Eur Food Res Technol，2002，215：279-281.

［5］Murkovic M，Hilebrand A，Winkler J，et al. Vari-ability of vitamin E content in pumpkin（*Cucurbita pepo* L.）. Z Lebensm Unter Forsch，1996，202（4）：275-278.

［6］Attah J C，Ibemesij A. Solvent extraction of the oils of rubber，melon，pumpkin and oil-bean seeds ［J］. Journal of The American Oil Chemists Society，1990，67（1）：25-27.

［7］董胜旗，陈贵林，何洪巨. 南瓜子营养与保健研究进展 ［J］. 中国食物与营养，2006（1）：42-44.

［8］张耀伟，崔崇士，李云红. 籽用南瓜油用性评价 ［J］. 中国瓜菜，2005（4）：37-39.

［9］刘玉兰. 油脂制取与加工工艺学 ［M］. 北京：科学出版社，2003.

［10］刘玉兰. 植物油脂生产与综合利用 ［M］. 北京：中国轻工业出版社，1999.

［11］李全宏，闫红，王绍校，等. 超临界 CO_2 流体萃取南瓜籽油的质量研究 ［J］. 食品科学，2002，23（5）：74-78.

［12］柳艳霞，刘兴华，汤高奇. 籽用南瓜籽的营养与籽油的特性分析 ［J］. 食品工业科技，2005，26（5）：157-161.

［13］Attah J C，lbemesi J A. Solvent extraction of the oils of rubber，melon，pumpkin and oil-bean seeds.［J］. JAOCS，1990，67（1）：25-27.

［14］张耀伟，崔崇士，李云红. 籽用南瓜油用性评价 ［J］. 中国瓜菜，2005（4）：37-39.

［15］郑诗超，阚建全. 新兴的油料资源——南瓜籽 ［J］. 粮油食品科技，2004，12（1）：45-46.

［16］陈钊，赵敏生，白小芳，等．南瓜籽油的冷榨制取研究［J］．食品科技，2005（8）：88-90．

［17］甄成，李燕杰，陈洪涛，等．改进热榨工艺对南瓜籽油品质及稳定性的影响［J］．中国油脂，2009，34（2）：14-16．

［18］黄亮．冷榨机的研制与应用［J］．中国油脂，2003，28（6）：58-59．

第三章　南瓜籽油溶剂萃取技术

第一节　南瓜籽油的溶剂萃取

一、溶剂萃取

油脂浸出也称萃取，是通过有机溶剂制取油脂的工艺过程，已有上百年历史。目前全球约90%油脂是由浸出法制得，故浸出制油至今仍是一种常用的制油工艺。

相比传统压榨法，溶剂萃取法的油脂提取率高，粕中残油少；粕中蛋白质变性程度低，有利于自粕中提取优质植物蛋白以及提升粕的饲用价值；作为工业化的加工模式，成本较低，智能化程度高，较少需要人工操作。溶剂浸出法虽具备诸多优点，但提取得到的毛油品质不及压榨法，需要精炼后才可食用。作为油脂萃取的媒介——有机溶剂，本身具有毒性且易燃易爆，不仅提高了对生产管理的要求，更重要的是可能出现溶剂残留导致食用油安全问题，当然，适当的精炼方法可以避免溶剂残留情况的发生，但是烦琐且温度颇高的精炼过程会造成风味物质和营养物质的流失。溶剂浸出法面临的这些问题，在采用超声波法和微波法时也同样存在。

（一）不同溶剂萃取南瓜籽油

1. 正己烷萃取南瓜籽油

浸出法与其他方法相比有高出油率、高生产效率、粕中残油率低，粕中蛋白质变性程度较小，质量较好，容易实现大规模生产和自动化生产等优点。用正己烷萃取植物油，脂中有效成分不被破坏，所得的蛋白粕可以用于深加工，有很好的发展前景。将南瓜籽干燥后进行碾碎，在旋转蒸发瓶中将萃取混合物进行抽滤，所得为浸出油。萃取温度对出油率有重要影响，随着萃取温度升高，南瓜籽出油率增加速度较快，在临界点60℃后萃取率几乎不变，可选用60℃作为浸提温度。萃取时间对出油率也有影响，通常情况下，随着萃取时间的增加，南瓜籽的出油率也随之增加，但是在3h之后，出油率会达到极限值，出油率几乎不变，如果继续进行萃取，反而会破坏萃取出的南瓜籽油品质，例如过氧化值、酸价会升高，所以萃取时间不宜过长，控制在3h以内即可。料液比对出油率同样有影响，随着萃取溶液体积增多，出油率会显著提高，考虑到经济省料以及出油率提升趋势，可选取料液比1：9。综上所述，以正己烷作为萃取溶剂，萃取南瓜籽油的最佳条件是：萃取温度为60℃，萃取时间为3h，料液比为1：9，该条件下可提高南瓜籽的出油率。

2. 正戊烷萃取南瓜籽油

国内浸出溶剂主要有正己烷、精制抽提溶剂油、6号抽提溶剂油3种，其中大型油脂浸出企业以正己烷为主；部分大中型企业以精制抽提溶剂为主；由于生产成本等原因，大部分中小型企业以6号抽提溶剂油为主。随着油脂加工业的发展及人们食品安全意识的提高，浸出溶剂的更新换代是浸出制油发展的必然，新型食用油浸出替代溶剂是油脂浸出研究方向之一。

研究发现浸提次数对南瓜籽出油率有一定影响，随着浸提次数的增加，出油率逐渐增加。油脂浸出是一个不断打破传质动态平衡的过程。当浸提次数大于3次，出油率增加缓慢；随着浸出时间的延长，出油率逐渐增加。浸出时间大于30min时，出油率升高不明显。油脂浸出是一个动态传质过程，浸出时间太短，不能达到传质的平衡，不利于出油率的提高；当达到平衡后继续延长浸出时间对提高出油率影响不大。从生产效率角度考虑，可选择浸出时间为20min。出油率随着液料比的增大而增加，当液料比值小于8时，出油率有明显的提高；当液料比值大于8时，出油率升高不明显且趋于平缓。这是由于对于一定量的南瓜籽来说，溶剂体积的增加，会降低混合油中南瓜籽油的含量，增加南瓜籽与溶剂接触界面的浓度差，从而提高了传质速率，在一定时间内出油率增大；当溶剂体积增大到一定程度，由于南瓜籽中的油大部分已经被浸提出来，再增加溶剂的体积，出油率基本不变。25~35℃温度对出油率的影响不大，浸出温度变化在10℃范围内，出油率变化幅度不大，正戊烷的沸点为36℃，浸出过程的温度不得超过溶剂和混合油的沸点，否则溶剂将会大量汽化，使浸出液料比降低，溶剂挥发量增加，损耗也就增加，对环境造成一定的污染，因此浸出温度为30℃较好。南瓜籽仁和正戊烷浸出溶剂提油后的南瓜籽粕成分见表3-1。

表3-1 南瓜籽仁和南瓜籽粕比较分析

指标/%	南瓜籽仁	南瓜籽粕	指标/%	南瓜籽仁	南瓜籽粕
水分	5	5.2	粗蛋白	35.4	68.7
含油率	51.3	0.9	氮溶解指数（NSI）	—	81.3

由表3-1可以看出，南瓜籽粕蛋白含量、NSI较高，水分含量适中，饼粕质量较好。使用正戊烷溶剂可以在较低温度（30℃）和压力条件下生产出优质粕，为粕的综合利用提供优质原料。

正戊烷浸出得到的南瓜籽油理化指标见表3-2。

表 3-2　　　　　　　　　　正戊烷浸出南瓜籽油的理化指标

指标	南瓜籽油	指标	南瓜籽油
气味、滋味	具有南瓜籽油固有的气味和滋味、无异味	折射率	1.4711
透明度	透明、澄清	相对密度	0.9153
酸价/（mg/g）	0.28	加热反应	有微量析出物，油色变浅
过氧化值/（mmol/kg）	3.4		

由表 3-2 可知，经正戊烷浸出法得到的南瓜籽油酸价小于 3mg/g，过氧化值小于 7.5mmol/kg，符合食用油质量标准中对酸价和过氧化值的规定，表明正戊烷浸出南瓜籽油的方法是简便可行的，正戊烷可作为提取南瓜籽油的一种新的溶剂。

3. 混合溶剂浸出制取南瓜籽油

混合溶剂浸提工艺是 20 世纪中下叶发展起来的新型技术，其主要原理是将不同极性的溶剂混合在一起，在浸取油料作物种子的过程中萃取不同组分，即以己烷为非极性相萃取油，以醇-水为极性相萃取种子中的有毒物质的浸出工艺。

最早出现的以美国研究机构研制的己烷/丙酮/水的混合物为代表的混合溶剂，可浸出棉籽中的棉酚，达到既可提油又可脱毒的目的。与工业己烷构成混合溶剂的溶剂主要有：丙酮、甲醇、乙醇，其中，以己烷和乙醇为主体构成的烃-醇型混合溶剂，是被油脂工业界广泛接受的较为成熟的混合溶剂之一。

20 世纪 90 年代，我国开始将这项技术在工业上推广使用，但尚未形成稳定的工业生产。混合溶剂浸出关键技术的优点体现在基本不改变现有浸出工艺和设备，只在溶剂分离、回收等方面进行了改进和创新，易于在油脂工业进一步推广应用。

目前在诸多新型浸出技术之中，无论从工艺与设备方面还是从经济评价方面来说，混合溶剂浸出技术均不失为一种潜力较大的浸出技术，预脱溶处理技术、膜分离技术、负压蒸发技术等新型技术在混合溶剂浸出中的应用将大大提高油脂浸出效率和产品质量，提高混合溶剂浸出工艺的竞争力。同时，相对其他混合溶剂，新型混合溶剂异丙醇-环己烷的优势显而易见，值得进一步系统和深入的研究，将其运用到南瓜籽制油当中。

（二）不同辅助方法结合溶剂萃取

1. 微波辅助

微波作为高频电磁波能够穿透介质到达物料内部，微波能量使细胞内部温度迅速上升，压力也随之上升，当超过细胞壁所能承受的极限时细胞破裂，待提取物质自细胞内扩散到萃取溶剂界面，进而进入到溶剂内部；微波所形成的电磁场也可加快待提取物质向萃取溶剂界面扩散的速度。将微波技术用于浸提，能强化浸提过程，降低生产时间，能源、溶剂的消耗以及废物的产生，可提高产率和提取物的纯度，既降低操作费用，又合乎环境保护的要求，是具有良好发展前景的新工艺。

微波对南瓜籽油的提取具有很好的辅助作用，不但不会改变油脂本身的特性，还可以大量缩短提取时间和提高提油率，而且相比其他方法制得的南瓜籽油气味纯正、颜色澄清透明，具有省时、高效、节能等优点，从而降低提取成本，优于传统的直接加热提取法。

2. 超声波辅助

超声波辅助提取油脂可以强化油脂浸出提取过程，浸出提取过程的强化得益于体系内的强化传质及空化效应引发的"强大"湍流和循环，油脂的提取率随超声波频率的提高而增大。超声波萃取技术可以有效克服浸出时间长、浸出温度高、有效成分受热过程长、杂质浸出多、能源消耗大等缺陷，从而提高植物油脂制取的经济效益。

超声波法提取率高，提取时间相较溶剂浸出法大大缩短，减少了杂质浸出，另外，超声波法提取温度低，一般在 40℃ 以下完成浸提，避免了在浸提环节温度过高造成的营养物质损失。但值得注意的是，由于超声波无选择性的破坏效果，不仅会破坏细胞壁也会破坏欲提取物质的结构，需要结合油脂的特性选择合适的超声频率和功率。

二、亚临界流体萃取

亚临界流体萃取是继超临界流体萃取技术后又一绿色环保的分离萃取技术，不仅具有无毒、无害、无污染、易于和产物分离、提取物活性不破坏、不氧化等优点，较超临界萃取而言，其显著的特点是萃取压强低，运行成本低，工业化大规模生产可行性高，已被广泛应用于食品、化工等领域。基本原理是在常温和一定压力下，以液化的亚临界溶剂对物料进行逆流萃取，萃取液在常温下减压蒸发使溶剂汽化与萃取的目标成分分离，由此得到产品。

萃取次数对南瓜籽提油率有一定的影响，在萃取时间 20min、萃取温度 30℃、料液比 1:5 的条件下，随着萃取次数的增加，提油率逐渐升高，萃取 3 次后，南瓜籽提油率增幅趋于平缓，继续增加萃取次数对提油率贡献不大。考虑到生产周期和成本，萃取 3 次较为适宜。在油脂萃取过程中，温度升高时，能增强分子间的热运动，使溶剂和油脂的黏度下降，从而使整个体系中的传质阻力降低，提高扩散速度；但是温度过高，超过混合油沸点时，溶剂易挥发，减小体系料液比，增加体系蒸气压，物料可能被压实，不利于油脂的分子扩散，提取率下降。综合考虑，萃取温度40℃较为合适。在萃取温度40℃、料液比1∶5、萃取次数3次的条件下，随着萃取时间的延长，南瓜籽提油率逐渐增加。在萃取刚开始时，萃取溶剂与原料之间接触不够充分，提油率较小，随着萃取时间的延长，传质达到良好状态，提油率明显增大。萃取25min时，南瓜籽提油率为86.9%，之后随着萃取时间的延长，南瓜籽提油率增加趋于平缓。考虑生产效率，萃取时间在25min为宜。以上各因素对南瓜籽提油率影响的大小顺序为：萃取次数>萃取时间>料液比>萃取温度。萃取次数和萃取时间对南瓜籽提油率有显著影响，料液比和萃取温度对提油率影响不显著。相比超临界流体萃取设备，亚临界流体萃取设备装置处于中低压压力状态，大幅度降低了设备制造的工艺难度和造价；萃取条件更为温和，萃取温度较低，可保护热敏性物质和易氧化物质免于破坏；具有良好的渗透性和溶解性能，可以从固体或黏稠的原料中快速提取出有效成分；溶剂易于从产品中分离，无溶剂污染且回收溶剂过程能耗低，成本低廉，能够实现大规模工业化生产。

第二节　南瓜籽油的精炼

一、油脂精炼的目的和方法

（一）油脂精炼的目的

油脂精炼，通常是指对毛油进行精制。毛油中非甘油三酯（中性油）杂质的存在，不仅影响油脂的食用价值和安全贮藏，而且给深加工带来困难，但精炼的目的，又非将油中所有的杂质都除去，而是将其中对食用、贮藏、工业生产等有害无益的杂质除去（例如棉酚、蛋白质、磷脂、黏液、矿物元素及水分），而有益的成分（如生育酚、甾醇等）要保留。因此，根据不同的要求和用途，将不需要的和有害的杂质从油脂中除去，而保留有益的杂质，得到符合一定质量标准的成品油，就是油脂精炼的最终目的。

（二）油脂精炼的方法

根据操作特点和所选用的原料，油脂精炼的方法大致可分为机械法、化学法和物理化学法3种。上述精炼方法往往不能截然分开。有时采用一种方法，同时会产生另一种精炼作用。例如碱炼（中和游离脂肪酸）是典型的化学法，然而，中和反应生产的皂脚能吸附部分色素、黏液矿物元素和蛋白质等，并一起从油中分离出来。由此可见，碱炼时伴有物理化学过程。油脂精炼是比较复杂而具有灵活性的工作，必须根据油脂精炼的目的，兼顾技术条件和经济效益，选择合适的精炼方法。

二、南瓜籽油的（间歇式）精炼工艺

（一）脱胶

1. 水化脱胶

（1）毛油预热 其目的是将毛油加热到水化温度，使油内胶质初步润湿，为水化做好准备。升温到 60~65℃，为避免油脂氧化，脱胶最好在负压或氮气保护条件下进行。

（2）加水水化 在继续升温下（1℃/min）快速搅拌，将预先备好溶有南瓜籽油质量 0.2% 的食用盐，质量为南瓜籽油质量的 5%、温度为 70~75℃ 的食盐水溶液均匀喷到锅内油的表面上进行水化。加水时间为 10~15min。加水结束后，继续维持快速搅拌，要不断用勺子取样观察，直到发现油中明显地漂浮着的磷脂颗粒，形成了絮状凝聚物，此时要改为慢速搅拌。用勺子取样观察发现磷脂颗粒在勺中迅速下沉，说明水化已充分，就可以停止搅拌，结束水化操作。水化终温控制在 75~80℃。水化时加入水的温度要高于油 5~10℃，切不可使水温低于油温，以免油水温差悬殊导致局部吸水不均，造成局部乳化。另外，加水水化后温度升高 10℃ 左右，对于油和油脚的分离是有利的。

（3）静置沉降 水化结束后沉降 4~6h，即可排放水化油脚。

（4）水洗 将温度高于油温 10℃ 的热水，在慢速搅拌下加入油中，混合 10~15min，静置 30min 后放出水层。水洗的目的是尽量多地去除水化油脚。

（5）油脚中中性油的回收

①方法一：在水化油脚中一般含有 40%~50% 的中性油。回收时先往油脚中加入油脚质量 3%~4% 的食盐，选用盐析作用析出油脚中大量（70% 左右）水分，使油脚里的中性油与水分开。再把油脚打入配有搅拌机的罐内，用间接蒸汽加热到 100℃ 左右，再加入相当于油脚质量的 5% 左右的细碎固体食盐，搅拌令食盐与油脚混合，静置沉降分层 2h 以上，撇取上层浮油，并放出下部盐水。盐析后的油脚，转入另外贮罐，保温静置，可多次撇取上层浮油，直到不再有油析出为止。

②方法二：用直接蒸汽将油脚加热到 80~90℃，然后按油脚质量的 30%~50% 均匀地加入质量浓度为 50~100g/L 的食盐水溶液（溶液温度略高或等同油脚温度），并配合搅拌继续升温到 100℃ 左右停止，静置 24h，撇取上浮的油脂直到无油析出为止。

2. 酸炼脱胶（同时去除约 20% 的非水化磷脂）

此工序在碱炼前进行，与碱炼工序相结合，省时又降低成本。

酸炼中添加磷酸（或柠檬酸）的作用是除去某些非水化的胶质。磷酸的作用是要把磷酸金属复合物转变成可水化的 α-磷脂，有效地降低油脂中胶质和微量金属的含量。若不预先除去磷脂金属复合物，在碱炼时不仅会产生一些胶质的乳化作用，而且生成的钙镁等金属皂在水洗时也不易除去。磷酸处理后，再进行碱炼，碱炼油中磷脂和含皂量明显降低。将叶绿素转化成色浅的脱镁叶绿素，这种作用可降低油脂的红色。与铁、铜等离子结合形成络合物，钝化这些微量金属对降低油脂氧化的催化作用，增加油脂的氧化稳定性，改善了油脂的风味。

操作方法为将油升温到 60~65℃，在快速搅拌下加入占油质量的 0.05%~0.2%、质量分数为 75%~85% 的食品级磷酸（或柠檬酸），搅拌时间 30min，之后立即进行碱炼。按经验，如果加入 0.1% 磷酸脱胶，计算理论碱量时要在测定的毛油酸价基础上多加 1.6 个酸价的碱。

（二）脱酸

间歇式碱炼时须把握的要点：毛油酸价低时采用淡碱和偏高的温度；酸价高时采用浓碱和偏低的温度进行碱炼。

（1）根据酸值计算出加碱量（理论碱量 + 20% 的超碱量 = 实际需要的碱质量）。

（2）根据酸价确定碱液的浓度。

（3）配制好碱液。

（4）毛油升温　将毛油加热升温到 60℃（酸价越高，毛油所需温度越低），在毛油温度达到 60℃ 时，即停止加热。此时换到快速搅拌档，在 5~8min 内将配制好的碱液连续均匀加到油中，维持快速搅拌。同时注意观察，一直到油皂开始呈现分离状态时，就可调回慢速搅拌档，且立即开大间接加热升温（1℃/min），让皂粒积聚变大。此过程需 10~15min，用勺子取样观察会发现皂脚与油明显分离，并且快速下沉即可停止搅拌，结束碱中和反应工序，让其静置沉降分离。若发现皂脚发黏，呈较持久悬浮状态，则可以加入与油同温或比油温略低的清水（最好是稀食盐水），称为压水，促使皂粒吸水后相对密度增大面下沉。添加水量为油量的 5%~10%。

（5）静置沉降分离　时间一般为 6~8h。静置过程最好是在保温状态下进行，因为根据实践经验在 80~90℃ 内，皂脚与油的密度差最明显，而且油的黏度降低率最大，可获得最佳分离效果。

（6）皂脚中的中性油回收　在皂脚中一般含有 40%~50% 的中性油。回收时先往皂脚中加入皂脚质量 4%~5% 的食盐，选用盐析作用析出皂脚中大量（70%左右）水分，使皂脚里的中性油与水分开。再把皂脚打入配有搅拌机的罐内，用间接蒸汽加热升温到 70℃ 左右，静置沉降分层约 2h，撇取上层浮油。再继续加热升温到 75℃ 左右，静置沉降分层约 2h，撇取上层浮油。需这样多次升温，多次撇去上层浮油，直到不再有油析出为止。

（三）水洗

水洗操作最好是将油转入专用设备内进行，因为碱中和锅内壁管道上会附着有大量的皂脚，从而增加洗涤难度。水洗操作温度（油温、水温）应不低于85℃，且水温要略高于油温；搅拌速度为慢速（30r/min）；软水洗涤，每次水用量为油量的10%~15%，洗涤次数为3次，但以实际效果为准。为了能保证洗涤效果，减少洗涤次数，同时还可以更好地降低油脂的过氧化值，因此在进行第2遍洗涤前，先要进行加柠檬酸处理。具体操作方法如下。

首先取柠檬酸30~50g，配制成质量浓度100g/L的柠檬酸水溶液。在油温升到85℃时，将搅拌速度调至快速档（60r/min），均匀加入柠檬酸溶液，维持温度不变，快速搅拌5min。再改为慢速搅拌状态加水洗涤。

（四）干燥

洗涤后的油脂中含0.5%左右的水分，需进行脱水干燥处理。操作可在水洗锅内进行，也可在专用的干燥设备内完成。干燥过程须采用真空干燥工艺，操作温度85~90℃，残压控制在0.05~0.0935MPa。为防止脱水油的氧化，干燥后要在真空下迅速冷却至55℃以下。

（五）脱色

1. 色素的分类

（1）有机色素　叶绿素（又分为叶绿素A和叶绿素B），使油脂呈绿色，α-胡萝卜素使油脂呈红色，β-胡萝卜素使油脂呈黄色。叶绿素受高温作用转变成为叶绿素红色变体呈现红色。

（2）有机降解产物及氧化作用产物　蛋白质、磷脂与糖脂等胶质降解产物以及碳水化合物的降解产物一般呈棕褐色。

（3）色原体　色原体通常情况下呈无色，但经氧化或特定试剂作用后呈鲜明的颜色。如油料中还原糖类物质的分解产物（如糖、醇、糠醇等）与氨基酸化合而生成的黑色素；生育酚（维生素E）在铁、铜等金属离子和高温的促进下发生氧化，生成的生育酮，呈红色和棕褐色；微量铁在蒸馏时使油脂变黑。

2. 工艺要求

（1）搅拌速度为60~70r/min，吸入吸附剂时油温71℃。

（2）搅拌程度充分但不强烈，真空度不低于94.6kPa（-0.0946MPa）。

（3）间歇式脱色工艺操作如下：

①将水洗后的油脂加热升温至100℃左右，慢慢开启吸油管阀门，利用真空将油吸入到脱色锅内，同时开启脱色锅的搅拌。首先在脱色锅内将油所含的约0.5%水分，在真空状态下脱除。注意观察视镜内表面，直到其上无明显水珠即表明油中水分已降低至0.1%以下，符合脱色要求为止。

②将脱色锅内油温调至103~105℃，加入预混好的脱色剂（活性炭用量

3%~5%），吸入活性炭后，在尽量高的真空下，脱色25~30min后关闭加热源，通入冷却水，将油冷却至60℃以下进行过滤。

（六）过滤

过滤压力不超过0.3MPa，过滤结束后最好用氮气吹滤饼。

（七）脱臭

脱臭操作要点如下：

①真空度一定要尽可能地高，最低不得低于-0.0987MPa。

②脱臭温度一般控制在230~250℃。

③对脱臭锅内的油脂加热时，热载体（导热油）进入脱臭锅的温度不超过280℃。

④直接蒸汽一定要用过热干蒸汽，直接蒸汽喷射的速率一定要能使油脂如伞状喷泉，但不可以引起油脂飞溅；直接蒸汽用量一般占油质量的5%~8%。

⑤脱臭时间，间歇式工艺需4~8h。

⑥脱臭锅内的油量要足量，不能太少导致内空间过大，使蒸馏出来的组分不能及时被引出脱臭锅外，可能因保温效果不好，温度降低而又冷凝回流到液相中。油量不超过总容量的70%，油位高过加热盘管5cm为宜。不同压力下脂肪酸的沸点见表3-3。

表3-3		不同压力下脂肪酸的沸点			
压力/kPa	0.13	0.67	1.33	2.67	5.33
棕榈酸/℃	153.6	188.1	205.8	223.8	244.4
油酸/℃	176.5	208.5	223	240	257

南瓜籽毛油经过脱胶、脱酸、脱色及脱臭后，即可食用，但随着用途不同，人们对油脂的要求也不一样。例如一级油（色拉油），要求它不能含有固体脂（简称硬脂），以便能在0℃（冰水混合物）中5.5h内保持透明不凝结。南瓜籽油经过上述工艺后，仍含有部分固体脂，达不到色拉油的质量标准，要得到南瓜籽色拉油，就必须将这些固体脂也脱除。这种脱除油脂中的固体脂的工艺过程称为油脂的脱脂，其方法是进行冬化。用稻米油、葵花籽油、棕榈油或棉籽油等生产色拉油时也需要进行冬化脱脂。

参考文献

[1] 李星，娄丽娟，刘会娟，等. 南瓜籽油的营养功能与制取方法 [J]. 农业机械，2013

（3）：42-44.

［2］Ayyildiz H F，Topkafa M，Kara H. Pumpkin（Cucurbita pepo L.）seed oil/Fruit Oils：Chemistry and Functionality［J］. Springer，Cham，2019：765-788.

［3］Nishimura M，Ohkawara T，Sato H，et al. Pumpkin seed oil extracted from cucurbita maxima improves urinary disorder in human overactive bladder［J］. Journal of Traditional and Complementary Medicine，2014，4（1）：72-74.

［4］甄成，李燕杰，陈洪涛，等. 改进热榨工艺对南瓜籽油品质及稳定性的影响［J］. 中国油脂，2009，34（2）：14-16.

［5］范媛，王玉，李振岚，等. 冷榨法制取南瓜籽油的研究［J］. 粮油加工，2010（11）：27-29.

［6］Koubaa M，Mhemdi H，BarbaF J，et al. Oilseed treatment by ultrasounds and microwaves to improve oil yield and quality：An overview［J］. Food Research International，2016，85：59-66.

［7］Lupinska A，Araszkiewicz M，Koziol A，et al. Microwave drying of rapeseeds on a semi industrial scale with inner emission of microwaves［J］. Drying Technology，2009，27（12）：1332-1337.

［8］Kowalski S J，Mielniczuk B. Analysis of effectiveness and stress development during convective and microwave drying［J］. Drying Technology，2007，26（1）：64-77.

［9］KeShun，Liu，Edward，et al. Fatty acid compositions in newly differentiated tissues of soybean seedlings［J］. Journal of Agricultural and Food Chemistry，1996，44（6）：1395-1398.

［10］Malgorzata，Wroniak，Agnieszka，et al. Microwave pretreatment effects on the changes in seeds microstructure，chemical composition and oxidative stability of rapeseed oil［J］. Lwt Food Science & Technology，2016.

［11］王翔宇，罗珍岑，李键，等. 超声波辅助溶剂浸出法提取巴塘核桃油工艺优化及脂肪酸组分分析［J］. 食品工业科技，2018，39（11）：173-176.

［12］刘祥龙，马齐兵，何东平，等. 超声辅助浸出法提取美藤果油的研究［J］. 粮食与油脂，2017，30（1）：74-78.

［13］彭丹，郭贺，夏子文，等. 微波辅助提取油莎豆油的工艺优化研究［J］. 粮食与油脂，2019，32（11）：31-34.

［14］木太里普·吐逊，翁幼武，王小新，等. 微波辅助提取葫芦籽油及其脂肪酸分析［J］. 新疆中医药，2018，36（3）：40-43.

［15］付冬梅. 果胶酶辅助提取黑加仑果汁的工艺优化及其种子油的制备［D］. 哈尔滨：东北林业大学，2020.

［16］毛永杨，杨桐，李智高，等. 酶解-乙醇辅助法提取灯笼椒中的辣椒籽油及其抗菌活性研究［J］. 中国调味品，2020，45（1）：105-109.

［17］夏仙亦，于修烛，李清华，等. 南瓜籽油正戊烷浸提条件的响应面优化［J］. 粮油食品科技，2013，21（1）：13-16.

第四章 南瓜籽油超临界 CO_2 萃取技术

第一节 超临界 CO_2 萃取概述

一、超临界流体

纯净物质根据温度和压力的不同，呈现出液体、气体、固体等状态变化，如果提高温度和压力，来观察状态的变化，会发现如果达到特定的温度、压力，会出现液体与气体界面消失的现象，该点被称为临界点，在临界点附近，会出现流体的密度、黏度、溶解度、热容量、介电常数等所有流体的物性发生急剧变化的现象。温度及压力均处于临界点以上的液体叫超临界流体。

超临界流体由于液体与气体分界消失，是即使提高压力也不会液化的非凝聚性气体。超临界流体的物性兼具液体性质与气体性质。它基本上仍是一种气态，但又不同于一般气体，是一种稠密的气体。其密度比一般气体要大两个数量级，与液体相近。它的黏度比液体小，但扩散速度比液体快约两个数量级，所以有较好的流动性和传递性能。它的介电常数随压力而急剧变化（如介电常数增大有利于溶解一些极性大的物质）。另外，根据压力和温度的不同，这种物性会发生变化。

（一）超临界流体的物性及传递特性

超临界流体的物性参数介于气体和液体之间，使其同时具有气体、液体的特性：密度类似液体，使其溶解能力与液体相当，黏度和扩散系数使其运动速度和分离过程的传递速率大幅度提高。在接近于超临界温度和压力条件下，超临界流体溶解性是常温常压条件下的 100 倍以上，较小的温度或压力变化可引起超临界流体的密度发生较大的变化，相应地表现为溶解度的变化。因此，可通过改变压力、温度使超临界流体的溶解能力发生较大范围变动的方式，来实现萃取和分离过程。黏度、热导率和扩散系数 3 个物性决定了流体传递特性。有研究表明，超临界流体类似气体的黏度和扩散系数，使它的运动速度和分离过程的传质速率大幅度提高，其扩散速率值比正常液体中扩散速率高两个数量级以上。临界点附近，导热率对温度和压力的变化十分敏感。在超临界条件下，若压力恒定，随温度升高，热导率先降至一个最小值，随后增大；若温度恒定，热导率随压力升高而增大。压力和温度较高时，自然对流容易产生，比如超临界 CO_2 在 38℃ 时，只需3℃就可以引起自然对流。有研究认为在流体的临界点附近，流体强烈的自然对流会使传质速率比在常规液体中传质速率更大。

（二）超临界流体作为萃取分离溶剂的优势

（1）溶解能力可通过改变操作条件来调节，以适应工艺要求中不同的选择性和产率。

（2）与纯液体相比，超临界流体扩散系数更高。

（3）表面张力小，可适用于润湿并穿过小孔。

（4）可以在凝聚相中快速扩散，如超临界 CO_2 在聚合物和离子液体的扩散。

（5）溶剂的回收是快速且完全的，残留在产品中的溶剂极少。

（6）常规分离方法中，溶剂的脱除过程产生的毛细作用力破坏溶质结构的现象在超临界分离中不存在。

以上几点超临界流体分离技术的优势，远远大于高压操作耗能的劣势。

（三）超临界流体萃取溶剂

对于超临界流体萃取技术来说，需根据流体特点选择萃取溶剂。目前确定临界参数的物质有一千多种，但实际上由于工业操作的原因，需要考虑溶解度、选择性、临界点数据及化学反应的可能性等一系列因素，实际应用于超临界萃取的溶剂只有十几种。超临界流体萃取技术应用的溶剂类型较多，主要有 CO_2、乙烯、乙烷、丙烯、氨、水等，不同溶剂的临界性质不同。乙烯、乙烷等溶剂对人体有害，多用于食品以外的其他工业。多数烃类临界压力在4MPa左右，同系物的临界温度随摩尔质量增大而升高。超临界丙烷的运行压力较低（10MPa左右），温度较高（100℃左右），在某些条件下，超临界丙烷与超临界 CO_2 相比是一种更有竞争力的超临界溶剂，如用于石油类化学物质的提取。CO_2 无毒、无害、无腐蚀性，且易与化合物分离，是食品领域最常用的超临界萃取剂。

萃取溶剂在高压/低温条件下将原料中所需产品萃取出来，随后溶剂通过减压/升温过程得到回收，并重新压缩参与循环，同时在回收过程中获得了脱除溶剂之后的萃取产品。这个过程一般都是在超临界区域发生变化。减压、升温和常规蒸馏，都是溶剂回收的方式。

二、超临界 CO_2 萃取技术

超临界萃取技术是在超临界状态下，将超临界流体与待分离的物质接触，使它选择性地萃取其中某一组分，然后通过减压或升温的办法降低超临界流体的密度，从而改变超临界流体对萃取物的溶解度，使萃取物得到分离的技术。超临界萃取基于超临界流体特性建立，流体的物性（密度、黏度、扩散系数）决定了超临界流体萃取技术的重要特点。超临界流体的密度很容易通过调节体系的温度和压力来控制，这就决定了超临界萃取的溶剂回收方法简单高效，相比常规萃取

方法能大幅度节约能量，此技术在石油化工、环境保护、生物制药等领域均有工业应用。可以作为超临界流体的物质有很多，例如低分子烷烃、甲醇、乙醇和水等。目前最常用以及研究最多的超临界流体是 CO_2。原因有以下几点。

（1） CO_2 的临界温度为 $31.4℃$，接近室温，在提取的过程中可以有效防止热敏性物质的降解。

（2） CO_2 的临界压力（$7.38MPa$）处于中等压力，操作安全且容易达到超临界状态。

（3） CO_2 具有无毒、无味、不易燃易爆、不腐蚀等优点，使得萃取的产品无溶剂残留。

（4）超临界流体 CO_2 具有抗氧化作用，有利于保证和提高产品的质量。

（5）萃取速度快，效率高，且操作参数易于控制，因而使得产品质量稳定。

（6）耗能低，超临界流体 CO_2 与萃取物分离后，只要重新压缩就可循环利用，耗能大大降低，节约成本。

（7）该技术选择性好，且可通过控制压力和温度来改变超临界流体 CO_2 的密度，进而改变其对物质的溶解能力，有针对性地萃取中草药中的某些成分。

（8）从萃取到分离可一步完成；此外，该超临界 CO_2 萃取技术也由于它萃取速度快，效率高，且操作参数易于控制，耗能低，几乎不产生新的"三废"，还可以提取出传统方法不能提取出来的物质，有利于保证和提高产品质量，已经在国内外得到了广泛的工业化应用。

用超临界流体进行萃取，将萃取原料装入萃取釜，采用 CO_2 为超临界溶剂。CO_2 气体经热交换器冷凝成液体，用加压泵把压力提升到工艺过程所需的压力（应高于 CO_2 的临界压力），同时调节温度，使其成为超临界 CO_2 流体。CO_2 流体作为溶剂从萃取釜底部进入，与被萃取物料充分接触，选择性溶解出所需的化学成分。含溶解萃取物的高压 CO_2 流体经节流阀降压到低于 CO_2 临界压力以下进入分离釜（又称解析釜），由于 CO_2 溶解度急剧下降而析出溶质，自动分离成溶质和 CO_2 气体两部分，前者为过程产品，定期从分离釜底部放出，后者为循环 CO_2 气体，经过热交换器冷凝成 CO_2 液体再循环使用。整个分离过程是利用 CO_2 流体在超临界状态下对有机物溶解度特异增加，而在低于临界状态下对有机物基本不溶解的特性，将 CO_2 流体不断在萃取釜和分离釜间循环，从而有效地将需要分离提取的组分从原料中分离出来。

超临界流体是指当某种物质超出本身的临界温度和临界压力时，气液两相混合成均一的流体状态，且同时具有气体的高渗透性和液体的高溶解性。在较高压力下，溶质被溶解在流体中；当压力渐渐减小或温度增高时，流体的溶解能力变弱、密度减小，溶质析出后被萃取分离。根据流体密度随温度和压力变化的特性，使超临界流体与要分离的物质接触后建立流动相，通过改变压力和温度溶解其中的某些成分，再按溶解能力、沸点、相对分子质量的大小依次将萃取物提取出来，从而达到萃取有效成分或清除有害成分的目的。

1. 萃取溶剂

与一些传统的提取方法相比，超临界流体萃取技术具有更高效、更环保、更节能、易控制等优点。

2. 萃取装置

超临界流体萃取技术的工艺过程可以分为连续式、半连续式和间歇式 3 种。目前，大多数的萃取装置是间歇式的，装料和卸料较麻烦，需打开萃取器的端盖，以及重复升压和降压过程，不仅工作效率低，而且易发生意外。近年来，国内外学者致力于研究连续式的萃取装置。连续萃取装置可连续送入萃取物和排出萃取物，具有提高生产率、降低生产成本、增加萃取安全性和可靠性等优点。

超临界流体连续萃取分离系统由超临界流体媒质源、加压子系统、连续萃取子系统、分离子系统、增压循环子系统或者控压子系统等构成。超临界流体连续萃取子系统由萃取器、锁紧机构、料仓装卸机构、排空泵、抽回压缩机及调节阀等部分组成。萃取器由缸体、料仓及快开卡箍等构成。料仓首尾相接排布于缸体内，快开卡箍与料仓仓底的锁紧卡槽相对应，料仓装卸机构驱动料仓在缸体内连续进出实现萃取过程的连续化。在萃取时依次完成料仓空气的排空、逐级升压与降压、超临界流体抽回的连续操作。加压子系统由加压泵、冷凝器、减压阀及溢流阀等构成。分离子系统由一重或一重与二重分离器、加热器及调节阀等构成，周期性地开启分离器的卸料阀，卸出分离子系统所分离出来的萃取物。增压循环子系统由循环泵、冷凝器、换热器及加热器等构成。控压子系统由单向阀构成。

3. 溶质与溶剂的分离

分离超临界流体中的溶质和溶剂的方法较多。常用的方法是通过改变温度或压力来改变超临界流体的溶解能力，还可使用溶剂将溶质从超临界流体中"洗涤"出来。也可以通过改变超临界流体的温度来去除溶质，直到溶质不再可溶且沉淀下来，这种方法也称为"低温陷阱"。

4. 工艺流程

根据分离条件的不同，超临界流体萃取方法分为等温变压法、等压变温法及吸附法等。以超临界 CO_2 萃取技术为例，分别介绍以下 3 种方法。

（1）等温变压法　等温变压法中超临界流体的萃取和分离在同一温度下进行。萃取釜和分离釜内温度相同，萃取釜压力高于分离釜压力。高压下 CO_2 对溶质的溶解度较高，可对萃取釜中的物质进行选择性溶解，并在分离釜中与目标组分分离，得到目标产物。CO_2 通过减压阀降压，然后通过制冷变为液态，经压缩机或高压泵将其打回到萃取釜中循环使用。该法是超临界流体萃取技术中最方便的一种，过程中补充适量的萃取剂就可以实现连续萃取。此外该方法可使用较低温度，能较好萃取热敏性、易氧化的物质。

（2）等压变温法　等压变温法的特点是萃取和分离在相同压力、不同温度条件下进行。萃取完成后，流体经加热器适当升温后进入分离系统，此时超临界流体密度降低，而溶质因蒸气压增加较少而导致溶解能力降低并析出，从而得到目标产物。CO_2 经冷却器降温升压后可继续循环使用。该法压缩能耗较少，但由于分离釜和萃取釜需采用相同的特定高压，成本相对增加，并且由于分离釜使用了较高温度，对热敏性物质不适用。

（3）吸附法　吸附法的应用较少，该方法的萃取和分离在相同压力和相同温度下进行，通过在分离釜中填充特定吸附剂对目标组分进行选择性吸附。该方法较节能，但吸附剂的成本较高，且在生产中需增加吸附剂再生系统。

5. 影响超临界 CO_2 萃取技术提取油脂的因素

通常认为影响超临界 CO_2 萃取的参数主要包括萃取压力、萃取温度、萃取时间、CO_2 流量，萃取原料的物性（主要是含水量和粉碎粒度）和夹带剂对萃取率也有影响。在研究过程中，通常会将超临界 CO_2 萃取与其他方法如索氏提取法进行对比，以证实这种方法的有效性和可重复性。

（1）萃取压力　萃取压力是超临界 CO_2 萃取的最重要工艺参数之一。不同原料在不同超临界条件下的溶解度曲线表明，萃取物在超临界 CO_2 中的溶解度与超临界 CO_2 的密度密切相关，而萃取压力是改变超临界流体对物质的溶解能力的重要参数，这种溶解度与萃取压力的关系是超临界 CO_2 流体萃取过程的基础。通过改变萃取压力可以使超临界流体的密度发生变化，改变传质距离，改变溶质和溶剂之间的传质效率，从而增大或减小它对物质的溶解能力。随着超临界萃取压力的增加，萃取物的溶解度一般都会急剧上升。在萃取温度、CO_2 流量恒定时，萃取压力增大，超临界 CO_2 密度增大，分子间距离减小，分子运动加剧，内部分子间的相互作用急剧加大，使之更加接近油脂内部分子间的作用能，按相似相溶原理，植物油脂在 CO_2 中的溶解度增加。但二者并非呈线性关系，当萃取压力增加到一定程度时，植物油脂在 CO_2 中的溶解度增加缓慢，存在一个"最大溶解度"萃取压力的问题，并且萃取压力过大，将原料压缩成块，不利于萃取，萃取出来的油脂色泽变暗（高压下 CO_2 将原料中的部分色素也萃取了出来）。另外，考虑到高压会增加设备投资和操作费用，并影响油脂的纯度，因此萃取压力并非越高越好。一般最佳萃取压力的确定需要综合考虑原料性质、溶解油脂能力、浸出的选择性、产品质量、设备投资等多种因素。综合文献资料，植物油脂的萃取压力一般应在 $20\sim30MPa$。

（2）萃取温度　萃取温度是影响超临界 CO_2 密度的另一个十分重要的参数，与萃取压力相比，萃取温度对超临界 CO_2 流体萃取过程的影响要复杂得多。在一定萃取压力下，萃取温度对植物油脂萃取的影响有两种趋势：一是随温度的升高，出油率逐渐增加，当超过一定温度时，又逐渐下降，这种情况在萃取压力较高时出现。这是因为萃取压力大时，CO_2 密度高，可压缩性小，升温时 CO_2 密度降低较少，但大大提高了待分离组分的蒸气压和物料的扩散系数，而使溶解能力提高。二是随温度增加，出油率呈降低趋势，这种情况在较低萃取压力下出现。这是因为在超临界 CO_2 临界点附近，压力较低时，超临界 CO_2 的可压缩性大，升温时 CO_2 密度急剧下降，此时虽可提高分离组分的挥发度和扩散系数，但难以补偿 CO_2 密度降低所造成的溶解能力下降。另外，温度升高，在萃取率增大的同时，杂质的溶解度也会相应增大，从而增加了分离纯化过程的难度，这反而有可能降低产品的出油率，并且高温有可能造成某些成分的变性、分解或失效，因此在选择萃取温度时要综合考虑这些因素。由于植物油脂大多都含有不饱和脂肪酸，故萃取温度不宜过高，一般在 30~50℃。

（3）萃取时间　一定范围内，萃取时间越长，出油率越高。在萃取的初始阶段，出油率增加显著；但随着萃取时间的延长，出油率增长缓慢，存在一个经济时间的终点，且萃取的选择性也下降。为降低成本，提高设备效率，综合考虑萃取时间一般为 1~3h。较其他萃取技术而言，超临界 CO_2 萃取所需时间较短。在保证油脂出油率的情况下，40~180min 对于绝大多数样品已经足够。

（4）CO_2 流量　CO_2 流量的变化对超临界 CO_2 萃取有两个方面的影响。一方面，CO_2 流量增加，可增大萃取过程的传质推动力，也相应地增大了传质系数，使传质速率加快，较快达到平衡溶解度，从而提高萃取能力，缩短萃取时间。但另一方面，CO_2 流量过大，会造成萃取器内 CO_2 流速增加，使 CO_2 停留时间缩短，从而使 CO_2 与被萃取物接触的时间减少，不利于萃取率的提高，增加生产成本。因此，CO_2 流量在萃取中存在一个最佳值。一般原料含油率高时，CO_2 流量大则有利于提取。但实际上，CO_2 流量在操作中不容易控制。

（5）夹带剂　由于纯 CO_2 本身的非极性特点，大大限制了其应用范围。油脂在超临界 CO_2 中的溶解度一般较低，为提高溶解度，可以考虑加入夹带剂。加入夹带剂可以增加萃取率或改善选择性，并有效降低萃取压力。据文献报道，当夹带剂的质量分数达到10%时油脂萃取率可以提高到97%左右。然而，夹带剂的用量必须是相对 CO_2 流量而言的，其往往有一个最佳值，太大或太小都不好。需要特别指出的是，相对于溶质来说，好的溶剂也是好的夹带剂。油脂萃取中为避免有机溶剂残留，常用乙醇作为夹带剂。乙醇是具有强烈亲核加成性质的极性物质，它很容易提供一对电子与带正电荷的羰基碳结合，增加溶剂 CO_2 的极性，同时也增加了被萃取物油脂的极性，使整个体系分离因子增大，从而提高了萃取率。

（6）原料物性的影响　原料的物性主要指含水量和粉碎粒度等。物料的水分含量对超临界流体的萃取率有一定程度的影响，一定量的水分溶解在超临界

CO_2中，起到了夹带剂的作用，有利于萃取率和萃取速率的提高。然而含水量较高时，容易在原料表面形成一层连续相的水膜，不利于溶质的溶出，使超临界流体萃取变得困难。另外，水分含量过高时，会使CO_2流体中所夹带的水分在CO_2冷却时发生结冰现象导致管路"冻塞"，影响萃取的连续进行。原料中5%～7%的含水量在超临界CO_2萃取过程中的萃取率最高。

在其他萃取条件相同的条件下，原料的粒度大小对超临界CO_2萃取过程有着重要的影响。一般来说，原料粒度越小，超临界流体与其接触面积越大，原料破壁的概率就越高，内传质阻力也越低，有利于提高萃取率。但原料粒度太小，则堆积密度越大，增大了外传质阻力，传质扩散系数较小，也有可能在压力作用下使原料迅速板结成块，易导致气路堵塞，造成无法连续萃取，从而影响萃取效果。但实验研究发现，植物油脂萃取过程中，由于原料含油率高，给粉碎带来一定难度，粒度较大，不能达到破壁效果，萃取率低；粒度过细，粉碎过程容易结块，不能过筛，也影响萃取效果，因此在实际中原料粒度的控制也比较难。

6. 超临界CO_2萃取技术的优点

超临界流体萃取技术是一种新型分离萃取技术，与传统的液-液萃取法相比，具有以下特点。

（1）操作参数简单、容易控制　超临界流体的密度可随压力和温度的调节而变化，在接近临界点处，温度或压力小幅度的调节就可以导致流体密度较大的变化，从而使流体的溶解能力有较大的变化。因此，选用适当的压力和温度即可较好地对萃取和分离过程进行控制。

（2）溶剂循环使用、节能环保　改变体系的温度和压力，可使超临界流体在萃取溶质后变为气体，从而与产物分离，最终实现超临界流体的循环使用。与液-液萃取的蒸馏处理回收溶剂的方式相比，超临界流体特殊的回收方式可以节约大量能源。此外，由于溶剂与溶质的分离较为彻底，能够有效避免产物被有毒有机溶剂污染。因此，超临界流体萃取非常适用于食品萃取和精制，迎合了消费者对"绿色食品"的追求，是一种节能环保、可持续发展的萃取技术。CO_2无毒无害、无腐蚀性、容易获取、价格低廉，且临界压力和临界温度较低，能在低温下进行分离萃取。同时，CO_2的临界密度大，溶解能力较强，化学性质稳定，不会对热敏性物质和活性成分造成破坏。另外，CO_2有抗氧化灭菌的作用，没有溶剂残留的问题，安全无毒。

（3）实现低温萃取、应用广泛　超临界流体萃取可在常温或接近常温的条件下操作，可应用于热敏性、易氧化物质的分离和提取。以超临界CO_2萃取为例，在提取天然香料挥发油时，几乎可以保留全部热敏性本真物质，过程中有效成分损失少，产品得率高。在传统液-液萃取法中，溶剂与要分离的混合物形成液体混合物，萃取后采用蒸馏方法将溶剂和溶质分开，温度较高对热敏性物质不利。

（4）传递特性良好、快捷高效　超临界流体密度与一般液体溶剂的密度相近，因此具有与液体相近的溶解能力，同时保持与气体相似的传递特性，高溶解能力和低黏度使超临界流体具有比液体溶剂更快的渗透速度，能高效达到平衡。由于超临界流体物理性质的优越性，超临界流体萃取技术可以提高溶质的传质能力和传质速率，极大提高萃取产率和萃取效率。

（5）降低试剂损耗、减少能耗　超临界 CO_2 萃取技术在获得一些天然营养剂上卓有成效，例如番茄红素的提取。番茄红素传统的提取方法有有机试剂浸提法、酶反应法等。与传统的有机试剂浸提法相比，超临界 CO_2 萃取法具有无有机试剂消耗和残留、无污染、避免高温、保护萃取物的生理活性、能耗低和工艺简单等优点，越来越受到人们的青睐。

7. 超临界 CO_2 萃取技术的局限性及存在问题

目前，超临界 CO_2 萃取技术在各方面的应用正日益受到前所未有的重视，它在理论上和应用上都已经被证明了具有广阔的前景。超临界 CO_2 萃取技术因其具有操作温度低、不会对热敏性的物质造成破坏、萃取的效率高、耗能低、工艺简单、CO_2 经济实惠又可以循环利用等优点，已经成为天然产物提取研究中一种具有很高发展潜力的提取方法。但是作为一种新技术，超临界 CO_2 萃取也有其局限性。

（1）超临界 CO_2 萃取技术较适合于亲脂性的和相对分子质量较小的物质的萃取，但是它对极性偏大或相对分子质量偏大的有效成分的提取效率却较差，还需要加入合适的夹带剂。而夹带剂在产品中有可能残留，这就会影响产品的质量，也有违使用超临界 CO_2 萃取技术的本意。此外，夹带剂的正确选择和使用对萃取效果影响甚大，能大大拓宽超临界 CO_2 在生理活性物质萃取上的应用范围，但目前在使用上还缺乏足够的理论方面的研究，可测性差，主要靠实验摸索。

（2）超临界 CO_2 萃取技术在应用过程中面临设备需耐高压、密封性好等导致一次性投资较大的问题，其产品成本较高，普及率较低，难以规模化、企业化，在应用方面也因此受到限制，只能选择附加值高的产品作为萃取对象。并且在油脂提取分离中，由于各种脂肪酸的化学结构非常相近，极性也相当，夹带剂的作用只能使 CO_2 的萃取能力增强，体系操作压力降低而不能改变溶剂极性，无法提高选择性。

（3）超临界技术研究在我国仅仅经历了 20 多年的发展，很多研究仅限于萃取工艺的改进，对超临界萃取的基础研究不够深入，基础数据不够完善，很多时候以萃取物的得率为指标，未能明确目的产物，导致萃取物的有效物质成分含量低，产品等级就相应降低；对产物的产品质量指标、产品的溶解度等的研究都还很缺乏。

第二节　南瓜籽油超临界 CO_2 萃取工艺

超临界 CO_2 萃取南瓜籽油有很多优点，如效率高，无溶剂残留，工艺简单、能耗低、体系温度低，有利于保护油脂伴随物等，且 CO_2 作为流体，具有临界温度（31.4℃）低，临界压力（7.38MPa）易于达到、资源丰富、价格低廉、安全无毒、不污染环境等特性。因此，采用超临界 CO_2 萃取不饱和脂肪酸含量高的南瓜籽油是一种较佳的方法。

一、生产工艺

（一）工艺步骤

南瓜籽油的超临界 CO_2 萃取工艺流程如图4-1所示。

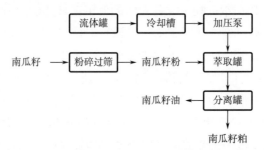

图4-1　南瓜籽油超临界 CO_2 萃取工艺流程图

取适量南瓜籽置于高速多功能粉碎机中进行粉碎处理，将粉碎好的南瓜籽过所需目数的筛子得南瓜籽粉，将所得南瓜籽粉装袋置入萃取罐中，根据试验条件设定萃取温度、萃取压力和 CO_2 流量，萃取一定时间后用接收瓶收集所得南瓜籽油，解析条件为：解析压力10MPa，解析温度60℃。

（二）方案优化

方案优化的路线及思路如图4-2所示。

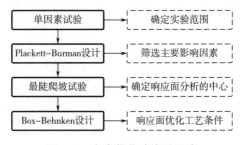

图4-2　方案优化路线及思路

（1）单因素试验　通过对原料粒度、萃取温度、萃取压力、萃取时间和 CO₂ 流量分别进行单因素试验，确定后续试验因素水平选择的范围。

（2）Plackett-Burman 设计　根据单因素的试验结果，在单因素的基础上选择了 $N = 12$ 的 Plackett-Burman 试验设计方法，考察影响南瓜籽油出油率的 5 个因素的重要性程度。每个因素取高低两个水平，以出油率为响应值，根据 Plackett-Burman 试验的结果比较各因素的重要性。

（3）最陡爬坡试验　只有在临近最佳值时才能有效建立响应面方程。根据 Plackett-Burman 设计的结果，确定了萃取温度、萃取压力和萃取时间 3 个因素对出油率的影响更显著，以实验值变化的梯度方向为爬坡方向，参考单因素结果确定爬坡步长，以便能最快逼近最佳值区域。

（4）Box-Behnken 设计　根据最陡爬坡试验的结果，确定了 Box-Behnken 试验的中心点，设计三因素三水平的优化试验优化超临界 CO₂ 萃取法提取南瓜籽油的工艺，利用 Design Expert 8.0 软件绘图并对试验结果进行分析。

二、生产工艺对南瓜籽油品质的影响

（一）单因素对超临界 CO_2 萃取法制备南瓜籽油出油率的影响

1. 原料粒度对出油率的影响

一般而言，原料粒度越小越有利于萃取，原料粉碎度的提高能增大原料与 CO_2 流体的有效接触面积，促使南瓜籽中的油脂溶出。

在萃取温度为 45℃，萃取压力为 30MPa，萃取时间为 120min，CO_2 流量为 5kg/h 的条件下，将南瓜籽粉分别过 10，20，40，60 目筛，将不同粒度的南瓜籽粉用超临界 CO_2 萃取法制取南瓜籽油，考察原料粒度对南瓜籽油出油率的影响，结果如图 4-3 所示。

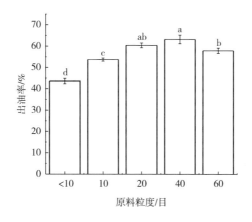

图 4-3　原料粒度对出油率的影响

由图 4-3 可见，当南瓜籽粉的粒度<10 目时，出油率最低，为 43.6%；随着粉碎度的提高，南瓜籽油的出油率逐渐升高，当南瓜籽粉的粒度为 40 目时，南瓜籽油的出油率达到最大，为 63.2%，比原料粒度<10 目时，提高了 44.95%；随着粉碎度的继续提高，出油率略微下降，当南瓜籽粉的粒度为 60 目时，出油率为 57.9%，比原料粒度为 40 目时出油率降低了 8.39%。粉碎度越大，出油率越高，是符合颗粒粒度对传质效率影响的原理。但当原料粒度小到一定程度时，出油率有所减少，这可能是因为原料粒度越小，原料堆积密度增大，易导致粉末结块，形成高密度的床层，阻塞 CO_2 的气路，使 CO_2 流体形成"短路"（即 CO_2 只沿阻力小的路径穿过料床，导致萃取显著不均匀的现象），影响流体的传质效率，使萃取不完全，出油率降低，而且过度粉碎也会增加油料预处理的成本。

2. 萃取温度对出油率的影响

萃取温度对出油率的影响主要体现在两方面：一是萃取温度升高能加快溶质的热运动，提高体系中的蒸气压，从而提高油脂的萃取效率；二是温度的升高会降低 CO_2 的密度，进而导致其溶解能力减低，使萃取效率降低。同时，若萃取过程吸热，则提高萃取温度能提高出油率，反之，若萃取过程放热，则降低萃取温度能提高出油率。总而言之，萃取温度对出油率的影响由如上两个因素的综合效应决定。

在原料粒度为 20 目，萃取压力为 30MPa，萃取时间为 120min，CO_2 流量为 5kg/h 的条件下，将南瓜籽粉分别在 30，35，40，45，50，55，60℃的萃取温度下通过超临界 CO_2 萃取法制取南瓜籽油，考察萃取温度对南瓜籽油出油率的影响，结果如图 4-4 所示。

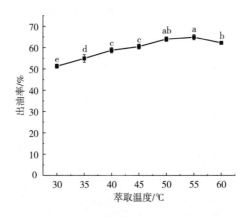

图 4-4　萃取温度对出油率的影响

由图 4-4 可见，当萃取温度为 30℃时，出油率最低，为 51.3%；随着萃取温度的升高，南瓜籽油的出油率逐渐升高，当萃取温度为 55℃时，南瓜籽油的出油率达到最大，为 64.8%，比萃取温度为 30℃ 时，提高了 26.32%；随着萃取温度的继续提高，出油率稍微有些下降，当萃取温度升高到 60℃ 时，出油率降低为 62.1%，比萃取温度为 55℃ 时降低了 4.17%。这可能是因为萃取温度升高加速了 CO_2 流体的分子热运动，增大了其扩散系数，使其溶解性增加，从而加快了传质效率，但同时，升高萃取温度也会使 CO_2 流体的分子间距增大，使流体密度降低，导致 CO_2 流体的溶解性降低。由图 4-4 可知，当萃取温度从 30℃ 上升到 55℃ 时，南瓜籽油的出油率增加，原因可能是此时萃取温度对流体密度的影响不大，分子热运动为主导；当萃取温度高于 55℃ 时，萃取温度对流体密度的影响为主导。

3. 萃取压力对出油率的影响

增加萃取压力能增大 CO_2 流体的密度，减少传质距离，提高传质效率，从而提高南瓜籽油的提取率。除了影响出油率外，萃取压力还对超临界 CO_2 萃取法的经济效益有直接影响，过高的萃取压力对设备的耐压力和密封性有严格的要求，合适的萃取压力可以减少对设备的要求，降低设备投资，减少 CO_2 的消耗量，并且能提高超临界萃取的安全性。

在原料粒度为 20 目，萃取温度为 45℃，萃取时间为 120min，CO_2 流量为 5kg/h 的条件下，将南瓜籽粉分别在 15，20，25，30，35，40MPa 的萃取压力下通过超临界 CO_2 萃取法制取南瓜籽油，考察萃取压力对南瓜籽油出油率的影响，结果如图 4-5 所示。

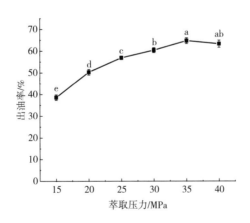

图 4-5　萃取压力对出油率的影响

由图 4-5 可见，当萃取压力为 15MPa 时，出油率最低，为 38.6%；随着萃取压力的提高，南瓜籽油的出油率逐渐升高，当萃取压力为 35MPa 时，南瓜籽油的出油率达到最大，为 64.7%，比萃取压力为 15MPa 时，提高了 67.62%；随着萃取压力的增大，出油率反而有些下降，当萃取压力为 40MPa 时，出油率为

63.3%，比萃取压力为35MPa时降低了2.16%。这可能是因为超临界流体的溶解能力与流体密度呈正相关。萃取压力的提升，会使CO_2流体的密度增加，使其对油脂的溶解度增加，提高了油脂萃取的速度；当萃取压力高于35MPa时，出油率略微下降，这可能是因为此时CO_2流体的可压缩性减小，CO_2流体密度增加不大，溶解度提升有限，同时，萃取压力增大会挤压南瓜籽粉，使其的堆积密度增大，影响流体扩散，对油脂溶出不利，而且萃取压力过高也会影响设备使用寿命。

4. 萃取时间对出油率的影响

在原料粒度为20目，萃取温度为45℃，萃取压力为30MPa，CO_2流量为5kg/h的条件下，将南瓜籽粉分别萃取30、60、90、120、150min制取南瓜籽油，考察萃取时间对南瓜籽油出油率的影响，结果如图4-6所示。

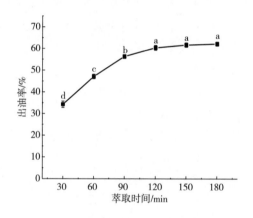

图4-6 萃取时间对出油率的影响

由图4-6可见，当萃取时间为30min时，出油率最低，为34.3%；随着萃取时间的增加，南瓜籽油出油率逐渐升高，当萃取时间小于120min时，随萃取时间的增加出油率的增加幅度大，当萃取时间大于150min时，南瓜籽油的出油率增长幅度不大；当萃取时间为120min时，出油率为60.4%，比萃取时间为30min时，出油率提高了76.09%；当萃取时间延长到150min时，南瓜籽油出油率为62.2%，仅比萃取时间为120min时提高了2.98%。这可能是因为随着萃取时间的延长，萃取过程更加充分，当传质过程接近顶点，传质效率大幅下降，出油率不再大幅度提高。

5. CO_2流量对出油率的影响

提高CO_2流量对萃取效果的影响主要体现在3个方面。第一，提高单位时间内CO_2的流量意味着溶剂的增加，由于溶剂的增加可以保持原料与溶剂的浓度差，维持传质过程的方向，促进油脂的溶出；第二，流量增加会减少CO_2流体在装置中的停留时间，影响萃取的效率；第三，流量增加会加快 CO_2 流体通过料层的速度，增强了搅拌作用，增加了传质系数和传质表面积，使溶解度能快速达到平衡，提高了传质能力。CO_2 流量对出油率的影响取决于如上 3 个因素的综合作用。CO_2 流量过高会使 CO_2 与南瓜籽粉原料的接触时间缩短，南瓜籽油不能充分扩散溶解到流体中，导致单位质量流体的萃取效率下降，而 CO_2 流量过低会使设备的利用率下降和萃取时间的延长，因此选择合适的 CO_2 流量很关键。

在原料粒度为 20 目，萃取温度为 45℃，萃取压力为 30MPa，萃取时间为 120min，南瓜籽粉分别在 3、4、5、6、7kg/h 的 CO_2 流量下通过超临界 CO_2 萃取法制取南瓜籽油，考察 CO_2 流量对南瓜籽油出油率的影响，结果如图 4-7 所示。

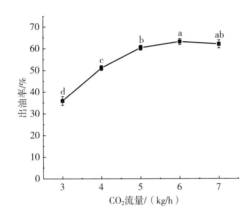

图 4-7　二氧化碳流量对出油率的影响

由图 4-7 可见，当二氧化碳流量为 3kg/h 时，出油率最低，为 35.9%，随着 CO_2 流量的增加，南瓜籽油的出油率增加，当 CO_2 流量由 3kg/h 增加到 5kg/h 时，出油率增幅最大，当 CO_2 流量为 5kg/h 时，出油率为 60.4%，比 CO_2 流量为 3kg/h 时提高了 68.25%；当 CO_2 流量大于 5kg/h 时，出油率上升缓慢，当 CO_2 流量为 6kg/h 和 7kg/h 时，南瓜籽油出油率分别为 63.2% 和 62.1%。这可能是因为 CO_2 流量过低时，CO_2 流体的溶解能力有限，提高溶剂的流量有利于萃取，使出油率迅速增加；当 CO_2 流量过大时，CO_2 流体与物料的接触时间变短，导致南瓜籽油不能充分扩散溶入 CO_2 中，且会使南瓜籽粉内部出现"短路"，导致萃取不充分，使出油率下降。

（二）Plackett-Burman 试验筛选影响因素

Plackett-Burman 试验设计能用最少试验次数从众多的因素中快速有效地筛选出最为重要的因素，以供进一步研究。根据 Plackett-Burman 设计原理设计试验，Plackett-Burman 试验因素水平见表 4-1，Plackett-Burman 试验设计和结果见表 4-2，数据分析结果见表 4-3。

表 4-1   Plackett-Burman 试验因素水平表

因素	水平	
	-1	1
原料粒度/目	10	40
萃取温度/℃	40	55
萃取压力/MPa	25	35
萃取时间/min	90	150
CO_2 流量/(kg/h)	4	6

表 4-2   Plackett-Burman 试验设计

试验号	原料粒度/目	萃取温度/℃	萃取压力/MPa	萃取时间/min	CO_2 流量/(kg/h)	出油率/%
1	1	1	-1	1	1	66.79
2	-1	1	1	-1	1	58.33
3	1	-1	1	1	-1	62.74
4	-1	1	-1	1	1	61.41
5	-1	-1	1	-1	1	52.34
6	-1	-1	-1	1	-1	49.87
7	1	-1	-1	-1	1	45.78
8	1	1	-1	-1	-1	54.14
9	1	1	1	-1	-1	62.94
10	-1	1	1	1	-1	70.36
11	1	-1	1	1	1	65.34
12	-1	-1	-1	-1	-1	43.62

对表 4-2 数据进行分析后，结果见表 4-3。

表 4-3   Plackett-Burman 试验结果分析

方差来源	平方和	自由度	均方	F 值	p 值	显著性
模型	794.11	5	158.82	55.74	$6×10^{-5}$	＊＊
原料粒度（A）	39.60	1	39.60	13.90	0.00976	＊＊
萃取温度（B）	245.53	1	245.53	86.16	$8.84×10^{-5}$	＊＊

续表

方差来源	平方和	自由度	均方	F 值	p 值	显著性
萃取压力（C）	212.02	1	212.02	74.40	0.000134	＊＊
萃取时间（D）	293.63	1	293.63	103.04	$5.32×10^{-5}$	＊＊
CO_2 流量（E）	3.33	1	3.33	1.17	0.3213	
残差	17.10	6	2.85			
总和	811.21	11				
	$R^2 = 0.9789$	$R_{Adj}^2 = 0.9614$	$CV = 2.92\%$			

注：＊＊表示差异极显著（$p<0.01$）。

由表 4-3 中可知，原料粒度、萃取温度、萃取压力、萃取时间均对南瓜籽油出油率的影响极显著，CO_2 流量对出油率的影响不显著。由表 4-3 的 p 值大小可以看出，对出油率油有显著影响的因子按影响能力大小排序依次是 D>B>C>A，即萃取时间>萃取温度>萃取压力>原料粒度，选取对出油率影响更高的 3 个因子，即萃取时间、萃取温度、萃取压力作为最陡爬坡试验的因子；根据单因素试验和 Plackett-Burman 试验的结果，确定原料目数为 40 目，CO_2 流量为 6kg/h 进行后续试验。

（三）最陡爬坡试验确定因素水平

想要通过响应面来确定试验的最佳水平，只有在最佳值附近才能建立有效的响应面方程，通过最陡爬坡路径方法可以用来确定重要因子的最适浓度范围。最陡爬坡以实验值变化的梯度方向为爬坡方向。根据各因素效应值的大小确定变化步长可以快速、经济地逼近最佳值区域。根据 Plackett-Burman 试验设计的结果，确定原料目数为 40 目，CO_2 流量为 6kg/h，选择了萃取温度、萃取压力、萃取时间 3 个重要因素，并根据单因素和 Plackett-Burman 试验结果选择了合适的步长来进行最陡爬坡试验，试验设计和结果见表 4-4。

表 4-4　　　　　　　　　　　最陡爬坡试验设计

试验号	萃取温度/℃	萃取压力/MPa	萃取时间/min	出油率/%
1	40	25	90	47.36
2	43	28	100	52.14
3	46	31	110	61.18
4	49	34	120	68.45
5	52	37	130	74.27
6	55	40	140	63.26

由表 4-4 可知，随着萃取温度、萃取压力和萃取时间的逐渐增大，出油率呈先增大后减小的趋势，当萃取温度为 52℃、萃取压力为 37MPa、萃取时间为 130min 时，南瓜籽油的出油率达到最大，为 3 个因子的最大响应值区域。因此以表 4-4 中试验号 5 号的各因素水平为中心值设计后续响应面试验。

（四）Box-Behnken 响应面优化超临界 CO_2 萃取法制备南瓜籽油的工艺

1. Box-Behnken 响应面回归模型的建立与分析

响应面法（RSM）是一种用于优化复杂过程的有效统计方法。响应面方法是能够正确预测响应变量值的数学模型，探索几个解释变量与一个或多个响应变量之间的关系，已用于优化发酵过程和化学反应等。

根据最陡爬坡试验的结果，确定了三个重要因素的最适范围，以温度 52℃、萃取压力 37MPa、萃取时间 130min 为中心点进行编码，因素水平见表 4-5，以出油率为响应值，构造 Box-Behnken 试验设计见表 4-6，方差分析结果见表 4-7。

表 4-5 　　　　　　　　　　　Box-Behnken 因素水平表

水平	因素		
	萃取温度 X_1/℃	萃取压力 X_2/MPa	萃取时间 X_3/min
−1	49	34	120
0	52	37	130
1	55	40	140

表 4-6 　　　　　　　　　　　Box-Behnken 试验设计

试验号	萃取温度（X_1）	萃取压力（X_2）	萃取时间（X_3）	出油率/%（Y）
1	−1	−1	0	68.95
2	1	−1	0	73.55
3	−1	1	0	71.06
4	1	1	0	65.78
5	−1	0	−1	69.29
6	1	0	−1	71.31
7	−1	0	1	72.66
8	1	0	1	66.67
9	0	−1	−1	70.12
10	0	1	−1	70.35

试验号	萃取温度（X_1）	萃取压力（X_2）	萃取时间（X_3）	出油率/%（Y）
11	0	−1	1	72.87
12	0	1	1	66.38
13	0	0	0	73.98
14	0	0	0	75.21
15	0	0	0	73.66

表 4-7　　　　　　　　　　　Box-Behnken 响应面试验结果方差分析

方差来源	平方和	自由度	均方	F 值	p 值	显著性
模型	118.80	9	13.20	24.11	0.0013	＊＊
X_1	2.70	1	2.70	4.94	0.0770	
X_2	17.76	1	17.76	32.44	0.0023	＊＊
X_3	0.78	1	0.78	1.42	0.2876	
X_1X_2	24.40	1	24.40	44.57	0.0011	＊＊
X_1X_3	16.04	1	16.04	29.30	0.0029	＊＊
X_2X_3	11.29	1	11.29	20.62	0.0062	＊＊
X_1^2	17.84	1	17.84	32.58	0.0023	＊＊
X_2^2	18.70	1	18.70	34.15	0.0021	＊＊
X_3^2	16.33	1	16.33	29.82	0.0028	＊＊
残差	2.74	5	0.55			
失拟项	1.40	3	0.47	0.70	0.6349	不显著
误差	1.34	2	0.67			
总和	121.53	14				
	$R^2=0.9775$	$R_{Adj}^2=0.9369$	$CV=1.05\%$			

注：＊＊表示差异极显著（$p<0.01$）。

通过表 4-7 中的数据进行响应面分析得到相应的出油率的回归方程为：

$Y = -2499.90 + 44.04X_1 + 39.56X_2 + 10.98X_3 - 0.2744X_1X_2 - 0.06675X_1X_3 - 0.05600X_2X_3 - 0.24421X_1^2 - 0.2501X_2^2 - 0.02103X_3^2$

由表 4-7 可知，回归模型 $p=0.0013<0.01$，表明该模型极显著；失拟项 $p=0.6349>0.05$，差异不显著，表明该模型拟合度良好，可以用于优化超临界 CO_2 萃取法制取南瓜籽油的工艺；该模型的决定系数 $R^2=0.9775$，校正系数 $R_{Adj}^2=0.9369$，说明模型稳定性好，其他干扰较小，南瓜籽油出油率的变化有 97.75% 来源于所选变量，模型与实际结果较温和；变异系数 $CV=1.05\%$，CV 值越低，说明模型的置信度越高，因此可以用此模型分析和预测超临界 CO_2 萃取法制取南瓜籽油的情况。

根据 F 值得出各因素对南瓜籽油出油率的影响顺序从大到小为：萃取压力（X_2）>萃取温度（X_1）>萃取时间（X_3）。模型中 X_2、X_1X_2、X_1X_3、X_2X_3、X_1^2、X_2^2、X_3^2 对南瓜籽油出油率的影响极显著（$p<0.01$）；X_1、X_3 对南瓜籽油出油率的影响不显著（$p>0.05$），表明各因素对出油率的影响不是线性关系，各个因素之间存在一定的交互作用。

2. 各因素交互作用对南瓜籽油出油率的影响

各因素交互作用对南瓜籽油出油率的影响见图 4-8。

等高线图可以直观地反映两变量交互作用的显著程度，相对于圆形而言，椭圆形或者马蹄形表示两因素交互作用更显著。由图 4-8 可见，交互作用图均为椭圆形，说明各因素间存在着显著的交互作用，这与回归模型方差分析中的交互项显著性结果一致。通过模型优化得出超临界 CO_2 萃取法制取南瓜籽油的最优条件为：萃取温度 52.2℃，萃取压力 35.9MPa，萃取时间 130.5min，该条件下出油率理论值为 74.54%。

3. 验证试验

为确保模型准确，根据上述最优超临界萃取条件进行验证试验，考虑到可操作性，将工艺参数修正为：萃取温度 52℃，萃取压力 36MPa，萃取时间 131min，原料粒度为 40 目，CO_2 流量为 6kg/h；零水平是实际试验中效果最好的方案，操作参数为：萃取温度 52℃，萃取压力 37MPa，萃取时间 130min，原料粒度为 40目，CO_2 流量为 6kg/h，分别将如上两种优方案经过 3 次验证试验，其中理论最优方案南瓜籽油出油率的平均值为（74.88±0.96）%，与模型的理论值相对误差为 0.47%，与拟合的模型比较契合；试验中最优方案南瓜籽油出油率的平均值为（74.28±0.67）%，所以最终确定的最优方案为：萃取温度 52℃，萃取压力 36MPa，萃取时间 131min，原料目数为 40 目，CO_2 流量为 6kg/h。

三、总结

（1）通过单因素试验，确定了对原料粒度、萃取温度和萃取压力等 5 个因素对超临界 CO_2 萃取法制取南瓜籽油的影响，单因素试验结果显示原料粒度为 40目、萃取温度为 55℃，萃取压力为 35MPa，CO_2 流量为 6kg/h 时出油率表现较

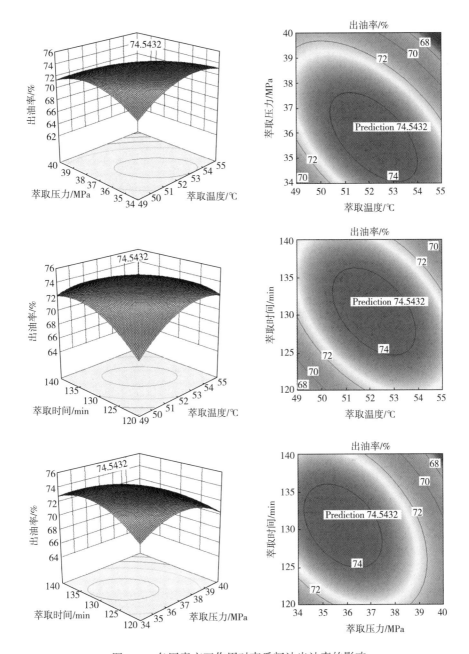

图 4-8　各因素交互作用对南瓜籽油出油率的影响

好，萃取时间为 120min 后，出油率随萃取时间的增加变化较小。

（2）通过 Plackett-Burman 试验设计确定了原料粒度、萃取温度、萃取压力、萃取时间 4 个因素均对南瓜籽油出油率的影响极显著，CO_2 流量对出油率的影响不显著。选择了影响更大的 3 个因素：萃取温度、萃取压力、萃取时间进行最陡爬坡试验。

（3）通过最陡爬坡试验确定了正交试验设计的零水平，零水平操作参数为萃取温度 52℃、萃取压力 37MPa、萃取时间 130min。

（4）通过 Box-Behnken 响应面确定了超临界 CO_2 萃取法制取南瓜籽油的最优工艺：萃取温度 52℃，萃取压力 36MPa，萃取时间 131min，原料粒度为 40目，CO_2 流量为 6kg/h。在该条件下南瓜籽油的出油率为 74.88%。

参考文献

［1］J. C. A ttah and J. lbemest. Solvent extraction of the oils of rubber, melon, pumpkinand oil-bean seeds ［J］. JAOCS, 1990, 67（1）：25-27.

［2］王钦德，杨坚. 食品试验设计与统计分析［M］. 北京：中国农业大学出版社，2004，335-348.

［3］张镜澄. 超临界流体萃取［M］. 北京：化学工业出版社，2001：4-5.

［4］柳艳霞，刘兴华. 南瓜籽的营养与籽油的特性分析［J］. 食品营养，2005：5.

［5］苏格，李勤，孙文，等. 按南瓜籽调节血脂和清除氧自由基作用的实验研究［J］. 山东中医大学学报，1997，23（5）：380-381.

［6］Mehta R, Kim N D, Yu W, et al. Chemopreventive and adjuvant therapeutic potential of pomegranate（punicagranatum）for human breast cancer［J］. Breast cancer Res Treat, 2004, 71（3）：203-217.

［7］Chidambara K N, Singh R P, Jayaprakasha G K. Studies on the antioxidant ant activity of pomegranate（punicagranatum）peel and seed extracts using is vitro models［J］. JAgric FoocChem, 2005, 50（1）：81-86.

［8］Lansky E P, Schubert S Y, Neeman I. Antioxidant and eicosanoid-enzyme inhibition properties of pomegranate seed oil and fermented juice flavonoids［J］. J Ethnopharmacol, 1999, 66（1）：11-17.

［9］Das A K, Banerjee S K, Mandal S C. Studies on the hypoglycemic activity of Punicagranatum seed in streptozotocin induced diabetic rats［J］. Phytother Res, 2002, 15（7）：628-629.

［10］Mandal S C. Das A K, Banerjee S K, et al. Studies on antidiarrhoeal activity of Punicagranatum seed extract in rats［J］. J Ethnopharmacol, 1999, 68（1-3）：205-208.

［11］严希康. 生化分离技术［M］. 上海：华东理工大学出版社，1998.

［12］张骁，束梅英. 超临界流体萃取技术及其在油脂加工中的应用［J］. 沙棘，1998，11（3）：26-33.

［13］程闯，张慧波，张英杰. 超临界流体在萃取技术中的应用［J］. 辽宁高职学报，

2000，2（5）：42-44.

［14］廖劲松、郭勇．超临界流体萃取的应用技术研究［J］．食品科技，2002：12-15.

［15］韩佳宾、陈静．超临界萃取的研究进展［J］．现代化工，2003，23（3）：25-27.

第五章　南瓜籽油水酶法制取技术

第一节　水酶法制油概述

一、水酶法提取技术原理

油料种子细胞中，通常油脂会与蛋白质和碳水化合物等大分子结合成油脂复合体，被包裹在由纤维素、半纤维素、果胶等成分组成的植物细胞壁中。只有将细胞壁和油脂复合体破坏，油脂或者蛋白质才能被有效提取出来。因此水酶法（aqueous as medium extraction processing，AEP）是在机械破碎的基础上，利用生物酶制剂破坏或溶解细胞壁、油脂复合体，使油脂释放出来，再利用油和水互不相溶的特点，通过油和水的密度差进行离心分离，从而提取出油脂；而蛋白质的提取，是利用蛋白质在碱性溶液中的高溶解性，通过酸沉或膜分离等方法回收。

油料作物的油脂以两种形式存在于细胞中。一般都是以脂多糖的形式，另一种是以脂蛋白的形式存在。油脂、蛋白质和碳水化合物构成了脂多糖和脂蛋白，脂多糖和脂蛋白的细胞壁是由纤维素、木质素以及果胶组成。水酶法是一种新兴的提取技术，在水剂法基础上进行改革。其原理是：机械力破碎种壳，进而破碎其油脂的包被细胞，破碎程度由物料类型决定，利用适合酶制剂降解细胞壁及脂蛋白。加水将反应体系调节至适合范围，待酶充分降解后将油脂分离。此工艺不仅油与饼粕分离效果好，而且不易造成蛋白质损失，更重要的是水酶法提取的油脂纯度较高、色泽澄清，杂质少。

油脂的酶解提取工艺可分4类：水酶法、水酶解有机溶剂法、低水分酶解法和低水分酶解溶剂浸出法。

1. 水酶法

在油料破碎后加水，以水作为分解相，酶在此相中进行水解，使油脂从油料固体粒子中渗出。该工艺适用可可、油菜籽、花生等含油量高的油料提取。酶的作用是防止蛋白膜形成乳状液或亲脂性固体吸附造成部分油脂难于提取。

2. 水酶解有机溶剂法

在水酶法基础上，加入与水不相溶的有机溶剂作为油的分散相，以增加提油效果。

3. 低水分酶解法

在传统油料种子提油基础上改进而得到，酶解作用是在较低水分含量下进行，在提油前，油料需要进一步干燥降低水分，由于工艺减少了油水分离工序，没有废水产出。

4. 低水分酶解溶剂浸出法

溶剂在酶解后加入与酶解前加入相比，有的出油率要高一些，但由于水分低也带来了一些困难，酶的作用效果会降低，但该工艺缩短了提油时间，从而提高设备处理能力。

二、水酶法的背景与技术特点

长久以来，从油料作物中提取油脂的过程通常涉及溶剂提取的步骤，正己烷通常是首选溶剂。正己烷浸提法通常能使油脂提取率达到90%以上，但这些物质会在大气中与其他污染物发生反应，产生臭氧和其他光化学氧化剂，这些物质可能危害人类健康，并对农作物造成损害，因此，正己烷使用安全性的问题越来越受到人们的关注。这促使科学家尝试开发基于水溶液作为萃取介质的提油工艺。水酶法是一类以水为溶剂提取油脂的方法的总称，按照发展历程其主要包括水代法、乙醇辅助水提法和水酶法。近年来，随着水酶法提取技术的发展，也有采用微波、超声波和高温蒸煮等预处理手段辅助水提取或破乳的油脂提取方法出现。水酶法作为一种新兴的绿色环保提油方式，已经广泛地应用于许多油料如椰子、花生、葵花籽、芝麻和亚麻籽等，并部分投入了生产和应用。

根据水酶法的原理和主要技术路线，可以看出水酶法是一种绿色温和的食用油提取技术，主要体现在：全程未添加有机试剂等有毒有害物质，而是以纯水作为提取介质，添加食品级溶液或酶制剂；全程没有高温处理过程，条件温和，提高了工艺的安全性；所得毛油品质高，无需复杂的脱胶等精炼过程；在获得高品质食用油的同时，可以对水相和渣相中的高附加值副产物进行回收，大大提高了油料作物的资源利用率。

（一）水酶法提油过程中常用的酶制剂

1. 植物细胞破壁酶

植物细胞壁主要由纤维素、半纤维素和果胶等组成，可以阻止植物细胞内油脂和蛋白质等营养成分向外扩散，同时可以防止外界溶剂渗透到细胞内。根据细胞壁的组成成分，常用的酶有：纤维素酶、半纤维素酶和果胶酶，不同的酶可以降解细胞壁的不同成分。用纤维素酶对亚麻籽进行水酶法提油，所得的油脂气味纯正、品质优良、稳定性高。以油茶籽作为原料，分别选用纤维素酶和果胶酶作为破壁酶，结果发现油脂提取率有很大的差别，分别是18%和85.78%，说明在水酶法提油过程中酶制剂的选择至关重要。植物水解酶是一种具有纤维素酶、半纤维素酶、木聚糖酶和β-葡聚糖酶等多种酶活性的复合酶，它可以更彻底地水解保护油脂体的细胞壁结构以及细胞膜中的不同多糖，促进细胞内油脂的释放。观察经纤维素酶、半纤维素酶、果胶酶和植物水解酶处理后的油体的微观结构，发现经植物水解酶和纤维素酶处理后的油体的尺寸变大，且分布均匀，而经半纤维素酶和果胶酶处理后的油体完整、规则且分布均匀，表明植物水解酶和纤维素酶对油体释放的效果优于半纤维素酶和果胶酶。在植物水解酶的作用下，果胶的结构发生变化使细胞壁得到充分的降解，从而达到释放细胞内油脂和蛋白质的目的，如图5-1所示。

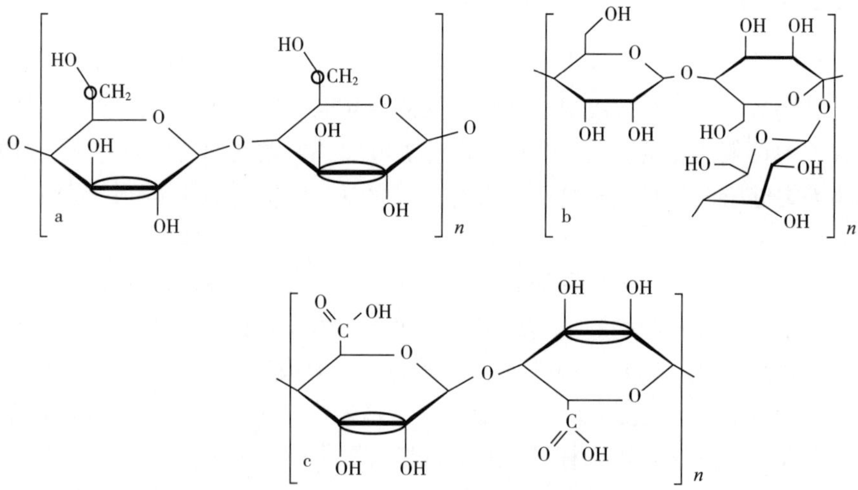

图5-1 植物水解酶作用于纤维素、半纤维素和果胶分子结构示意图

（a 纤维素；b 半纤维素；c 果胶）

2. 蛋白质水解酶

蛋白质既是组成植物细胞壁和油脂体界面膜的结构大分子，同时也是植物细胞质内容物的重要组成成分。蛋白酶可以通过酶解细胞壁和界面膜上的结构蛋白为小分子的肽（作用机理如图5-2所示），从而破坏细胞壁的网状结构，降低界面膜的稳定性；同时在蛋白酶的作用下，细胞内蛋白质结构变得疏松，使细胞内的油脂和蛋白质得以释放。

3. 磷脂酶

植物油料中的磷脂主要以游离态或者结合态（与蛋白质或者碳水化合物形成的复合物）的形式存在。不同的植物油料，磷脂的组成成分不同，主要有：磷脂酰胆碱（PC）、磷脂酰乙醇胺（PE）、磷脂酰丝氨酸（PS）、磷脂酸（PA）和磷脂酰肌醇（PI）。磷脂既是生物膜结构的重要组成成分，同时磷脂的存在也影响着植物油脂的品质。在水酶法提油过程中，为了提高油脂的提取率，磷脂酶经常

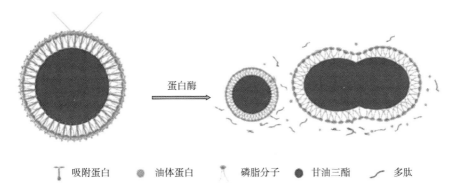

| 吸附蛋白 | 油体蛋白 | 磷脂分子 | 甘油三酯 | 多肽 |

图 5-2 蛋白酶的作用机制示意图

用于降解油脂体的生物膜结构。磷脂酶通过特异性的作用于磷脂分子内部的关键位点水解磷脂，破坏油脂体的界面膜结构，根据水解位置的不同，可以分为：磷脂酶 A、磷脂酶 B（又称溶血卵磷脂）、磷脂酶 C 和磷脂酶 D。研究发现磷脂酶 A 可以显著地破坏磷脂结构提高游离油产量。经研究发现经磷脂酶处理的乳状液中，磷脂酰胆碱和磷脂酰乙醇胺发生水解，而磷脂酸的含量增加；溶血卵磷脂和磷脂酶 A 分别作用于 sn-1 和 sn-2 酯键，而磷脂酶 D 通过酶解 sn-4 酯键，促进磷酸基团解离形成脂肪酸，导致油滴粒径增大，破坏了乳状液的稳定性，从而提高了油脂的提取率。

4. 复合酶

复合酶是指将同种或者不同类别的酶按照比例进行复配，可以增强酶水解细胞壁和油脂体膜结构的作用。在水酶法提取植物油脂的过程中，复合酶的使用会显著提高植物油脂的提取率。在水酶法提油中，通过将纤维素酶和果胶酶以 1:1 的比例复配，能有效地破坏细胞壁的结构，所得油脂体产率最高可达 90.7%。通过添加半纤维素、纤维素和果胶酶的复合酶，与对照和单酶处理相比较，发现复合酶能够显著地提高油脂的产量。用纤维素酶、果胶酶和蛋白酶及其组成复合酶分别提取南瓜籽油，与对照组（无酶）相比，均能显著地提高提取率，并且复合酶在 44℃、酶浓度 1.4%（质量分数）、66min 和 419W 辐照功率的工艺条件下，油脂的产率为 64.17%，表明复合酶在提取油脂的过程中可以有效破坏细胞壁的完整结构，此外，还能破坏子叶细胞的蛋白质网络和油脂体周围的膜结构，从而得到高产量的油脂。然而，并非所有的酶复合都可以提高油脂提取率。

（二）预处理工艺

1. 机械粉碎

在水酶法工艺中，油料的粉碎程度对提高油料有效成分的得率起着重要作用，采用机械粉碎，最大程度破坏油料细胞，作为水酶法预处理工艺十分关键。

在酶解前，通过机械作用，降低油料的粒度，油料的细胞壁被充分破坏，使细胞内有效成分易于释放，增加了物料与酶的接触面积，提高酶的作用效果。油料破碎方法分为干碾压法和湿研磨法，目前较多采用的是干碾压法，因为湿研磨法易产生乳化现象，影响提取率。

2. 超声波

超声波辅助水酶法提取技术是一种新兴的提取分离技术，能够强化植物中油脂的提取、加速传热和传质过程。有研究表明，超声波可以加速传质主要是依靠超声波通过液体会产生气泡，即空泡作用，同时水酶法工艺是以水作为提取媒介，因而超声波辅助水酶法提取油脂是种有效的提取油脂的方式。超声波辅助水酶法具有操作简单、浸提温度低、提取时间短、提取率高等优点。最近的研究表明，超声波辅助水酶法对有效成分的提取率比未经超声波预处理的高。目前，为了提高水酶法提油率，大量的研究工作主要集中于超声预处理条件的优化。

3. 挤压膨化

目前，挤压膨化预处理技术已广泛应用于油脂加工中。大量的研究表明，挤压膨化使油料细胞壁受到破坏，同时增加蛋白质对酶攻击的敏感性，更有利于油脂的释放，并降低乳化程度。在高温、高压、高剪切作用下，物料中蛋白质分子结构发生伸展、重组，分子表面的电荷重新排布，分子间二硫键、氢键部分断裂，导致蛋白质变性，但蛋白质的消化率明显提高，通过增加蛋白质表面积和蛋白质变性从而更有利于酶对蛋白质的作用。目前，国内外对于水酶法工艺中挤压膨化预处理技术已有研究。物料挤压膨化后与传统方法相比，有效成分的提取率得到提高。通过研究油脂释放率与蛋白性质变化之间的关系发现，挤压膨化后，水酶法提取过程中，蛋白质的水解与油脂的释放同步进行，且蛋白质的水解状态对油脂释放起到重要作用。蛋白质结构变化对油脂释放也具有一定的影响，结果表明，挤压膨化后蛋白质二级结构中 β-折叠含量降低，无规卷曲含量增加，蛋白质由有序向着无序结构转化，使得酶解过程中油脂释放量增加。挤压膨化过程中纤维降解程度对总油提取率影响很大，总油提取率并不完全取决于挤压膨化过程中纤维降解程度。

4. 热处理

水酶法工艺中加热预处理通常采用蒸煮的方式。物料通过蒸煮，物料内部的蛋白质、淀粉和其他成分部分溶解，使细胞组织结构疏松，增加渗透性，易于酶的作用，有利于油脂的释放。此外，蒸煮还起到灭酶的作用，使物料中天然存在的酶（如过氧化酶、脂肪酶等）失活。对水酶法提取南瓜籽油进行研究，得到最佳条件为热处理温度 90℃，热处理时间为 10min。

5. 其他预处理方式

超高压能够促进化合物从细胞中释放出来。油料的预处理方式还有压片、脉冲电场等。复合预处理工艺在水酶法研究中较为广泛，研究发现，直接采用酸性纤维素酶无法提取油脂，需要进行沸水热处理或微波处理后，利用酸性纤维素酶提取油脂。

三、水酶法的发展历程

19世纪中期，水代法被首次提出用于同时提取花生油和蛋白质。1972年，研究人员优化水代法提取花生油和花生蛋白的工艺条件，研究人员发现油料的粉碎程度影响了水代法提取植物油的效果。后人指出油料的破碎程度高则有利于提高油脂和蛋白质的提取率。水代法与其他方法相比成本更低，更具经济效益。但是水代法的局限性也很明显，早期的研究表明，水代法的油脂提取率较低，水相和渣相残油率高难以提出，工艺过程中会形成大量乳状液，造成了资源的浪费，而且所得到的分离蛋白中脂肪含量为9%左右，蛋白质的功能性和保藏性较差。随着商业酶的发展与应用，研究者将酶制剂应用到水剂法形成水酶法，有关水酶法提取植物油的研究渐多。酶的应用提高了油脂和蛋白质的提取率，在提取大豆油和蛋白质的工艺中使用蛋白酶，提油率为86%，蛋白质的提取率为89%。随后，烘烤、微波等预处理方式辅助水酶法提取油脂和蛋白质的研究陆续被报道。直到20世纪90年代，国内有关水酶法提取植物油脂和蛋白质的研究才有报道。江南大学王璋教授及其团队开辟了国内水酶法研究的先河，用酶法从大豆中提取油脂和蛋白质。随后，利用水酶法提取花生油脂和蛋白质，并认识到碱性条件下有利于油脂和蛋白质的提取。之后水酶法技术被应用到多种油料作物中，如玉米胚芽、亚麻籽、葵花籽、油茶籽、牡丹籽等，为水酶法提取油脂技术的进一步研究与发展提供了科研基础。

水酶法技术与早期水代法的主要区别，一方面在于利用生物酶制剂水解构成油料细胞壁的结构多糖或构成细胞和脂质体膜的蛋白质，另一方面利用生物酶制剂对水提过程中产生的乳状液进行破除，使其中的油脂重新释放出来。水酶法技术要追溯到1983年，Fullbrook等用蛋白酶制备西瓜籽蛋白水解物时，先使用有机溶剂将西瓜籽中的油脂脱除得到脱脂粉末，随后酶解的过程中发现提取出了额外的油脂。针对这一现象，Fullbrook进行了用蛋白酶从油菜籽与大豆中提取油和蛋白质的相关实验，结果表明蛋白酶的应用一定程度上增加了油脂和蛋白质的提取率。20世纪末至今，随着商业酶的发展和制酶技术的不断进步，水酶法提取植物油的相关研究如雨后春笋，同时水酶法技术被应用到越来越多的油料作物中。通过进一步研究发现，具有复合活性的酶混合物通常比单个酶的效果更好。综上所述，针对不同类型的油料作物筛选不同的酶进行水酶法提取，油脂提取率显著高于水代法，水酶法是一种更加先进和高效的提油方式。

四、水酶法的优缺点

在植物油料中，油脂存在于植物油料的细胞内，并与其他的大分子（蛋白质和碳水化合物）结合存在，构成脂蛋白、脂多糖等复合体，因此只有打破复合体，才能把油释放出来。所以采用能降解细胞壁的酶如（纤维素酶，果胶酶等），或对脂蛋白、脂多糖等复合体有降解作用的酶（如淀粉酶、蛋白酶等）来处理油料，从而获得目标产物油脂。简而言之，就是在机械破碎的基础上，酶的降解作用使油料细胞进一步被打开，进而提取出更多的油。

与传统工艺相比，水酶法操作简单，制油工艺提取条件温和，对人体安全性高，所得油脂品质好并且能有效回收蛋白质，减少了加工过程中的浪费，可以尽可能地保存营养物质与原有风味，避免了对营养物质的破坏。水酶法可以实现安全、绿色、高效的食用油生产要求。传统工艺主要是利用物理方法提取油料作物油脂，不仅出油率较低，且油粕中还残有油脂，利用价值不够，对资源造成浪费。

传统溶剂浸出法提取油脂时，所用有机溶剂（如正己烷）易挥发，从而引起大气污染。与其他易挥发性有机化合物（VOCs）一样，在光照下正己烷可与污染物（主要是氮的氧化物）反应产生臭氧和其他被称为光化学氧化物的产物。虽然在平流层中，臭氧可以阻挡紫外线辐射，但在对流层中，当臭氧达到一定浓度之后，会对人体造成严重的伤害。如当人们吸入臭氧之后，臭氧就会因为其强氧化作用而让呼吸道产生烧灼感，造成呼吸系统充血或发炎。虽然正己烷的光学臭氧产生潜能（POCP）处于中低水平，而且近年来在减少 VOCs 挥发的工艺上取得了一些进展，但是食品工业带来的 VOCs 仍占 VOCs 挥发总量的 7.5%。在食品工业中，VOCs 主要来自植物油生产企业。水酶法提油工艺不用易燃易爆溶剂，提高了生产的安全性，克服了传统溶剂浸出法带来的大气污染问题。

水酶法所用的酶制剂均是食品级，没有有害物质，且用水代替有机溶剂，油脂中不残存有机溶剂，操作工艺简单，不仅减少了设备的投资，且降低了安全和环境风险，不用对有机溶剂进行回收以及对环境无污染，提高了工艺的安全性和经济性。水酶法制取的南瓜籽油，澄清透明，色泽好，油脂品质高，其分离出的无毒低变性蛋白，可以作为良好的食用蛋白资源。

水酶法提取油脂有很多的优点，但同时也不乏存在着一些问题。例如，油脂提取率偏低，酶解时间长，不同的原料酶的作用不同；提取过程中，油、水、蛋白质形成乳状液，乳状液破乳化操作需要用复杂的设备才能处理。复合酶提取油脂时很少有提到各组成酶的具体比例，这需要进一步的研究。另一方面是水酶法提油的成本问题，由于酶的价格较高，所以相比于其他的提油方法水酶法成本更高，在这一方面水酶法没有优势。

已有相关研究指出可以回收酶，以进一步利用，但是太少，有待进一步的研究和推广。还有就是水酶法工艺需要大量的水，并且在提取油脂后处理水相时对水相中的淀粉和蛋白质等物质具有很大的浪费，如何回收这一部分有用的营养物质有待研究。

但随着科技的发展，学者们更为深入的摸索，以及酶制剂产品逐渐工业化，为酶法提油工艺向着工业化发展创造了优良的条件。尽管水酶法存在这样的问题，但由于它具有很多明显的优势，有着很大的潜力，相信随着科技的发展，水酶法会得到更大的发展。

五、水酶法制油的研究现状

（一）影响水酶法制油的关键因素

影响水酶法油脂提取率的因素有很多，主要因素有以下 7 个。

1. 油料的种类

不同的油料具有不同的性质，如含油量的差异、蛋白质含量的不同等。有些油料还有其自身的特点，以米糠为例，加工前需先钝化解脂酶，才能进行后续工艺。比较一下可可脂水提油工艺、米糠油提油工艺、芥花籽油水酶法提油工艺、大豆水酶法提油工艺，可以发现这些工艺都有所不同。

2. 油料破碎度

油料的破碎度对水酶法提油率的高低有很大的影响。通常油料的破碎程度越高，油料粒度越小，越有利于油脂释放，但油料粒度过小反而会导致油水乳化，因此需要通过实验确定适当的油料粒度范围。破碎可以打破细胞组织，不仅可以使其中的油脂释放出来，还可以增大酶与油料的接触面积，而且有利于水溶性成分的扩散以提高酶的扩散速度。但是有关的试验研究表明过于细小的油料在反应中容易形成乳状液，会对后序提取油脂增加难度。现行的粉碎方法主要分为水磨和干磨，具体方法的选择依据油料的含水率、化学组成和结构等性质决定。如橄榄油水酶法提油工艺采用水磨方法。此法的缺点是湿磨的水分启动了油料中原有的酶，可能对水酶法加入的酶有一定的分解作用，而且由于水的提前参与，容易形成乳化，对后续的提取清油有一定的影响。

3. 酶的种类和浓度

要想提取油料组织中的油，必须破坏细胞的细胞壁以及破坏细胞内与油脂形成的脂多体，这样才能使更多的油释放出来。由于酶具有专一性，结合细胞壁的组成和细胞内的大分子，一般选用果胶酶、蛋白酶、纤维素酶、半纤维素酶，淀粉酶。为了得到更多的油，越来越多的研究开始使用复合酶来提取油脂。对于浓度，一般而言浓度越大，提油率越高。但考虑到酶的价格和工艺的经济效益，要充分考虑酶的用量，能与油料充分反应就好。

77

不同物料的组成成分均有不同，酶具有高度专一性的特点决定了不同的油料作物在酶解工艺中需要的酶种类也不同。目前水酶法中使用较多的有作为降解细胞壁纤维素骨架的纤维素酶、果胶酶、半纤维素酶；用来水解蛋白质、破坏蛋白质和磷脂形成的蛋白膜的中性蛋白酶、碱性蛋白酶；水解淀粉、糖类物质的 α-淀粉酶、葡聚糖酶、半乳糖醛酸酶等。不同的酶对细胞的组成及结构均有不同程度的破坏，以此来达到释放油脂的目的。

酶的用量对水酶法提油率的高低有很大影响，是水酶法提油工艺中一项重要的参数。酶的用量往往受所用酶的活力大小及种类影响，一般随着酶浓度的增加，会相应地提高得率。但在酶解过程体系中，当酶的添加量达到一定浓度后，继续增加酶用量对油的提取率影响不大，因此通常会考虑到酶制剂的成本问题，试验确定一个最佳酶用量。

4. 酶解工艺条件

由酶的生物特性可知酶解温度、pH、时间是水酶法提油当中需要着重考虑的工艺条件。在酶解过程中温度不仅影响酶的活性，也会影响物料的分子运动及扩散运动，大部分酶的水解温度为 40~55℃，温度过高或过低，都会影响酶的中心结构，导致酶活性降低，影响提油效果及油脂和蛋白质的品质。酶解温度随油料的不同而异，酶解温度应以既适合酶解，又不影响最终产品质量为宜。温度过高，酶的活性被破坏，温度过低，酶的作用没有充分体现出来，影响提油率。酶解过程中的 pH 主要影响酶的活力，一般酶解 pH 在 3~8，通常会采用油料的自然 pH。如果是单一酶，则 pH 好控制，但如果是复合酶则需要考虑的因素更多，需要通过试验的方法来获得最优的 pH。

反应时间也要有充分的考虑，既要有较高的提油率，也要有效率，不能浪费过多的时间，影响成本。一般酶解在初始阶段油脂得率较高，作用一段时间后速率逐渐下降，合适的时间也是通过多次试验来确定的。因此酶解工艺的时间应综合考虑油脂得率的增加与能耗因素，选取最经济、最有效的酶解时间。

5. 破乳

对于一些高蛋白的油料作物，水酶法提油过程中会不可避免地形成乳状液，包裹在里面的油不能进一步释放出来，严重影响游离油的分离，成为制约水酶法提油工艺推广应用的"瓶颈"，这就需要破乳来使其释放出来。乳状液的形成是因为蛋白质具有亲水亲油基团，与油水不同体系中的分子相互作用，形成油水乳状液，在油脂的外围形成一层膜而导致脂肪不能聚集，从而在油水界面形成乳化层并且保持稳定状态。破坏乳状液的稳定状态，能够进一步提高清油释放率，提高经济产出。破乳的方法分为物理方法和化学方法。目前，常用的破乳方法主要有微波破乳、加热破乳、冷冻-解冻破乳、调节 pH 破乳、有机溶剂破乳、无机盐破乳、酶法破乳。

6. 微波及超声波技术的使用

研究者采用微波或超声波等现代手段处理纤维素时发现，微波处理能使纤维素的分子间氢键发生变化，使纤维素分子的结晶度和晶区尺寸发生较大变化，这有利于提高破壁的彻底性；超声波预处理对细胞壁有剪切作用，使纤维细胞壁出现裂纹，细胞壁发生位移和变形，初生壁和次生壁外层破裂脱除，次生壁中层暴露出来，或使纤维产生纵向分裂，发生细纤维化，纤维表面积增加，有利于提高纤维对试剂的可及性。通过超声波对纤维素进行预处理，能提高纤维对试剂的可及性和反应活性，从而使破壁更加彻底。通过研究发现超声波在水酶法当中的应用可以将出油率由67%提高到74%，同时可将处理时间由18h降低到6h，具有极大的应用前景。

7. 其他因素

除上述提到的因素外，还有其他一些方面会对提油率有所影响。如在整个工艺中还应考虑是否有搅拌，因为搅拌的速度大小能影响提油率，还有在进行离心的时候，离心机的离心力大小也影响最终油的产量。提取过程中料液比的增加不仅有利于油、水的分离，而且减少了废水的排放。一般水酶法工艺提取的花生油固液比在（1∶5）~（1∶12）不等。酶解时间也会影响油料作物的提油率。酶解时间过长会增加水相破乳的难度，时间太短会使油脂不能有效地酶解。酶解时间会由油料作物种类和酶制剂的不同而有所变化，因此，应从油脂的产油量、蛋白质的品质和回收率以及经济效益等多方面综合考虑确定最佳酶解时间，降低由于酶解时间过短或过长造成的一系列不好影响。影响原油萃取效率的因素很多，需要在实际生产实践中根据具体条件进行试验分析。

（二）　提高水酶法制油效率的研究

为了追求更高的油脂和蛋白质提取率，研究人员选择在反应阶段和破乳阶段都添加更多的酶来解决问题，但是也在无形之中增加了工艺的成本，这也成为限制水酶法提取植物油技术发展的重要原因之一。现如今逐渐提出了新型水酶法的概念，与传统水酶法不同的是在提取阶段并不添加酶制剂，取而代之的是对原料进行各种预处理，主要目的是破坏细胞结构，并改变细胞内油脂和蛋白质的性质和状态，使其更加利于原料的粉碎和油脂的释放；同样地，对提取过程中产生的少量乳状液集中使用酶制剂进行破乳处理，由于乳状液中蛋白质含量较少（仅占原料蛋白质含量的5%~10%），因此只需要针对这一部分蛋白质添加酶制剂，而不是传统水酶法针对原料中所有的蛋白质。这样一来酶制剂添加量大大减少，大幅降低了生产成本。

目前，水酶法制油工艺中形成的稳定乳状液是影响油脂和蛋白提取率的主要因素，是制约水酶法提油工艺产业化的最大"瓶颈"。早在20世纪90年代，研究者就关注过乳状液的生成和破除技术。雷丁大学 Rosenthal 指出以回收生成的乳状液中的油脂而进行的破除乳状液的工艺是水酶法制油工艺中的一大限制，为提高水酶法提油工艺的提油率，对乳状液进行破乳成为其工业化应用前必须解决的技术难题。

对于乳状液的破除已有了较多的研究报道，例如冷冻-解冻处理就是实验室常用的一种破乳方法，Boekel 等研究了冷冻-解冻辅助破乳工艺对乳状液的稳定性的影响，认为乳状液在冷冻过程中，其中的油相会结晶并能够刺破水相，对乳状液的稳定性有很好的破坏作用，同时会刺穿界面膜而使小油滴释放并聚集，引起破乳。针对水酶法提取大豆油工艺中形成的稳定乳状液的研究，发现蛋白酶和磷脂酶具有破乳潜力，研究认为蛋白质和磷脂在乳状液稳定中起着决定性的作用；此外，还研究了 pH 辅助破乳的方法，结果发现，pH 达到 4.5 左右时，会对水酶法提取的大豆油的工艺过程中所产生的乳状液有明显的破除作用，但 pH 破乳引入了大量盐类和废物，限制水提液的回收利用。相比之下，酶法破乳更具可行性和优势性。

研究者采用转相法对水酶法提取大豆油过程中产生的乳状液进行破除研究，取得了实质性的进展，游离油回收率达到 66%。研究了加热、离心、调节 pH、萃取法对水酶法提取的菜籽油中的乳状液的破除效果，结果发现萃取法破乳率最高，而且油和水的分离程度较高，能耗低。如果将这几种破乳工艺综合起来使用，破乳效果会更加显著。对水酶法提取花生油过程中产生的乳状液采用不同的蛋白酶和复合纤维素酶等进行破乳，发现用中性蛋白酶酶解效果较好，总游离油得率可达到 92%。

由此可见，对水酶法提油工艺中产生的乳状液的破除方法的探索已经引起了国内外研究者的关注，近年来的研究也发现，对花生水相提油过程中出现的乳状液进行蛋白酶处理，未破除完全的乳状液中仍存留有 6%～10% 的油脂。所以，在尽可能减少乳状液的生成量的同时，水酶法制油工艺探索还应考虑顽固乳状液的性质和破除，才能最大限度地提高总提取率。

（三）水酶法与其他技术联用

水酶法提取油脂存在着酶制剂价格高、酶解反应时间较长、油脂得率低等缺点，因此水酶法常与其他辅助技术相结合，如：微波-水酶法提油技术、超声波-水酶法提油技术、超生波-微波辅助水酶法提油技术等，可以有效地降低成本，缩短酶解时间，提高油脂产量。

（1）微波辅助　微波-水酶法提油技术是指在酶解油料之前，将粉碎的种子经微波处理，通过使其主要成分断裂来削弱细胞壁，促进酶更好地水解细胞壁，从而可以提高水酶法的提油效果。采用水酶法提取经微波预处理显著高于用索氏提取法的得油率。以南瓜籽为原料，通过微波-水酶法提油技术获得了高产量的南瓜籽油，提取率高达 64.17%（单一水酶法提取率为 59.88%）。

（2）超声波辅助　超声波是以压力波的形式通过介质传播，并以增强分子运动的形式而引起激发，超声诱导的空化作用破坏细胞壁的结构，可以增加植物组织的渗透性，因此，加速了油体的释放速度，提高了油脂的产量，缩短了加工时间。与单一水酶法相比，超声波辅助水酶法提取植物油料不仅可以有效缩短反应时间、提高油脂提取率，而且所得植物油脂的品质优于传统方法。然而，超声波空化作用产生的冲击力和剪切力也会对蛋白质的结构产生影响，降低蛋白质的品质，需要进一步优化超声波-水酶法提油工艺条件，以满足水酶法同时提取高产量和高质量的植物油脂和蛋白质的要求。

（3）超声波-微波辅助　超声波-微波辅助水酶法提油技术是指在水酶法提取植物油的基础上，再分步进行超声波、微波处理。该方法得到的植物油提取率非常高，但过程较为复杂，且用到的器材昂贵，耗能大。

（4）其他辅助方法　此外，还有一些其他辅助方法与水酶法相结合。研究发现经酸处理后细胞壁变薄，蛋白质发生形变，促进了油滴聚集，最后得到了提取率为 55.31% 的牡丹籽油。以大豆为原料，经真空挤压膨化预处理后，水酶法提取的总提取率高达 93.61%。

第二节　水酶法提取南瓜籽油

近年来，水酶法得到广泛关注，水酶法提取花生、葵花籽、大豆、油菜籽等油料油脂的研究已有深入研究，但是南瓜籽油的水酶法制取方面在国内还处于起步阶段。

一、水酶法提取南瓜籽油的工艺流程

水酶法是广泛研究的一种油脂提取技术，是将酶制剂应用于油脂分离的方法，通过对油料种子细胞壁的机械破碎作用和酶的降解作用提高油脂的出油率，具有出油率高、油质好、色泽浅、生产能耗低、不易造成环境污染等优点。

①南瓜籽→ 破碎 → 缓冲液酶解 → 高速离心 → 离心液加入溶剂 → 混合油萃取 → 蒸发溶剂 →油脂

生产工艺要点：将南瓜籽粉碎后过筛（粒径为 0.5mm），取 7.0g 物料加入一定量复合酶，再加适宜 pH 的乙酸-乙酸钠缓冲溶液，控制料液比 1∶3，控制温度，酶解一定时间，将酶解后的溶液高速离心（5000r/min）破乳，向离心液中加入 56mL 正己烷溶剂提取油脂，萃取 3~4 次，合并萃取液，旋转蒸发出萃取溶剂，用电子分析天平称取油脂质量，根据下式计算出油率。

$$南瓜籽出油率=\frac{提取南瓜籽油质量}{南瓜籽原料质量}\times100\%$$

②南瓜籽→ 预处理 → 粉碎、过筛 → 调节 pH → 酶解 → 灭酶 → 离心分离 →

操作要点为预处理：分拣、清理原料中劣质的南瓜籽，将其脱皮后在 120℃ 烘箱中烘烤 30min。粉碎、过筛：试样冷却后，用粉碎机将南瓜籽粉碎过 40 目筛，以利于油脂提取。酶解：称取研碎的粉料，按所需酶的性质调节适宜的 pH，在一定温度下进行酶解。灭酶：酶解后在 85℃ 下灭酶 15min。离心分离：浆料在 4000r/min 下离心 30min，取上层清油，得到澄清透明的南瓜籽油。

二、影响出油率的主要因素

1. 酶种类

酶的作用显著提高南瓜籽的出油率，不同酶对南瓜籽油的出油率有不同的影响。纤维素酶、果胶酶和酸性蛋白酶不同用量对出油率的影响研究表明，在一定范围内随着纤维素酶和果胶酶用量的增加，出油率都是逐渐增加，达到最高值后降低，当纤维素酶用量为 0.7%、果胶酶用量为 0.4% 时油脂的出油率最高，说明少量添加纤维素酶和果胶酶就能有效促进细胞壁的裂解，从而提高出油率。蛋白酶的添加能水解蛋白质肽键，破坏其结构，使包裹在内部的油脂释放出来。当酸性蛋白酶用量为 0.3% 时，油脂的出油率最高。

2. 酶解温度

南瓜籽出油率随着温度的升高而增大，酶解温度为 50℃ 时，出油率最大，温度超过 50℃ 时，出油率下降。温度在适宜范围内逐渐升高，酶催化转化速率加快，故 50℃ 为碱性蛋白酶解适宜温度。

3. 酶解时间

研究表明南瓜籽的出油率随着酶解时间的增加而增大，当酶解时间为 2h 时，出油率达到最大，酶解时间超过 2h 后，出油率下降。在适合的范围内，酶解时间越长，底物与酶反应越彻底。酶解时间超过 2h 后，出油率下降，原因可能是酶解产物占领酶分子上的催化部位，产生竞争性抑制。故最佳酶解时间为 2h。

4. 液料比

液料比小于 6 时，出油率随液料比的增加而增大；液料比为 6 时，南瓜籽油的出油率达到最大值；液料比超过 6 时，出油率下降。因为液料比过小时，酶与底物接触不充分，影响酶解反应的效果。而液料比过大时，则会降低底物和酶的浓度，影响酶的催化速率。故确定液料比值为 6。

三、水酶法提取的南瓜籽油的组成及理化指标

1. 脂肪酸组成

南瓜籽油的主要脂肪酸组成见表 5-1。

表 5-1	南瓜籽油的主要脂肪酸组成	
脂肪酸	相对分子质量	相对含量/%
棕榈酸（$C_{16}H_{32}O_2$）	256.43	13.5
硬脂酸（$C_{18}H_{36}O_2$）	284.48	5.5
油酸（$C_{18}H_{34}O_2$）	282.46	25.0
亚油酸（$C_{18}H_{32}O_2$）	280.44	55.9

由表 5-1 可知，水酶法提取的南瓜籽油中不饱和脂肪酸含量占 80% 以上，特别是人体必需不饱和脂肪酸亚油酸的相对含量较高（55.9%），高于超声波法（48.4%）、超临界 CO_2 流体萃取法（46.2%）及溶剂浸出法（45.1%）。

2. 理化指标

南瓜籽油的理化指标见表 5-2。

表 5-2	南瓜籽油的理化指标
项目	指标
色泽	浅黄色，澄清透明
杂质/%	0.05
相对密度	0.9234
碘值（以 I_2 计）/（g/100g）	100~133
皂化值（以 KOH 计）/（mg/g）	190.7
酸价（以 KOH 计）/（mg/g）	1.48
过氧化值/（g/100g）	0.12
气味、滋味	具有南瓜籽油固有的气味和滋味，无异味
折射率数	1.4730±0
水分及挥发物/%	0.07±0.005

由表 5-2 可知，南瓜籽油的碘值为 100~133，是一种半干性油脂，因此在加工、贮存、运输、加热过程中，应注意防止发生氧化、酸败，造成营养物质损失。酸价和过氧化值均低于 GB 2716—2018《食品安全国家标准　植物油》对食用植物油统一的最高限量标准，即食用植物油酸价 ≤3mg/g 和过氧化值 ≤0.25g/100g。南瓜籽油具有南瓜籽油的香味和滋味，澄清透明，以上结果说明使用水酶法提取的南瓜籽油不需精炼，各项指标即达到了国家食用油标准。

用不同方法提取的南瓜籽油的理化指标见表5-3。

表 5-3　　　　　　　　不同方法提取南瓜籽油的理化指标

提取方法	超声波辅助溶剂法	水酶法	超临界 CO_2 萃取
出油率/%	44.60	37.02	32.90
植物甾醇/（mg/g）	193.2	2.95	3.55
维生素 E/（mg/100g）	119.58	123.22	106.45
油酸/（mg/g）	220.253	239.631	249.147
亚油酸/（mg/g）	544.402	606.045	614.781
酸价/（mg/g）	1.418	1.484	1.808
过氧化值（g/100g）	0.1083	0.1232	0.1262
外观性状	黄色，轻微浑浊	亮黄色，透明	黄绿色，透明

由表5-3中数据可知，不同方法提取的油脂的酸价和过氧化值均符合国家食用油标准；超临界 CO_2 萃取出油率最低，但油酸、亚油酸含量最高；超声波辅助溶剂法出油率最高，萃取时间短，但提取的油脂中植物甾醇、油酸、亚油酸含量较低，油脂浑浊杂质多；相比较水酶法提取过程酶解作用条件温和，提取设备简单，出油率较高，油脂色泽明亮，澄清透明，同时其他脂溶性物质，如维生素 E 和植物甾醇的含量较高，这既增加了油脂的保健功能，一定程度上还可以避免多不饱和脂肪酸的氧化酸败。

四、展望

水酶法是一种非常好的提取南瓜籽油的方法。对比超声波辅助溶剂法和超临界 CO_2 萃取法，水酶法出油率较超声波法稍低，但3种方法中水酶法所提油脂维生素 E、植物甾醇以及不饱和脂肪酸的含量均较高，且油脂色泽明亮，澄清透明，营养健康各项指标均优于国家标准，同时水酶法具有工艺设备简单，处理条件温和，操作安全等特点。南瓜籽油的各项理化常数指标均符合国家要求，植物甾醇和维生素 E 含量非常丰富，具有高碘值、高干性、高不饱和度的特点，营养价值高，可直接食用，是重要的营养保健油源，具有广阔的开发应用前景。

参考文献

[1] 江连洲，李杨，王妍，等．水酶法提取大豆油的研究进展 [J]．食品科学，2013，34

（9）：346−350.

［2］Jiangl Z, Li Y, Wang Y, et al. Research advance in aqueous enzymatic extraction of soybean oil ［J］. Food Science, 2013, 34 （9）：346−350.

［3］Liu C, Hao L H, Chen F S, et al. Study on extraction of peanut protein and oil bodies by aqueous enzymatic extraction and characterization of protein ［J］. Journal of Chemistry, 2020, 2020 （10）：1−11.

［4］Hou K X, Yang X B, Bao M L, et al. Composition, characteristics and antioxidant activities of fruit oils from Idesia Polycarpa using homo genate−circul ating ultrasound−assisted aqueous enzymatic extraction ［J］. Industrial Crops and Products, 2018, 117 （7）：205−215.

［5］程倩，初柏君，杨潇，等. 水酶法提取葵花籽仁油工艺的优化及对油脂品质的影响［J］. 食品安全质量检测学报，2021，12（17）：6969−6974.

［6］Cheng Q, Chu B J, Yang X, et al. Optimization of aqueous enzymatic extraction process of sunflower seeds oil and the effect on its quality ［J］. Journal of Food Safety and Quality, 2021, 12 （17）：6969−6974.

［7］王进胜，于阿立，孙双艳，等. 紫苏籽油提取工艺及其营养功效研究进展［J］. 粮油与饲料科技，2021（5）：13−17.

［8］Wang J S, Yu A L, Sun S Y, et al. Research progress on extraction technology and nutritional efficacy of seed oil from Cyperus chinensis ［J］. Grain Oil and Feed Technology, 2021 （5）：13−17.

［9］Cheng M H, Rosentrate K A, Sekhon J, et al. Economic feasibility of soybean oil producti on by enzyme−assisted aqueous extraction processing ［J］. Food and Bioprocess Technology, 2019, 12 （3）：539−550.

［10］Liu Q, Li P W, Chen J Z, et al. Optimization of aqueous enzymatic extraction of castor （Ricinus communis） seeds oil using resp onse surface methodology ［J］. Journal of Biobased Materials and Bioenergy, 2019, 13 （1）：114−122.

［11］Aquino D S, Fanhani A, STEVANATO N, et al. Sunflower oil from enzymatic aqueous extraction process：maximization of free oil yield and oil characterization ［J］. Journal of Food Process Engineering, 2019, 42 （6）：1−10.

［12］Xu D X, Hao J, Wang Z H, et al. Physicochemical properties, fatty acid compo sitions, bioactive compounds, antioxidant activity and thermal behavior of rice bran oil obtained with aqueous enzymatic extraction ［J］. LWT−Food Science and Technology, 2021, 149 （9）：1−8.

［13］Pablo D S, Arnulfo R Q, Roberto F L, et al. Aqueous enzymatic extraction of Ricinus communis seeds oil using Viscozyme L ［J］. Industrial Crops and Products, 2021, 170 （10）：1−9.

［14］杨瑞金，倪双双，张文斌，等. 水媒法提取食用油技术研究进展［J］. 农业工程学报，2016，32（9）：308−314.

［15］Stevenson D G, Eller F J, Wang L, et al. Oil and tocopherol content and composition of pumpkin seed oil in 12 cultivars ［J］. Journal of Agricultural and Food Chemistry, 2007, 55 （10）：4005−4013.

[16] Murkovic M, Piironen V, Lampi A M, et al. Changes in chemical composition of pumpkin seeds during the roasting process for production of pumpkin seed oil (Part 1: non-volatile compounds) [J]. Food Chemistry, 2004, 84 (3): 359-365.

[17] 刘玉梅, 高智明, 王健, 等. 裸仁南瓜籽及南瓜籽油的营养成分研究 [J]. 食品工业科技, 2010, 31 (6): 313-316.

[18] Liu Y, Gao Z M, Wang J, et al. Study on nutritional components of naked pumpkin seeds and its oil [J]. Science and Technology of Food Industry, 2010, 31 (6): 313-316.

[19] Mitra P, Ramaswamy H S, Chang K S. Pumpkin (Cucurbita maxima) seed oil extraction using supercritical carbon dioxide and physicochemical properties of the oil [J]. Journal of Food Engineering, 2009, 95 (1): 208-213.

第六章 原料和加工方式对南瓜籽油品质及氧化稳定性的影响

第一节 不同产地南瓜籽油组成及氧化稳定性差异

我国籽用南瓜分布于黑龙江、吉林、内蒙古、新疆、甘肃及贵州等地。根据各地生态条件的不同，中国籽用南瓜划分为以上六大产区，国内其他省区如湖北、广东、宁夏也均有试种。目前我国对南瓜籽油的研究主要围绕制油工艺和脂肪酸组成上，对南瓜籽油抗氧化性能和功能性成分的研究不足。本实验从全国产区的籽用南瓜籽中制得南瓜籽油，对全国不同省区的 8 种南瓜籽油的理化性质、脂肪酸、生育酚含量和抗氧化性质进行分析，明确不同产地南瓜籽油品质之间的差异，并利用系统聚类分析（systematic cluster analysis，SCA）和主成分分析（principal component analysis，PCA）对样品分类，旨在分析产地对南瓜籽油主要组成成分和氧化稳定性的影响，为南瓜籽的开发利用提供一定的参考依据。

一、仪器、试剂及材料

仪器：紫外可见分光光度计（UV-2450，日本岛津）；气相色谱仪（456-GC，德国 BRUKER 公司）；Rancimat 油脂氧化稳定性测定仪（892 型，瑞士万通）；高效液相色谱（Waters-UV2489，上海沃特世科技）。

试剂：没食子酸：分析纯（98.5%），上海源叶；豆甾醇：分析标准品（HPLC≥95%），上海源叶；α-生育酚：分析标准品（HPLC≥98%），上海安谱；γ-生育酚：分析标准品（HPLC≥96%），上海安谱；δ-生育酚：分析标准品（HPLC≥90%），上海安谱；DPPH：分析纯，美国 Sigma；ABTS：分析纯，美国 Sigma。

材料：南瓜籽的样品采自全国 8 个南瓜产区，编号分别为 1~8，分别采自：广东广州市、云南楚雄市、甘肃白银市、吉林四平市、江苏苏州市、内蒙古巴彦淖尔市、新疆阿克苏市、湖北恩施市。样品 2 和 8 品种为毛边，其余样品均为光板品种。称取不同南瓜籽样品约 0.5kg，均匀单层铺放在烘干机配置的网片上，烘干机风速为中档，烘干机温度为 70℃，烘干处理至水分含量为 7%，经双螺旋压榨机物理压榨、过滤得到南瓜籽油样品。

二、生产工艺

1. 南瓜籽仁含油量测定

含油量的测定参考 GB 5009.6—2016《食品安全国家标准 食品中脂肪的测定》。

2. 酸价、过氧化值和碘值测定

酸价的测定参考 GB 5009.229—2016《食品安全国家标准 食品中酸价的测定》；过氧化值的测定参考 GB 5009.227—2023《食品安全国家标准 食品中过氧化值的测定》；碘值的测定参考 GB/T 5532—2022《动植物油脂 碘值的测定》。

3. 南瓜籽油脂肪酸组成测定

（1）色谱条件 SH-RXi-5Sil MS（30m×0.25mm，0.25μm）毛细管色谱柱；升温程序：70℃，保持 3min，以 10℃/min 升温至 180℃，再以 2℃/min 升温至 200℃，保持 1min，最后以 3℃/min 升温至 220℃，保持 15min。进样口温度 250℃，载气为高纯氦气，分流比 30∶1，柱流量 1mL/min，进样量 1μL。

（2）质谱条件 电离方式为 EI，电子能量 70eV，离子源温度 230℃，接口温度 250℃，质量扫描范围 40~550u，全扫描方式。

4. 南瓜籽油总酚含量测定

采用福林酚比色法测定南瓜籽油的总酚含量。最终结果表述为每千克南瓜籽油中所含总酚等同于没食子酸（GAE）的质量（mg）。以没食子酸为标准，配制浓度为 20，40，60，80，100μg/mL 标准溶液。取 0.2mL 标准液置于 5mL 的小试管中，加入 3mL 蒸馏水后，再加入 0.25mL 福林酚溶液，室温下静置 6min 后，加入 20% 的碳酸钠溶液 0.75mL，在室温下静置 2h。用紫外可见分光光度计在波长 750nm 处测定其吸光度。没食子酸与吸光度的标准曲线方程为 $y = 0.005x + 0.0526$（$R^2 = 0.9969$）。

5. 南瓜籽油甾醇含量测定

参照 GB/T 5535.1—2008《动植物油脂 不皂化物测定 第 1 部分：乙醚提取法》，有所改动。取 2g 南瓜籽油置入 100mL 圆底烧瓶中，向其中加入 5mL 浓度为 0.1g/mL 的维生素溶液，再加入 20mL 浓度为 1mol/L 的 KOH-乙醇溶液，使其在 90℃下油浴回流 30min。冷却后，将其转移到分液漏斗中，加入 100mL 蒸馏水，用 100mL 乙醚洗 3 次，放出下层后，再用水洗至乙醚层为中性。取乙醚层在 35℃下旋蒸除去乙醚，用无水乙醇将不皂化物定容至 25mL。

以豆甾醇为对照品，对南瓜籽油总甾醇含量进行测定。精确称取 0.1g 豆甾醇标准品，用无水乙醇定容至 100mL 制成浓度为 500μg/mL 的标准母液，然后分别配制浓度 0.05，0.10，0.15，0.20，0.25mg/mL 的标准溶液。取标准溶液 2mL

加入 10mL 小试管中，加入 2mL 无水乙醇后再加入 2mL 磷硫铁显色剂，室温下避光显色 15min。用紫外可见分光光度计在波长 442nm 处测定其吸光度。豆甾醇浓度与吸光度的标准曲线方程 $y = 3.9587x - 0.11$（$R^2 = 0.9979$）。

6. 南瓜籽油生育酚含量测定

参考 GB/T 26635—2011《动植物油脂 生育酚及生育三烯酚含量测定 高效液相色谱法》。

（1）样品制备 取上述步骤 5 所得的不皂化物过 0.22μm 微孔滤膜后进行 HPLC 分析。

（2）HPLC 条件 色谱柱：Venusil XBP（4.6mm×250mm，5μm）；流动相：甲醇；流速：1mL/min；柱温：25℃；进样量：2μL；紫外检测器检测波长：292nm。

7. 南瓜籽油氧化稳定性和自由基清除能力测定

（1）氧化稳定性 892 型 Rancimat 油脂氧化稳定性测定仪测定其氧化诱导时间，实验温度设定为 106.6℃，空气流量为 20L/h。

（2）ABTS 和 DPPH 自由基清除能力 全油样制备：取 0.1g 南瓜籽油，加入 10mL 乙酸乙酯溶液配置成 10mg/mL 的南瓜籽油样品。

①DPPH 自由基清除能力。称取 0.0394g DPPH，用异丙醇定容至 100mL，得浓度 1mmol/L 的 DPPH 储备液，再用异丙醇稀释配制成浓度为 0.1mmol/L 的 DPPH 溶液，取 2mL 南瓜籽油样品（约 10mg/mL）与 2mL DPPH 溶液反应，避光反应 2h，以异丙醇溶液作空白对照，测量其在波长 517nm 处的吸光度（A_i）。取 2mL 异丙醇与 2mL DPPH 溶液反应，避光反应 30min，517nm 处测吸光度（A_0），按照式（6-1）计算 DPPH 自由基清除率。

$$\text{DPPH 自由基清除率} = \left(1 - \frac{A_i}{A_0}\right) \times 100\% \qquad (6-1)$$

②ABTS 自由基清除能力。

ABTS 二铵盐储备液（7.4mmol/L）：取 ABTS 二铵盐（相对分子质量 548.68）3mg，加蒸馏水 0.735mL（0.0384g ABTS 定容到 10mL，7mmol/L）。

过二硫酸钾储备液（2.6mmol/L）：取过二硫酸钾（相对分子质量 270.32）1mg，加蒸馏水 1.43mL（0.0070g 过二硫酸钾定容到 10mL）。

ABTS 反应液：取 0.2mLABTS 二铵盐储备液和 0.2mL 过二硫酸钾储备液混合（1:1 混合），黑暗环境下室温放置 12~16h，使用时用乙醇将其稀释至吸光值为 0.7±0.02（稀释 10~60 倍），取 4mL 稀释液与 2mL 一定浓度的南瓜籽油样品混合（约 10mg/mL），避光反应 10min，测 734nm 下吸光度（A_i），取 2mL 乙醇与 4mL 稀释液反应，避光反应 30min，于 734nm 处测吸光度（A_0），按式（6-2）计算 ABTS 自由基清除率。

$$\text{ABTS 自由基清除率} = \left(1 - \frac{A_i}{A_0}\right) \times 100\% \qquad (6\text{-}2)$$

8. 数据处理

所有数据均重复测定 3 次取其平均值，采用 SPSS 19 软件进行方差分析，LSD 多重检验样本间的差异显著性（$p<0.05$）相关性分析、SCA、PCA，并计算最终 PC 得分。图表中不同的上角标字母表示数据之间存在显著性差异。

三、产地对南瓜籽油的组成及氧化稳定性的影响

（一）南瓜籽油基本指标分析

1. 南瓜籽的含油率

南瓜籽的含油率如图 6-1 所示。

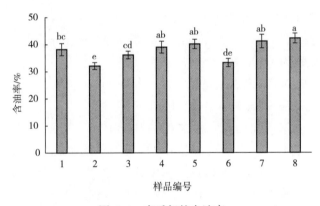

图 6-1　南瓜籽的含油率

由图 6-1 可见，去壳南瓜籽样品含油率在 32.15% ~ 42.06%，从整体上看，南瓜籽样品含油率有显著性差异（$p<0.05$）。样品 8 的含油率最高，达 42.06%，样品 2 含油率最低为 32.15%。产地对于南瓜籽出油率影响显著，湖北和新疆产的南瓜籽样品含油率最高，云南产的南瓜籽样品含油率最低。南瓜籽成熟时期一般为 9~10 月，喜光喜温但不耐高温。南瓜茎蔓多，叶面积大，蒸腾作用强，需要及时灌溉才能获得高产，局部降雨量和土壤条件也对南瓜籽的生长发育有较大影响。中部地区日照充足，土地肥沃且雨量充沛，故湖北产的南瓜籽出油率较高。地域纬度越高夏天日照时间越长，新疆、内蒙古、吉林产的南瓜籽样品含油率不同的原因可能是局部降雨和气温变化导致的。云南产的南瓜籽样品含油率最低，可能是当地山高谷深，气候垂直变化明显所致。

2. 南瓜籽油理化指标分析

南瓜籽油的理化指标比较见表 6-1。

表 6-1				南瓜籽油的理化指标比较				
样品编号	1	2	3	4	5	6	7	8
酸价/ （mg/g）	0.38± 0.04[b]	0.55± 0.07[a]	0.48± 0.06[ab]	0.17± 0.04[c]	0.21± 0.08[c]	0.13± 0.03[c]	0.17± 0.04[c]	0.17± 0.02[c]
过氧化值/ （g/100g）	0.019± 0.0006[bc]	0.021± 0.006[ab]	0.022± 0.006[a]	0.016± 0.004[cd]	0.015± 0.006[d]	0.016± 0.003[cd]	0.014± 0.005[d]	0.020± 0.001[ab]
碘值/ （g/100g）	100.12± 2.27[c]	115.34± 2.17[b]	116.79± 1.96[b]	132.41± 2.05[a]	118.23± 2.11[b]	133.17± 2.19[a]	102.64± 1.82[c]	113.89± 1.88[b]

注：不同的上角标字母表示同一行之间的数据存在显著差异（$p<0.05$），余同。

由表 6-1 可知，南瓜籽油酸价 0.13～0.55mg/g，过氧化值为 0.014～0.022g/100g，碘值为 100.12～133.17g/100g；样品均符合 LS/T 3250—2017《南瓜籽油》中的规定。酸价反映油脂中游离脂肪酸的含量，样品 2 的酸价最高（0.55mg/g），样品 6 酸价最低（0.13mg/g）。过氧化值反映了油脂氧化劣变的程度，南瓜籽油样品的过氧化值均较低且无显著性差距（$p>0.05$），表明所有样品的质量较好。碘值反映了油脂的不饱和程度，结果显示样品 6 碘值最高（133.17g/100g），样品 1 碘值最低（100.12g/100g）。

3. 南瓜籽油的脂肪酸组成

脂肪酸组成是评价南瓜籽油营养价值的重要指标。各产地的南瓜籽油脂肪酸组成见表 6-2。南瓜籽油主要脂肪酸组成包括棕榈酸、硬脂酸、油酸、亚油酸。本次研究的样品中，不饱和脂肪酸占总脂肪酸的 80.920%～83.953%。亚油酸是南瓜籽油中含量最丰富的不饱和脂肪酸，样品 4 的南瓜籽油亚油酸含量显著高于其他样品（$p<0.05$），样品 2 和样品 8 的南瓜籽油中棕榈酸含量均高于其他样品。油料脂肪酸组成的差异可能不仅与品种有关，与气候和纬度也有关。南瓜籽油中饱和脂肪酸相对含量有随纬度升高而增加的趋势，广东（样品 1）饱和脂肪酸相对含量较低，随着纬度的增加，新疆（样品 7）和甘肃（样品 3）样品中饱和脂肪酸增加显著。同属于毛边的两个样品中，云南（样品 2）样品中饱和脂肪酸也略低于湖北（样品 8）样品。而不饱和脂肪酸的相对含量有随着纬度的升高而减少的趋势。

表 6-2				南瓜籽油脂肪酸组成			单位：%	
种类	1	2	3	4	5	6	7	8
月桂酸	ND	0.786	0.899	ND	ND	ND	ND	ND
豆蔻酸	0.101	0.079	0.097	1.03	0.102	0.104	0.103	0.08

续表

种类	1	2	3	4	5	6	7	8
棕榈酸	10.811	12.275	11.632	11.713	10.826	10.953	10.237	13.093
棕榈烯酸	0.111	0.077	0.093	0.115	0.100	0.099	0.103	ND
硬脂酸	4.567	4.914	6.236	4.540	5.799	7.365	5.448	5.422
油酸	34.535	27.61	32.397	24.948	33.357	35.777	30.667	30.289
亚油酸	49.055	52.963	48.022	57.101	49.886	45.742	50.535	50.338
亚麻酸	0.112	0.094	ND	0.106	0.109	0.113	0.103	0.124
花生酸	0.338	0.333	0.335	0.383	0.426	0.457	0.402	0.369
花生烯酸	0.150	0.217	0.178	0.139	0.147	0.140	0.158	0.166
山萮酸	0.124	0.123	0.146	0.137	0.149	0.150	0.151	0.120
饱和脂肪酸	15.943	18.991	19.437	17.800	17.307	18.031	18.346	19.079
不饱和脂肪酸	83.953	80.948	81.321	82.330	83.606	81.871	82.574	80.920

注：ND 为未检出。

（二）南瓜籽油油脂伴随物

南瓜籽油中含有丰富的酚类物质和植物甾醇等多种天然活性成分，对油脂的氧化稳定性具有重要作用，同时具有抗发炎、抗肿瘤、预防前列腺疾病等功效。由图 6-2 可见，南瓜籽油总酚含量差异显著（$p < 0.05$），总酚含量在 167.21~204.50mg/kg。样品 2 南瓜籽中总酚含量最高（204.50mg/kg），总酚含量差异显著的原因可能是品种不同。南瓜籽油的总酚含量比稻米油、大豆油、玉米油、菜籽油等植物油高，与橄榄油总酚含量接近。

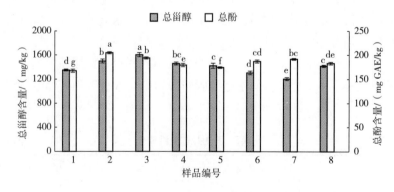

图 6-2　南瓜籽油的总酚和总甾醇含量

一般南瓜籽油中总甾醇含量在 1000mg/kg 左右，测定样品的总甾醇含量在 1204.38~1604.51mg/kg，南瓜籽油与传统食用油相比，是较好的植物甾醇来源。

生育酚有较强的抗氧化性质，具有抗衰老的功效。由图 6-3 可见，南瓜籽油生育酚含量有显著差异（$p<0.05$），总生育酚含量范围在 248.8~315.49mg/100g。其中样品 3 总生育酚含量最高。南瓜籽油的生育酚含量高于稻米油、玉米油、油茶籽油等常见植物油，是生育酚较好的来源。

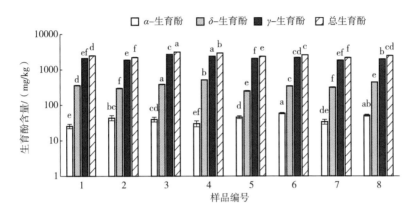

图 6-3　南瓜籽油的生育酚含量

（三）南瓜籽油的氧化稳定性及自由基清除能力

1. 南瓜籽油氧化稳定性

使用 Rancimat 装置将油脂样品置于高温条件下持续通入氧气，将油脂氧化的挥发性物质通过空气导入去离子水中，通过持续监测去离子水的电导率，检测氧化曲线的拐点，即为氧化诱导时间，可反映油脂的氧化稳定性，该装置提供油脂对于氧化诱导时间的数据，以评估油脂抗氧化稳定性。由图 6-4 可知，在温度为106℃时，氧化诱导所需的时间为 9.56~14.65h。氧化诱导所需时间越长，证明其氧化稳定性越好。氧化稳定性较好的是样品 6，氧化诱导所需的时间在 14h 以上。

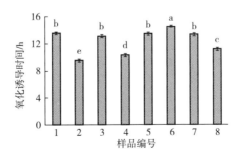

图 6-4　南瓜籽油氧化稳定性

如图6-5所示，南瓜籽油极性组分ABTS自由基清除率测定结果在27.45%~34.36%，南瓜籽油极性组分DPPH自由基清除率结果在81.87%~87.13%，清除自由基效果最好的均为样品2。通过比较南瓜籽油、亚麻籽油、葡萄籽油的DP-PH、ABTS自由基清除能力，发现3种植物油的ABTS自由基清除率在20%以上，而DPPH自由基清除率在80%以上。裸仁南瓜籽油DPPH自由基清除能力显著高于葡萄籽油和亚麻籽油，葡萄籽油ABTS自由基清除能力与裸仁南瓜籽油相当，二者均高于亚麻籽油。

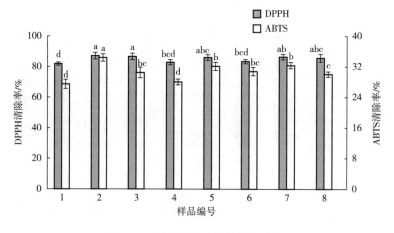

图6-5　南瓜籽油自由基清除能力

2. 油脂伴随物与油脂氧化稳定性和自由基清除能力的相关性分析

生育酚是重要的脂溶性微量营养素，可以抑制自由基和清除氧气，从而提高南瓜籽油氧化稳定性。由表6-3可知，氧化诱导时间与单一油脂伴随物的相关性不显著，与亚油酸、棕榈酸、油酸含量存在显著关系（$p<0.05$），可能油脂的氧化稳定性是多种油脂伴随物共同作用的结果，也与油脂的脂肪酸组成相关。相关文献也证实，油脂的氧化稳定性受油脂伴随物含量以及油脂脂肪酸组成的综合效应影响。

酚类物质是植物油中的主要抗氧化剂，对于清除自由基具有显著作用。总酚含量与DPPH法测油脂中极性组分自由基清除率存在显著关系（$p<0.05$）和ABTS法测油脂中极性组分自由基清除率存在显著关系（$p<0.05$）。

表6-3　油脂伴随物与油脂氧化稳定性和自由基清除能力的相关性分析

活性成分	氧化诱导时间	DPPH自由基清除率	ABTS自由基清除率
总酚	−0.380	0.714*	0.740*
总甾醇	−0.450	0.288	−0.450

活性成分	氧化诱导时间	DPPH 自由基清除率	ABTS 自由基清除率
α-生育酚	-0.398	0.317	0.440
γ-生育酚	0.152	-0.173	-0.446
δ-生育酚	0.142	-0.447	-0.702
总生育酚	0.035	-0.252	-0.565
油酸	0.903 **	-0.162	-0.077
亚油酸	-0.819 *	-0.065	-0.083
棕榈酸	-0.774 *	0.295	0.134
硬脂酸	0.578	0.467	0.435
不饱和脂肪酸	0.436	-0.600	-0.467
饱和脂肪酸	-0.384	0.624	0.524

注：＊表示显著相关（$p<0.05$），＊＊表示极其显著相关（$p<0.01$）。

（四）主成分分析

主成分分析（PCA）是考察多个变量间相关性的一种多元统计方法，通过降维将多个指标变量转化为少个重要指标变量（主成分，PC），通过分析主成分来达到对所收集数据进行全面分析的目的。采用 SPSS 19 软件对南瓜籽油的 4 种主要脂肪酸和 α-生育酚、γ-生育酚、δ-生育酚、总酚和总甾醇含量等 14 个指标进行主成分分析。分析得到各个主成分特征值和方差贡献率（表 6-4），结果显示前 4 个主成分分析累计的方差贡献率为 86.663%，故选取前 4 个主成分反映南瓜籽油的特征物质，可用于评价南瓜籽油综合品质和分类。

表 6-4　　PCA 特征向量、特征值、方差贡献率和累计方差贡献率

变量	组分	PC1	PC2	PC3	PC4
X_1	总酚	-0.174	-0.416	-0.271	0.636
X_2	总甾醇	0.538	0.738	-0103	-0.002
X_3	棕榈酸	0.657	-0.070	0.525	-0.334
X_4	硬脂酸	0.832	0.121	-0.072	-0.251
X_5	油酸	-0.798	0.303	0.413	-0.197
X_6	亚油酸	0.640	-0.538	-0.412	0.114
X_7	δ-生育酚	0.555	-0.485	0.272	0.391

续表

变量	组分	PC1	PC2	PC3	PC4
X_8	γ-生育酚	0.223	-0.196	0.931	0.119
X_9	α-生育	0.030	0.726	0.114	-0.170
X_{10}	总生育酚	0.334	-0.268	0.877	0.196
X_{11}	饱和脂肪酸	0.662	0.672	0.101	0.276
X_{12}	不饱和脂肪酸	-0.661	-0.665	0.058	-0.275
X_{13}	含油率	-0.174	-0.416	-0.271	0.636
X_{14}	氧化诱导时间	-0.884	0.190	0.401	0.142
特征值		4.787	3.375	2.603	1.376
方差贡献率/%		34.191	24.110	18.594	9.767
累计方差贡献率/%		34.191	58.302	76.895	86.663

以 4 个主成分 F_1、F_2、F_3、F_4 与其方差贡献率构建南瓜籽油品质指标综合得分模型 F，F 为因变量，F_1、F_2、F_3、F_4 为自变量，得到下列方程：

$$F = 34.191\%F_1 + 24.11\%F_2 + 18.594\%F_3 + 9.767\%F_4$$

由表 6-4 可知，PC1 的贡献率为 34.191%，贡献最大的是硬脂酸和饱和脂肪酸，对应的特征值为 0.832 和 0.662。PC2 的贡献率为 24.110%，贡献最大的为总甾醇和 α-生育酚，对应的特征值为 0.738 和 0.726，PC3 的贡献率为 18.594%，贡献最大的为 γ-生育酚和总生育酚含量，对应的特征值为 0.931 和 0.877。PC4 的贡献率为 9.767%，贡献主要为含油率和总酚指标，对应的特征值为 0.636。

由表 6-4 可知，根据方程计算出不同南瓜籽油主成分得分和综合得分见表 6-5，其综合得分越高代表油的质量越好。结果表明，样品南瓜籽油的理化性质以及总甾醇、总酚、生育酚含量以及脂肪酸组成均存在一定差异，根据综合得分对样品进行排序，样品 3 排名第一，综合得分为 1.249。

表 6-5 不同南瓜籽油主成分得分和综合得分

样品	F_1	F_2	F_3	F_4	F	排序
1	-2.466	-2.493	0.061	-1.002	-1.531	8
2	2.680	1.418	-1.716	-1.755	0.768	2
3	1.132	0.981	3.147	0.420	1.249	1
4	2.511	-2.999	0.171	0.753	0.241	4

续表

样品	F_1	F_2	F_3	F_4	F	排序
5	-2.101	-0.422	-0.271	-0.602	-0.930	7
6	-1.701	1.973	1.132	-0.419	0.061	5
7	-1.647	1.086	-1.895	1.940	-0.464	6
8	1.605	0.455	-0.665	0.665	0.606	3

通过对南瓜籽油的 17 项指标进行系统聚类分析（SCA），在欧氏距离为 1~25 时，将样品分为两类，第一类为甘肃；第二类为云南、新疆、内蒙古、广东、江苏、湖北、吉林。如图 6-6 所示，样品 3 的南瓜籽具有较好的综合品质，其余的 7 种样品综合得分在 -1.531~1.249，综合品质均低于样品 3 的南瓜籽油。这两种分析方法的分类结果基本一致，说明两种方法均可对南瓜籽样品进行分类并进行综合评价，为今后油用南瓜籽的选择提供一定的参考。

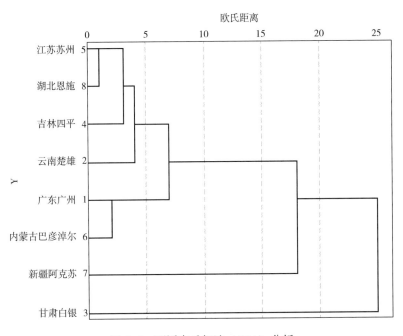

图 6-6　不同南瓜籽油（SCA）分析

四、总结

南瓜籽油作为一种营养较好的植物油脂，极具开发和推广价值。南瓜籽油中的营养成分含量不仅取决于品种，产地对于南瓜籽油也有较大影响。

测定了 8 个产区南瓜籽的含油率以及油脂中的抗氧化活性成分，结果表明，南瓜籽油中含有十几种脂肪酸，主要脂肪酸组成为油酸、棕榈酸、亚油酸、硬脂酸，其中不饱和脂肪酸含量超过 80%。南瓜籽油含有丰富的总酚、甾醇、生育酚等活性物质，具有开发成为功能性保健产品的潜力。由 Pearson 双变量相关性分析可知，总酚与极性组分自由基清除能力有显著相关性，总酚在南瓜籽油自由基清除能力中发挥了重要作用，α-生育酚等油脂伴随物也发挥了一定的抗氧化作用。

PCA 和 SCA 表明甘肃白银的南瓜籽油样品得分相对较高。南瓜籽油主要成分组成含量及氧化稳定性的差异，可能受品种、地区、土壤、气候和季节等多方面的影响。应加强对南瓜籽相同主产区不同品种南瓜籽油性质的对比研究，以期为功能性南瓜籽油的开发提供更多的理论依据。

第二节　加工方式对南瓜籽油品质的影响

目前，南瓜籽油的研究主要集中在南瓜籽油的营养成分及其含量、制备工艺优化以及功能活性方面，缺乏不同制油工艺对南瓜籽油的理化特性、抗氧化活性以及油脂伴随物含量的比较研究。为此本节全面分析对比了冷榨、微波预处理压榨和超临界 CO_2 萃取这 3 种工艺制得的南瓜籽油的理化特性，极性、非极性组分及全油的抗氧化能力和油脂伴随物含量的差异。

一、仪器、试剂及材料

仪器：高速多功能粉碎机（RHP-100，浙江荣浩）；微波炉（M1-L213B，美的）；榨油机（LYF501，东莞民健）；离心机（TGL-16G，上海安亭）；紫外分光光度计（UV-2450，日本岛津）；Rancimait 油脂氧化稳定仪（892 型，瑞士万通）；GC-MS（7890A-5975C，安捷伦科技（中国））；高效液相色谱（UV2489，沃特世科技（上海））。

试剂：没食子酸：分析纯（98.5%），上海源叶；豆甾醇：分析标准品（HPLC≥95%），上海源叶；α-生育酚：分析标准品（HPLC≥98%），上海安谱；γ-生育酚：分析标准品（HPLC≥96%），上海安谱；δ-生育酚：分析标准品（HPLC≥90%），上海安谱；角鲨烷：分析标准品，美国 Sigma；角鲨烯：分析标准品，美国 Sigma；BSTFA-TMCS 试剂：分析纯，美国 Sigma；DPPH：分析纯，美国 Sigma；ABTS：分析纯，美国 Sigma；TPTZ：分析纯，美国 Sigma。

材料：南瓜籽仁，宝得瑞（湖北）健康产业有限公司。

二、生产工艺

1. 南瓜籽油提取

（1）冷榨法（CP）　取适量南瓜籽粉碎后过40目筛，将过筛后的南瓜籽粉投入榨油机进行压榨（出油温度<60℃），收集毛油置于离心机中，使其在6000r/min下离心10min去除沉淀，即可得到南瓜籽油。

（2）微波预处理压榨法（MP）　同第四章超临界CO_2萃取南瓜籽油确定的最优工艺。

（3）超临界CO_2萃取法（SFE）　同第五章水酶法制取南瓜籽油确定的最优工艺。

2. 出油率的测定

南瓜籽油出油率按式（6-3）计算：

$$出油率（\%）= m_1/(m×c) \qquad (6-3)$$

式中　m_1——提取的南瓜籽油的质量，g；

　　　m——南瓜籽原料的质量，g；

　　　c——南瓜籽的粗脂肪含量，通过索氏抽提法测得，g/g。

3. 南瓜籽油理化指标的测定

详见本章第一节酸价、过氧化值和碘值测定。

4. 脂肪酸组成测定

详见本章第一节脂肪酸组成测定。

5. 总酚含量测定

详见本章第一节总酚含量测定。

6. 甾醇组成及含量测定

详见本章第一节甾醇含量测定。

7. 生育酚的含量测定

详见本章第一节生育酚含量测定。

8. 角鲨烯含量测定

参照LS/T 6120—2017《粮油检验　植物油中角鲨烯的测定　气相色谱法》对南瓜籽油中角鲨烯含量进行测定，方法略有改动。

（1）气相色谱条件　色谱柱：HP-5（30m×0.32mm，0.25μm）；载气：氦气；流速：0.8mL/min；进样量：1μL；进样口温度：280℃；分流比：1∶30；升温程度：初始温度200℃，以6℃/min升温到212℃，再以0.5℃/min升温到218℃，再以10℃/min升温到298℃，恒温8min，溶剂延迟3min。

（2）质谱条件　EI离子源，电子能量70eV，离子源温度230℃，质量扫描范围为40~550u，全扫描。

（3）角鲨烯标准曲线绘制　　根据气相色谱图，记录角鲨烯和角鲨烷的峰面积。标准品色谱图如图 6-7 所示。以二者峰面积比为横坐标，以二者质量比为纵坐标，绘制标准曲线如图 6-8 所示，该标准曲线方程为 $y = 0.7348x + 0.2319$（$R^2 = 0.9979$），标准曲线的斜率即为角鲨烯和角鲨烷的校正因子 f。

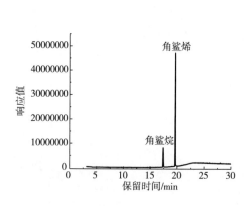

图 6-7　角鲨烷与角鲨烯标准品色谱图　　　　图 6-8　角鲨烯标准曲线

（4）样品处理　　准确吸取 300μL 角鲨烷内标溶液于 250mL 圆底烧瓶中，在氮吹仪上吹干后，称取 2g 南瓜籽油置入其中，提取不皂化物。

（5）样品测定　　将所得不皂化物注入气相色谱-质谱中进行分析，记录样品中角鲨烯和角鲨烷峰面积。

9. 氧化诱导时间的测定

称取 3g 南瓜籽油，用油脂氧化稳定仪测定其氧化诱导时间，参数设定：加热温度为 120℃、空气流量为 20L/h。

10. 自由基清除能力测定

详见本章第一节自由基清除能力测定。

11. FRAP 自由基清除率的测定

TPTZ 工作液的配制：取 25mL 的 0.1mol/L 醋酸盐缓冲溶液，2.5mL 的 10mol/L TPTZ 溶液和 2.5mL 的 20mmol/L $FeCl_3$ 溶液混合制成。

取 100μL 南瓜籽油样品加入到 2mL 的 TPTZ 工作液中，混匀后在 37℃ 下反应 10min，以甲醇为空白对照，取 100μL 南瓜籽油样品与 2mL TPTZ 工作液反应后在波长 593nm 处测吸光度（A_i）；取 100μL 甲醇与 2mL TPTZ 工作液反应后在波长 593nm 处测吸光度（A_0）。按照式（6-4）计算 DPPH 自由基清除率。

$$DPPH \text{ 自由基清除率} = \left(1 - \frac{A_i}{A_0}\right) \times 100\% \qquad (6-4)$$

三、不同加工方式对南瓜籽油品质的影响

1. 不同提取方式出油率的比较

采用 CP、MP、SFE 制取南瓜籽油，对各个提取方式的出油率进行比较，如图 6-9 所示。

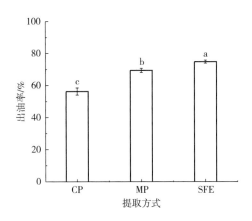

图 6-9　不同提取方式对南瓜籽油出油率的影响

由图 6-9 可见，不同提取方式对南瓜籽油出油率有显著影响（$p < 0.05$）。CP、MP 和 SFE 制取南瓜籽油的出油率分别为 56.4%、69.5% 和 74.9%。SFE 的出油率最高，出油率分别是 CP 和 MP 的 1.33 倍和 1.08 倍。MP 出油率比 CP 高可能是因为经微波预处理后，南瓜籽油的细胞结构被破坏，促进了油脂的溶出，油料种子的细胞壁是提取油脂的主要阻碍，通过微波预处理可以破坏细胞结构，产生更高的孔隙率，从而改善提油效果；SFE 是利用 CO_2 流体的选择性对油脂进行萃取，在合适的萃取条件下，对油脂的提取能力较强。

2. 不同提取方式南瓜籽油理化性质的比较（表 6-6）

表 6-6　　　　　　　　不同提取方式制得南瓜籽油理化性质的比较

提取方式	水分及挥发物/%	色泽	酸价（以 KOH 计）/（mg/g）	过氧化值/（mmol/kg）	碘值/（g/100g）	皂化值（以 KOH 计）/（mg/g）
CP	0.28±0.03[b]	酒红色，澄清透明	0.61±0.04[c]	1.23±0.08[c]	129.36±2.45[b]	188.3±2.14[a]
MP	0.11±0.01[c]	酒红色，澄清透明	0.90±0.07[a]	1.58±0.07[b]	128.97±3.83[b]	190.2±2.57[a]
SFE	1.05±0.04[a]	浅黄色，澄清透明	0.78±0.06[b]	2.11±0.10[a]	133.21±1.24[a]	188.9±1.48[a]

由表 6-6 可知，提取方式对南瓜籽油的理化性质有较大的影响。SFE 南瓜籽油的水分及挥发物含量远高于 MP 南瓜籽油和 CP 南瓜籽油。这可能是因为在 SFE 的过程中，南瓜籽粉中的水分被同时萃取出来，水分在 CO_2 中存在形式可能有两种：一种是少量的水分以水蒸气的形式与 CO_2 气体形成混合气体，在分离釜中以湿气体形式存在，性质类似湿空气；另一种是溶解于超临界 CO_2 流体中，水分在 CO_2 流体中的溶解度随压力的降低而降低，当流体到达分离釜中时，随着压力骤降，部分溶解的水从 CO_2 流体中分离与油脂混合，导致 SFE 南瓜籽油的水分及挥发物含量过高。

根据国家标准要求，食用植物油中的水分及挥发物含量不应超过 0.2%，仅 MP 南瓜籽油满足要求。水分含量过高容易加速植物油的氧化，严重影响油脂品质，所以在试剂生产过程中，应对制得的南瓜籽油进行干燥处理降低水分含量。

由表 6-6 可知，SFE 南瓜籽油的颜色呈浅黄色，颜色较浅，而 MP 南瓜籽油和 CP 南瓜籽油呈酒红色。这可能是因为萃取温度和萃取压力的变化会影响溶质在超临界 CO_2 流体中的溶解度，在临界点附近，萃取压力和萃取温度的细微改变都能导致超临界流体密度有极大的改变，从而改变溶剂的溶解度，可能在所采用的试验条件下，超临界 CO_2 流体对油脂的溶解性较大而对色素类物质的溶解性小，从而导致 SFE 南瓜籽油颜色较淡。

由表 6-6 可知，三种工艺制得的南瓜籽油的酸价在 0.61~0.90mg/g，MP 南瓜籽油的酸价最高，SFE 南瓜籽油的酸价次之，CP 南瓜籽油的酸价最低，这可能是因为 MP 南瓜籽油的原料经过微波处理，油料在高温处理后会导致油脂中游离脂肪酸增加，也有可能是 SFE 和 MP 制得的南瓜籽油中含较多的酚类物质，导致酸价偏高，此外，SFE 南瓜籽油中含有较多水分也会导致其酸价偏高。3 种工艺制得的南瓜籽油的过氧化值在 1.23~2.11mmol/kg，SFE 南瓜籽油的过氧化值最高，MP 南瓜籽油的过氧化值次之，CP 南瓜籽油的过氧化值最低，这可能是因为超临界 CO_2 能萃取更多的极性物质，尤其是水，这会导致油脂的酸价和过氧化值较高。MP 南瓜籽过氧化值偏高可能是因为高温处理会加速油脂氧化，导致过氧化值偏高。虽然 3 种工艺对南瓜籽油的酸价和过氧化值有不同影响，但制取的南瓜籽油均符合国家标准要求。

由表 6-6 可知，3 种工艺制得的南瓜籽油的碘值在 128.97~133.21g/100g，皂化值在 188.3~190.2mg/g，SFE 南瓜籽油的碘值比 CP 南瓜籽油和 MP 南瓜籽油的稍高，这说明 SFE 南瓜籽油的不饱和程度大，其碘值范围在 100~130g/100g 表明南瓜籽油具有良好的油质，属于半干性；3 种工艺制得的南瓜籽油皂化值差异不显著，说明 3 种工艺制得的南瓜籽油脂肪酸相对分子质量相近。

3. 南瓜籽油油脂伴随物含量的比较

（1）南瓜籽油脂肪酸组成的比较　不同提取方式制得南瓜籽油脂肪酸组成

见表6-7。

表6-7　　　　　　　　不同提取方式制得南瓜籽油脂肪酸组成的比较　　　　　　单位:%

提取方式	CP	MP	SFE
棕榈酸	11.91±0.04[a]	11.37±0.03[b]	10.82±0.07[c]
油酸	34.38±0.10[b]	35.59±0.06[a]	35.65±0.07[a]
硬脂酸	15.58±0.12[a]	14.54±0.06[b]	13.40±0.09[c]
亚油酸	38.13±0.03[c]	38.50±0.08[b]	40.13±0.05[a]
饱和脂肪酸	27.49±0.09[a]	25.91±0.06[b]	24.22±0.10[c]
不饱和脂肪酸	72.51±0.07[c]	74.09±0.08[b]	75.78±0.06[a]

由表6-7可知，CP南瓜籽油和MP南瓜籽油的脂肪酸差异不大，主要脂肪酸包括棕榈酸、硬脂酸、油酸和亚油酸。SFE南瓜籽油的脂肪酸组成与其他南瓜籽油相比有显著差异（$p<0.05$），其不饱和脂肪酸含量相比CP和MP南瓜籽油分别增加了3.27%和1.69%，亚油酸的含量分别增加了2.00%和1.63%。

（2）南瓜籽油总酚含量的比较　植物多酚具有多种活性功能，包括消炎、舒张血管、抗氧化、抗血栓和抗动脉粥样硬化等，同时，植物多酚对油脂的氧化稳定性具有重要作用。采用CP、MP、SFE方法制取南瓜籽油，对制得的南瓜籽油的总酚含量进行比较，如图6-10所示。

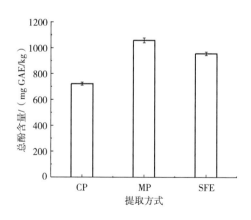

图6-10　不同提取方式制得南瓜籽油总酚含量的比较

由图6-10可见，不同提取方式对南瓜籽油的总酚含量有显著影响（$p<0.05$）。CP、MP和SFE制取南瓜籽油的总酚含量分别为，722.24mg GAE/kg、1058.70mg GAE/kg、956.95mg GAE/kg。MP南瓜籽油的总酚含量最高，CP南瓜

籽油的总酚含量远小于 MP 南瓜籽油和 SFE 南瓜籽油，MP 南瓜籽油的总酚含量分别是 CP 南瓜籽油和 SFE 南瓜籽油的 1.47 倍和 1.11 倍。MP 南瓜籽油的总酚含量高可能是因为烘焙、微波处理和蒸炒等热处理会破坏多酚与纤维素、果胶、糖的键合，使多酚溶出，提高油脂中的总酚含量。

（3）南瓜籽油植物甾醇含量的比较　植物甾醇是一种天然的活性物质，它不仅能降低血清胆固醇，还具有消炎退热、美容、抗氧化和抗肿瘤等独特的生理活性功能，植物甾醇广泛应用在食品保健、医药及化工等领域。采用 CP、MP、SFE 3 种方法制取南瓜籽油，对制得的南瓜籽油的甾醇种类及含量进行比较，见表 6-8。

表 6-8　　　　　不同提取方式制得南瓜籽油甾醇种类及含量的比较　单位：mg/100g

提取方式	Δ7-芸薹甾烯醇	β-谷甾醇	Δ5，24-豆甾二烯醇	Δ7-豆甾烯醇	Δ7-燕麦甾烯醇	总甾醇
CP	18.40±0.10[b]	86.48±1.24[c]	45.04±0.61[c]	9.67±0.18[c]	37.55±1.04[c]	197.13±1.14[c]
MP	22.48±0.27[a]	105.92±2.16[a]	59.27±0.57[a]	11.77±0.39[b]	47.42±1.53[a]	254.51±3.45[a]
SFE	11.79±0.12[c]	99.82±1.05[b]	56.87±1.32[b]	27.70±0.77[a]	42.35±0.86[b]	238.54±1.36[b]

由表 6-8 可知，MP 南瓜籽油的总甾醇含量最大，分别是 CP 南瓜籽油和 SFE 南瓜籽油的 1.29 倍和 1.07 倍。不同提取方式制得的南瓜籽油中的植物甾醇以 β-谷甾醇、Δ5,24-豆甾二烯醇和 Δ7-燕麦甾烯醇为主，且呈现 β-谷甾醇＞Δ5,24-豆甾二烯醇≥Δ7-燕麦甾烯醇的规律，不同提取方式制得的南瓜籽油中植物甾醇种类一致，均含有 Δ7-芸薹甾烯醇、β-谷甾醇、Δ5,24-豆甾二烯醇、Δ7-豆甾烯醇和 Δ7-燕麦甾烯醇，其中 β-谷甾醇所占比例最大，分别占总含量的43.87%、41.62%和41.85%。

由表 6-8 可知，不同提取方式对南瓜籽油中植物甾醇种类影响不大，但对其含量具有显著影响（$p<0.05$）。MP 南瓜籽油的总甾醇含量高可能是因为适当的热处理能促进甾醇的溶出。

（4）南瓜籽油生育酚含量的比较　生育酚是一种天然抗氧化剂，能有效地保护生物膜结构，生育酚的组成和含量是评价植物油品质的重要指标，同时生育酚也对植物油脂的氧化稳定性有重要作用。采用 CP、MP、SFE 3 种方法制取南瓜籽油，对制得的南瓜籽油的生育酚组成及含量进行比较，见表 6-9。

表 6-9　　　　不同提取方式制得南瓜籽油生育酚组成及含量的比较　单位：mg/100g

提取方式	α-生育酚	γ-生育酚	δ-生育酚	总生育酚
CP	1.25±0.13[c]	43.97±1.45[c]	4.21±0.39[a]	49.43±1.17[c]

续表

提取方式	α-生育酚	γ-生育酚	δ-生育酚	总生育酚
MP	1.97 ± 0.24^b	50.83 ± 0.87^b	3.52 ± 0.28^b	56.32 ± 0.93^b
SFE	2.69 ± 0.21^a	57.51 ± 2.16^a	4.56 ± 0.45^a	64.76 ± 1.54^a

由表6-9可知，SFE南瓜籽油的总生育酚含量最高，分别是CP南瓜籽油和MP南瓜籽油的1.31倍和1.15倍。总生育酚中γ-生育酚占比最大，分别占CP、MP、SFE南瓜籽油总生育酚含量的88.95%、90.25%和88.80%，虽然不同提取工艺对南瓜籽油中总生育酚含量具有显著影响（$p<0.05$），但γ-生育酚的占比没有太大差异，γ-生育酚是南瓜籽油生育酚的重要成分，而且γ-生育酚具有比α-生育酚和β-生育酚更高的活性。MP南瓜籽油的总生育酚含量较CP高可能有两个原因，一是因为热处理能促使油料的细胞壁破坏，使生育酚更容易被提取出来，二是油脂中的γ-生育酚与蛋白质或者磷脂相连，而热加工能使这些化学键被破坏，使γ-生育酚脱离出来，不仅提高了总生育酚的含量，也提高了γ-生育酚的占比。

（5）南瓜籽油角鲨烯含量的比较　角鲨烯又称鲨烯、三十碳六烯、鲨萜等，角鲨烯是一种高不饱和的天然三萜烯类化合物。采用CP、MP、SFE 3种方法制取南瓜籽油，对制得的南瓜籽油的角鲨烯含量进行比较，结果如图6-11所示。

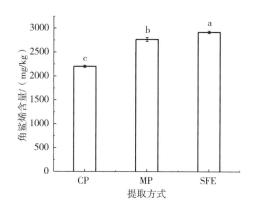

图6-11　不同提取方式制得南瓜籽油角鲨烯含量的比较

由图6-11可见，不同提取方式对南瓜籽油的角鲨烯含量有显著影响（$p<0.05$）。CP、MP和SFE制取南瓜籽油的角鲨烯含量分别为2201.9mg/kg、2766.3mg/kg、2918.2mg/kg。SFE南瓜籽油的角鲨烯含量最高，CP南瓜籽油的角鲨烯含量远低于MP南瓜籽油和SFE南瓜籽油，SFE南瓜籽油的角鲨烯含量分别是CP南瓜籽油和MP南瓜籽油的1.33倍和1.05倍。SFE南瓜籽油的角鲨烯

含量高可能是因为在一定条件下超临界流体对角鲨烯有选择性萃取的作用。

4. 南瓜籽油氧化稳定性和自由基清除能力

（1）南瓜籽氧化稳定性的比较　油脂的自动氧化包括3个阶段：引发期、增殖期和终止期，这3个阶段并非孤立，而是相互包含。高温、氧气和水分会使甘油三酯发生一系列反应如水解、异构和聚合等。将油脂样品置于高温条件下持续通入氧气，将氧化产生的挥发性物质通过空气导入去离子水中，通过持续监测去离子水的电导率，检测氧化曲线的拐点，即为氧化诱导时间，可反映油脂的氧化稳定性。采用 CP、MP、SFE 3 种方法制取南瓜籽油，将制得的南瓜籽油在 Rancimat 仪中以温度 120℃，空气流量 20L/min 为加速氧化条件比较其氧化诱导时间，结果如图 6-12 所示。

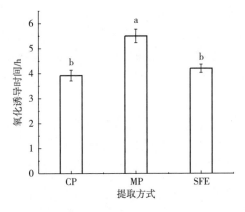

图 6-12　不同提取方式对南瓜籽油氧化诱导时间的影响

由图 6-12 可见，MP 南瓜籽油的氧化诱导时间最长，为 5.50h，显著长于（$p < 0.05$）CP 南瓜籽油和 SFE 南瓜籽油，而 CP 南瓜籽油和 SFE 南瓜籽油的氧化诱导时间没有显著性差异（$p > 0.05$）。MP 南瓜籽油的氧化稳定性比较突出，可能是因为微波预处理有利于促进油料中具有抗氧化能力的活性成分溶出，从而可以提高南瓜籽油的氧化稳定性；超临界南瓜籽油的氧化稳定性与冷榨南瓜籽相比没有显著差异，可能是因为油脂的氧化速度与脂肪酸的不饱和程度有关，且亚油酸的氧化速度是油酸的 10 倍，在本文研究中，SFE 南瓜籽油具有更高的亚油酸含量和不饱和脂肪酸含量，虽然 SFE 南瓜籽油的油脂伴随物与 CP 南瓜籽油相比有一定优势，但综合脂肪酸饱和程度显示 SFE 南瓜籽油的氧化稳定性不比 CP 南瓜籽油有显著性的优势。

（2）南瓜籽油自由基清除能力的比较　采用 CP、MP、SFE 3 种方法制取南瓜籽油，测定制得的南瓜籽油的自由基清除能力，测定结果用水溶性维生素 E（Trolox）为标准计算南瓜籽油抗氧化当量表示，结果见表 6-10。

表 6-10　　　　　不同提取方式制得南瓜籽油自由基清除率的比较

提取方式	DPPH （μmol Trolox/100g）			ABTS （μmol Trolox/100g）			FRAP （μmol Trolox/100g）
	极性组分	非极性组分	全油	极性组分	非极性组分	全油	
CP	74.35± 3.27[c]	126.23± 3.67[c]	220.49± 5.64[c]	133.94± 3.64[c]	302.76± 4.14[c]	440.14± 7.95[c]	127.17± 4.14[c]
MP	97.66± 4.54[a]	161.43± 5.31[b]	295.31± 4.94[a]	226.78± 5.37[a]	401.2± 8.34[b]	723.23± 13.47[a]	203.39± 4.63[a]
SFE	89.54± 2.83[b]	189.71± 4.15[a]	271.26± 6.29[b]	197.63± 2.03[b]	483.14± 7.63[a]	653.6± 10.63[b]	178.74± 5.75[b]

由表 6-10 可知，不同提取方式对制得的南瓜籽油的自由基清除率均有显著性影响（$p<0.05$）；南瓜籽油的极性组分与非极性组分均有自由基清除能力，但是南瓜籽油全油的自由基清除能力不是简单的极性组分与非极性组分的加和，具体而言，全油的自由基清除能力比极性组分和非极性组分自由基清除能力的和略高，这可能是因为测定自由基所采用的溶剂抑制了某些油脂伴随物的活性，降低了其抗氧化作用，导致抗氧化剂动力学参数下降。

在测定南瓜籽油极性组分的自由基清除能力时，实验结果显示，按 DPPH、ABTS 和 FRAP 自由基清除能力将工艺进行排序，结果均是：MP>SFE>CP；在测定南瓜籽油非极性组分的自由基清除能力时，按 DPPH 和 ABTS 自由基清除能力将工艺进行排序，结果均是：SFE>MP>CP；在测定南瓜籽全油的自由基清除能力时，按 DPPH 和 ABTS 自由基清除能力将工艺进行排序，结果均是：MP>SFE>CP。导致该结果的原因可能是不同提取方式对南瓜籽中极性伴随物和非极性伴随物的提取能力不同，导致不同工艺南瓜籽油中油脂伴随物的差异，从而导致了极性伴随物与非极性伴随物的自由基清除能力大小的趋势不一致。根据如上自由基清除率的结果结合图 6-12 中氧化稳定性的结果，可以基本判定 MP 南瓜籽油具有良好的抗氧化能力，而 CP 南瓜籽油的抗氧化能力最差。

（3）油脂伴随物与氧化稳定性和自由基清除率的相关性分析　采用 CP、MP、SFE 3 种方法制取南瓜籽油，对不同南瓜籽油的油脂伴随物与氧化稳定性和自由基清除率进行 Pearson 双变量相关性分析，结果见表 6-11。

表 6-11　南瓜籽油油脂伴随物与氧化稳定性和自由基清除率的相关性分析

油脂伴随物	氧化诱导时间	DPPH 极性组分	DPPH 非极性组分	DPPH 全油	ABTS 极性组分	ABTS 非极性组分	ABTS 全油	FRAP
总酚	0.614	0.921**	0.435	0.824**	0.956**	0.424	0.810**	0.769*

续表

油脂伴随物	氧化诱导时间	DPPH 极性组分	DPPH 非极性组分	DPPH 全油	ABTS 极性组分	ABTS 非极性组分	ABTS 全油	FRAP
Δ7-芸薹甾烯醇	0.474	0.213	-0.562	0.183	0.175	-0.570	0.152	0.186
β-谷甾醇	0.603	0.376	0.906**	0.401	0.445	0.886**	0.491	0.365
Δ5,24-豆甾二烯醇	0.162	0.378	0.417	0.349	0.306	0.368	0.270	0.450
Δ7-豆甾烯醇	-0.113	0.286	0.483	0.260	0.313	0.442	0.272	0.303
Δ7-燕麦甾烯醇	0.530	0.081	0.209	0.055	0.049	0.151	0.074	0.977
总甾醇	0.621	0.517	0.843**	0.579	0.527	0.836**	0.636	0.545
α-生育酚	0.166	0.242	0.687*	0.265	0.271	0.658*	0.324	0.263
γ-生育酚	0.174	0.648	0.868**	0.670	0.676	0.828**	0.729	0.669
δ-生育酚	-0.376	-0.511	0.271	-0.485	-0.478	0.280	-0.412	-0.487
总生育酚	0.108	0.596	0.953**	0.620	0.626	0.974**	0.582	0.618
角鲨烯	0.269	0.451	0.567	0.466	0.570	0.564	0.604	0.565

注：*表示显著相关（$p<0.05$），**表示极显著相关（$p<0.01$）。

由表6-11可知，氧化诱导时间与各油脂伴随物的相关性较低，可能是因为油脂的氧化稳定性不仅与油脂伴随物的含量有关，也与油脂的脂肪酸组成有关，油脂的氧化稳定性受油脂伴随物含量以及油脂的脂肪酸组成的综合效应影响。

总酚含量与FRAP还原能力之间存在显著相关（$p<0.05$），相关系数为0.739，总酚含量与DPPH、ABTS法测得的南瓜籽油的极性组分和全油的自由基清除率之间均存在极显著的相关性（$p<0.01$）。如上分析结果说明，在油脂氧化的过程中，可能是酚类物质在极性组分和全油中发挥主要抗氧化作用。郭刚军等的研究表明不同压榨方式的澳洲坚果油的总酚含量与其羟基自由基清除能力、超氧阴离子自由基清除能力、ABTS清除能力、还原力均存在极显著的相关性（$p<0.01$）。

α-生育酚与DPPH、ABTS法测得的南瓜籽油的非极性组分自由基清除率之间存在显著相关（$p<0.05$），β-谷甾醇、总甾醇、γ-生育酚、总生育酚与DPPH、ABTS法测得的南瓜籽油的非极性组分自由基清除率之间均存在极显著的相关性（$p<0.01$）。如上分析结果表明，如上油脂伴随物在非极性组分的自由基清除能力上发挥了重要作用。在南瓜籽油中，β-谷甾醇等物质也发挥了一定的抗氧化作用。

四、结论

（1）SFE 出油率最高（达 74.9%），其次是 MP，CP 最低。SFE 南瓜籽油呈浅黄色，其水分及挥发物含量、过氧化值和碘值最高，分别为 1.05%、2.11mmol/kg、133.21mg I_2/g；MP 南瓜籽油的酸价最高为 0.90mg（KOH）/g。CP 南瓜籽油和 MP 南瓜籽油的脂肪酸差异不大，SFE 南瓜籽油的亚油酸含量具有优势，为 40.13%。

（2）MP 南瓜籽油的总酚含量和总甾醇含量最高，分别为 1058.7mg GAE/kg 和 254.51mg/100g，SFE 南瓜籽油的总生育酚和角鲨烯含量最高，分别为 64.76mg/100g 和 2918.2mg/kg。从南瓜籽油中鉴别出 5 种甾醇，分别为 Δ7-芸薹甾烯醇、β-谷甾醇、Δ5,24-豆甾二烯醇、Δ7-豆甾烯醇和 Δ7-燕麦甾烯醇，其中以谷甾醇、Δ5,24-豆甾二烯醇和 Δ7-燕麦甾烯醇为主，不同制取方式甾醇含量相差较大，说明制取工艺对南瓜籽油甾醇含量有影响；南瓜籽油中，γ-生育酚占比最大，占南瓜籽总生育酚含量的 88% 以上。

（3）不同工艺制得的南瓜籽油的氧化稳定性和体外抗氧化能力有显著差异，MP 南瓜籽油具有良好的氧化稳定性，氧化诱导时间为 5.5h；极性组分和全油的自由基清除能力均是 MP 南瓜籽油更具优势，非极性组分的自由基清除能力则是 SFE 南瓜籽油更具有优势。

（4）由 Pearson 双变量相关性分析可知，总酚与极性组分和全油自由基清除能力有极显著相关性（$p<0.01$），α-生育酚与非极分组分有显著相关性（$p<0.05$），β-谷甾醇、总甾醇、γ-生育酚、总生育酚与非极性组分有极显著相关性（$p<0.01$）。总酚在南瓜籽油自由基清除能力中发挥了重要作用，α-生育酚、β-谷甾醇等油脂伴随物也发挥了一定的抗氧化作用。

第三节 加工方式对南瓜籽油贮藏稳定性的影响

南瓜籽油中富含不饱和脂肪酸，在贮藏过程中，易受外界条件的影响发生氧化劣变而产生哈喇味，生物活性物质被破坏，降低其营养品质，甚至危害人体健康，因此有必要对其贮藏稳定性进行研究。由于室温条件下油脂自动氧化速度较慢，故为衡量油脂的氧化稳定性，可通过改变贮藏环境加速油脂氧化的手段实现。升温常用作促进油脂加速氧化的手段，当环境温度在 60℃ 左右时，油脂主要发生非催化氧化，此时氢过氧化物损失最少，副反应也较少发生，因此是研究非催化氧化的最佳温度。

本节将 CP、MP 和 SFE 3 种工艺制得的南瓜籽油在室温避光条件下贮藏 90d，再利用 Schaal 烘箱法加速氧化 28d，分别测定其在贮藏期间酸价、过氧化值、p-

茴香胺值、油脂伴随物含量和自由基清除能力的变化，探究南瓜籽油贮藏期间的品质变化及氧化稳定性，并通过相关性分析初步探究影响南瓜籽油贮藏过程中抗氧化活性的主要油脂伴随物，为研究南瓜籽油产品在贮藏期间的质量品质提供参考。

一、仪器、试剂及材料

仪器、试剂和材料同本章第二节。

二、生产工艺

1. 酸价

参照 GB 5009.229—2016《食品安全国家标准　食品中酸价的测定》。

2. 过氧化值

参照 GB 5009.227—2023《食品安全国家标准　食品中过氧化值的测定》。

3. p-茴香胺值

参照 GB/T 24303—2009《粮油检验　小麦粉蛋糕烘焙品质试验　海绵蛋糕法》。

4. 总酚含量的测定

同本章第一节总酚总量测定。

5. 总甾醇含量的测定

同本章第一节甾醇含量的测定。

6. 总生育酚含量的测定

同本章第一节生育酚含量的测定。

7. 角鲨烯含量的测定

同本章第二节角鲨烯含量的测定。

8. 自由基清除能力测定

同本章第一节自由基清除能力测定。

9. 贮藏方式

（1）常温贮藏　将 3 种工艺制得的南瓜籽油分别取 150mL，按 30mL/瓶，放入 100mL 的棕色蓝盖瓶中，在室温下进行避光保存 90d，分别在贮藏 0，15，30，60，90d 时取出测定指标。

（2）加速氧化　采用 Schaal 烘箱法进行加速氧化实验，将 3 种工艺制得的南瓜籽油分别取 180mL，按 30mL/瓶，放入 100mL 的棕色蓝盖瓶中，在（63±1）℃烘箱中避光保存 28d，分别在贮藏 0，3，7，14，21，28d 时取出测定指标。

三、加工方式对南瓜籽油贮藏稳定性的影响

1. 南瓜籽油常温贮藏的研究

（1）常温贮藏对南瓜籽油理化性质的影响　油脂氧化的初期，过氧化值是评价油脂自动氧化程度的重要指标，但当油脂的氧化程度加剧时，部分初级氧化产物会分解为次级氧化产物导致过氧化值降低，可通过 p-茴香胺值反映油脂次级氧化产物含量。油脂的酸败值，即酸价，在油脂中酸价可以作为油脂水解程度的指标。所以对南瓜籽油的酸价、过氧化值和 p-茴香胺值同时测定，以便更好地反映南瓜籽油在常温贮藏中的氧化程度变化情况。将 CP、MP、SFE 制取的南瓜籽油在常温下避光贮藏 90d，测定其酸价、过氧化值和 p-茴香胺值的变化，结果如图 6-13 所示。

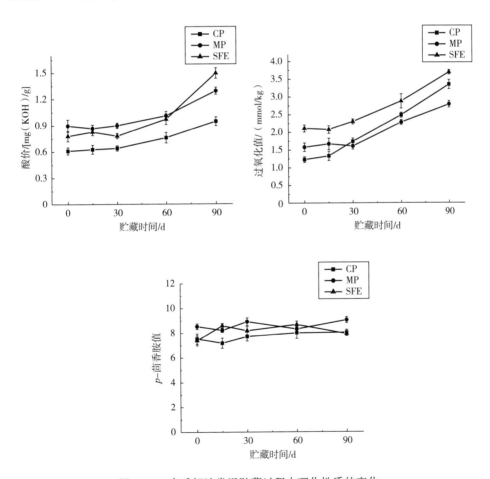

图 6-13　南瓜籽油常温贮藏过程中理化性质的变化

由图6-13可知，随着常温贮藏时间的增加，南瓜籽油的酸价和过氧化值均逐渐增大，p-茴香胺值呈波动变化，无明显的上升趋势。

南瓜籽油的酸价先缓慢上升，当常温贮藏时间达到30d后，南瓜籽油的酸价上升速度增加。这可能是因为南瓜籽油中的α-生育酚导致的，在氧化初期，α-生育酚能较好发挥自身的抗氧化作用，但是随着氧化程度的加深，α-生育酚会逐渐转变成使自由基反应过快的促氧化剂，从而导致酸价上升速度增加。有研究表明，低剂量的生育酚具有抗氧化活性，但高剂量的生育酚反而会促进油脂氧化，尤其是α-生育酚；在常温贮藏90d后，CP、MP和SFE制备的南瓜籽油酸价分别为0.95mg（KOH）/g、1.29mg（KOH）/g和1.49mg（KOH）/g，比贮藏前增加了0.34mg（KOH）/g、0.39mg（KOH）/g和0.71mg（KOH）/g，分别提高了55.74%、43.33%和91.03%。经常温贮藏90d后的3种工艺制得的南瓜籽油的酸价均满足国家标准对植物原油酸价的要求〔<4mg（KOH）/g〕，说明南瓜籽油具有不错的氧化稳定性。SFE南瓜籽油酸价变化大可能是较高的水分含量（1.05%）所致，过多的水分会导致水解型分解，即水分促进甘油三酯酶解为甘油和脂肪酸，从而导致酸价的上升。

在贮藏初期，南瓜籽油的过氧化值变化不大，当常温贮藏时间达到30d后，南瓜籽油的过氧化值上升速度变快，几乎呈线性增加。这可能是因为贮藏初期，南瓜籽油还处于自动氧化的引发阶段，过氧化值变化不大。在常温贮藏90d后，CP、MP和SFE制备的南瓜籽油过氧化值分别为3.34mmol/kg、2.79mmol/kg和3.69mmol/kg，比贮藏前增加了2.11mmol/kg、1.21mmol/kg和1.58mmol/kg，分别提高了171.54%、76.58%和74.88%。经常温贮藏90d后的3种工艺制得的南瓜籽油的过氧化值均满足国家标准对植物油过氧化值的要求（7.5mmol/kg）。CP南瓜籽油的过氧化值上升更大，可能是因为MP南瓜籽油和SFE南瓜籽油中拥有更多具有抗氧化活性的油脂伴随物，这些伴随物可以通过提供氢原子或者电子的方式阻断自由基链反应，延缓氧化速度，防止促进氧化的小分子物质进一步降解；在贮藏期间，南瓜籽油p-茴香胺值呈波动变化，没有明显的增加，这可能是因为在常温贮藏90d的过程中，南瓜籽油还处在油脂氧化的初期，主要是油脂中初级氧化产物的积累，较少生成次级氧化产物。

（2）常温贮藏对南瓜籽油中油脂伴随物的影响　测定3种工艺制得的南瓜籽油中不饱和脂肪酸含量高（72.51%～75.78%），主要含油酸（34.38%～35.65%）和亚油酸（38.13%～40.13%），亚油酸的氧化速度是油酸的10倍，而油酸的氧化速度是饱和脂肪酸的100倍，仅从脂肪酸的角度看，南瓜籽油应该极易氧化酸败，但事实确并非如此，根据本章第二节的试验结果推测，可能是因为南瓜籽油中富含多酚、甾醇、生育酚和角鲨烯等具有抗氧化活性的油脂伴随物，对南瓜籽油的氧化稳定性有积极影响。因此，将CP、MP、SFE制取的南瓜籽油在常温下避光贮藏90d，测定其中总酚、总甾醇、总生育酚和角鲨烯含量的变化，结果如图6-14所示。

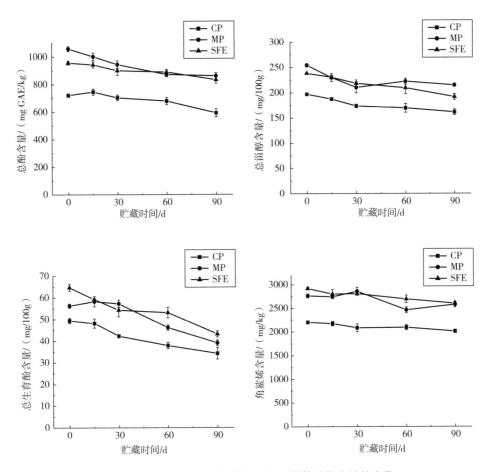

图6-14　南瓜籽油常温贮藏过程中油脂伴随物含量的变化

由图6-14可见，随着常温贮藏时间的增加，南瓜籽油中的总酚、总甾醇、总生育酚和角鲨烯的含量都呈下降趋势。南瓜籽油的总酚含量减少了123.45~196.54mg GAE/kg，降低了12.90%~17.86%；总甾醇含量减少了35.81~46.78mg/100g，降低了15.57%~19.61%；总生育酚含量减少了15.21~20.20mg/100g，降低了27.19%~34.10%；角鲨烯含量减少了187.77~314.77mg/kg，降低了6.79%~10.78%。酚类物质、植物甾醇、生育酚和角鲨烯都是天然抗氧化成分，均具有不同程度抗氧化活性。在常温贮藏过程中，南瓜籽油中的如上4种油脂伴随物含量均随贮藏时间的增加逐渐减少，但是减少幅度不大，这说明这些油脂伴随物参与了油脂的自动氧化反应，可能是因为常温贮藏90d南瓜籽油的氧化程度不深，所以油脂伴随物含量损失不大。

（3）常温贮藏对南瓜籽油自由基清除能力的影响　自由基引发的氧化是食用油氧化的主要原因之一，DPPH 自由基清除法和 ABTS 自由基清除法是常用的自由基清除能力的评价手段。将 CP、MP、SFE 制取的南瓜籽油在常温下避光贮藏 90d，测定其 DPPH 和 ABTS 自由基清除能力的变化，结果如图 6-15 所示。

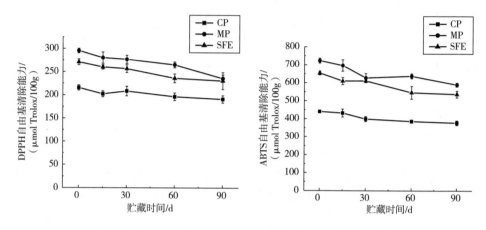

图 6-15　南瓜籽油常温贮藏过程中自由基清除能力的变化

由图 6-15 可见，在常温贮藏过程中，随着常温贮藏时间的增加，南瓜籽油的 DPPH、ABTS 自由基清除能力都呈下降趋势。南瓜籽油 DPPH 自由基清除能力减少了 24.37~59.69μmol Trolox/100g，降低了 11.31%~20.21%；ABTS 自由基清除能力减少了 62.40~133.75μmol Trolox/100g，降低了 14.18%~18.49%。贮藏过程中油脂伴随物的损失导致了南瓜籽油全油的自由基清除能力下降，但下降幅度不大，结合常温贮藏 90d 南瓜籽油的理化性质和油脂伴随物含量的变化，可以看出常温贮藏 90d 内，南瓜籽油的氧化酸败情况较好，具有良好的贮藏特性。

2. 南瓜籽油加速氧化的研究

（1）加速氧化对南瓜籽油酸价的影响　酸价指的是油脂中游离脂肪酸的含量，该指标表征油脂的酸败情况，在油脂的贮藏过程中，甘油三酯发生水解或热裂解会导致游离脂肪酸的增加，此外，如果油脂氧化变质程度严重，油脂发生氧化反应生成的氢过氧化物会进一步分解，生成大量小分子的醛、酮和酸等物质，其中酸类物质会导致酸价的上升，同时会破坏油脂中的脂溶性物质，生产不良气味，降低油脂营养价值，危害摄入者健康。因此酸价可以作为评价油脂的标准，一定程度上反映油脂品质优劣。

采用 Schaal 烘箱法，将 CP、MP、SFE 制取的南瓜籽油在（63±1）℃下避光贮藏 28d，测定其酸价变化，结果如图 6-16 所示。

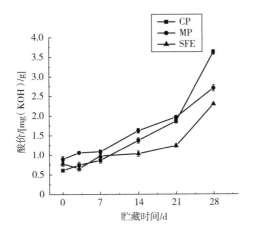

图6-16　南瓜籽油加速氧化过程中酸价的变化

由图6-16可见，在加速氧化过程中，3种工艺南瓜籽油的酸价总体呈上升趋势，加速氧化贮藏21d之内，南瓜籽油的酸价上升比较平缓，当加速氧化时间超过21d，南瓜籽油酸价的上升速度有明显加快。加速氧化28d后，3种工艺南瓜籽油的酸价分别达到了3.62mg(KOH)/g、2.70mg(KOH)/g和2.29mg(KOH)/g，依然满足国家标准对植物油原油的要求，说明南瓜籽油具有较好的贮藏性能。加速氧化过程中CP南瓜籽油酸价的增幅最大，这可能是因为CP南瓜籽油中油脂伴随物较少，氧化稳定性较差。

（2）加速氧化对南瓜籽油过氧化值和p-茴香胺值的影响　过氧化值主要表征油脂中过氧化物和氢过氧化物的含量，在油脂氧化的初期，甘油三酯被降解，同时脂肪酸中的不饱和链断开，产生氢过氧化物，使过氧化值升高。p-茴香胺值主要表征油脂中醛、酮、醚等次级氧化产物的含量，油脂的初级氧化产物由于不稳定会分解成小分子的醛、酮等羰基化合物，从而导致p-茴香胺值的升高，若初级氧化产物分解较生成快，则油脂的过氧化值会降低。因此，同时讨论过氧化值与p-茴香胺值来综合评价在加速氧化过程中南瓜籽油的氧化程度。采用Schaal烘箱法，将CP、MP、SFE制取的南瓜籽油在（63±1）℃下避光贮藏28d，测定其过氧化值和p-茴香胺值的变化，结果如图6-17所示。

由图6-17可见，随着加速氧化的时间增加，南瓜籽的过氧化值和p-茴香胺值均呈上升趋势，这说明南瓜籽油的氧化程度在逐渐加深；加速氧化的前21d，MP南瓜籽油和SFE南瓜籽油的过氧化值和p-茴香胺值增加速度较为恒定，之后过氧化值与p-茴香胺值迅速上升，这可能是因为21d前，处于氧化阶段初期，南瓜籽油氧化速度不快，但21d后，南瓜籽油自动氧化阶段以增殖期为主导，导致南瓜籽油氧化速度加快，过氧化值与p-茴香胺值迅速上升；当CP南瓜籽油加

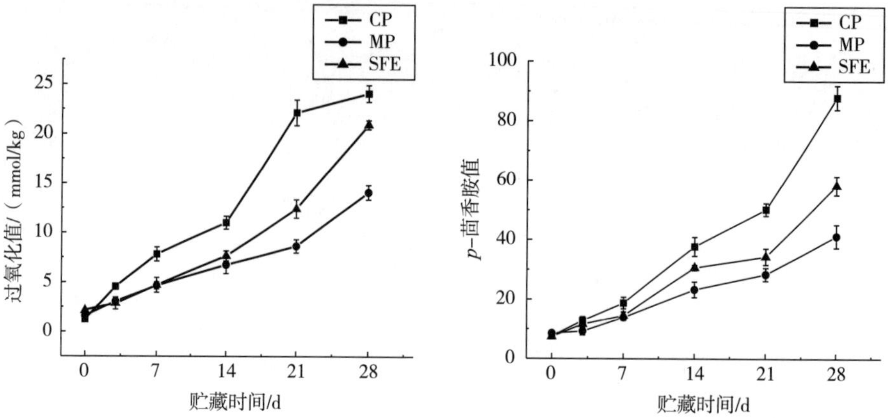

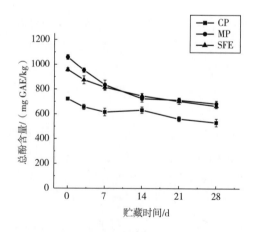

图 6-17　南瓜籽油加速氧化过程中过氧化值和 p-茴香胺值的变化

速氧化时间超过 21d 时，过氧化值增加速度下降，且 p-茴香胺值增加速度大幅度上升，这可能是因为 CP 南瓜籽油中所含的油脂伴随物含量较少，其抗氧化能力较差，氧化速度较快，在加速贮藏 21d 后，CP 南瓜籽油中过氧化物的分解速度逐渐加快，次级氧化产物开始大量积累，导致该情况的发生。

（3）加速氧化对南瓜籽油总酚含量的影响　总酚是具备生理活性功能的天然化合物，具有良好的抗氧化活性和自由基清除率。其抗氧化活性主要与其酚羟基结构有关。在油脂的贮藏期间，酚类物质通过提供氢原子和电子给过氧自由基的方式，使之成为比较稳定的过氧化脂质，来提升油脂的氧化稳定性。同时根据第四章实验结果推测，总酚对南瓜籽油的氧化稳定性有突出作用，因此对贮藏过程中南瓜籽油的总酚含量进行测定。采用 Schaal 烘箱法，将 CP、MP、SFE 制取的南瓜籽油在 (63 ± 1)℃下避光贮藏 28d，测定其总酚含量的变化，结果如图 6-18 所示。

图 6-18　南瓜籽油加速氧化过程中总酚含量的变化

由图 6-18 可见，在加速氧化过程中，南瓜籽油中总酚含量总体呈下降趋势，在加速氧化 14d 之内，南瓜籽油总酚的损失速度较快，在加速氧化 14d 之后，总酚含量的下降速度逐渐降低，曲线变得平缓。加速氧化 28d 后，3 种工艺南瓜籽油的总酚含量分别减少了 189.59mg GAE/kg、373.94mg GAE/kg、291.04mg GAE/kg，分别下降了 26.25%、35.31%、30.41%，MP 和 SFE 南瓜籽油的总酚损失大，可能是因为其本身的总酚含量较高，导致其损失更大。在加速贮藏的前期，多酚类化合物争夺活性氧和清除自由基的能力更强，表现出较强的抗氧化性，所以损失也快，随着加速氧化的时间延长，总酚含量降低，油脂中含氧量降低，自由基被大量清除，所以总酚的消耗速度变慢。

（4）加速氧化对南瓜籽油总甾醇含量的影响　植物甾醇是植物中的天然活性物质，是植物体内构成细胞膜的成分之一，有研究发现植物甾醇也具有抗氧化作用。采用 Schaal 烘箱法，将 CP、MP、SFE 制取的南瓜籽油在(63±1)℃下避光贮藏 28d，测定其总甾醇含量的变化，结果如图 6-19 所示。

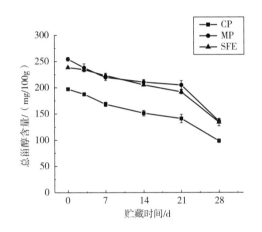

图 6-19　南瓜籽油加速氧化过程中总甾醇含量的变化

由图 6-19 可见，在加速氧化过程中，南瓜籽油中总甾醇含量总体呈下降趋势，在加速氧化 21d 之内，南瓜籽油总甾醇含量降低较平缓，在加速氧化 21d 之后，总甾醇含量的下降速度变快。加速氧化 28d 后，3 种工艺南瓜籽油的总甾醇含量分别减少了 88.61mg/100g、118.33mg/100g、104.35mg/100g，分别下降了 44.95%、46.49%、43.75%，南瓜籽油的总甾醇含量在加速氧化过程中均有损耗，而且 3 种工艺南瓜籽油甾醇减少的比例相差不大，可以证明甾醇确实参与了南瓜籽油的氧化反应，但是否在其中起到抗氧化作用还有待进一步研究。

（5）加速氧化对南瓜籽油总生育酚含量的影响　生育酚是植物油中重要的天然抗氧化成分，也是植物油生产中常用的外源性抗氧化剂。生育酚可以提供电子或者氢离子，清除原有的自由基，中断自由基的链反应，同时自身转化为相对稳定的自由基，所以可以在油脂的自动氧化中起到抗氧化的作用。

采用 Schaal 烘箱法，将 CP、MP、SFE 制取的南瓜籽油在（63±1）℃下避光贮藏 28d，测定其总生育酚含量的变化，结果如图 6-20 所示。

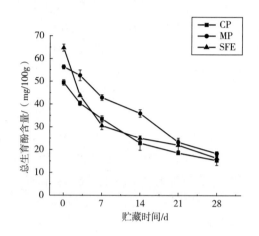

图 6-20　南瓜籽油加速氧化过程中总生育酚含量的变化

由图 6-20 可见，在加速氧化过程中，南瓜籽油中总生育酚含量总体呈下降趋势，损耗速度呈先快后慢的变化。加速氧化 28d 后，3 种工艺南瓜籽油的总生育酚含量分别减少了 34.09mg/100g、37.94mg/100g、48.43mg/100g，分别下降了 68.97%、67.37%、74.78%，在加速氧化过程中，不同工艺南瓜籽油的总生育酚含量均大幅度下降，在油脂氧化的过程中，天然抗氧化剂在逐渐消耗，从而延长油脂的货架期。这表明生育酚作为一种重要的抗氧化剂在南瓜籽油中发挥了重要的作用。

（6）加速氧化对南瓜籽油角鲨烯含量的影响　采用 Schaal 烘箱法，将 CP、MP、SFE 制取的南瓜籽油在（63±1）℃下避光贮藏 28d，测定其角鲨烯含量的变化，结果如图 6-21 所示。

由图 6-21 可见，在加速氧化过程中，南瓜籽油中角鲨烯含量总体呈下降趋势。加速氧化 28d 后，3 种工艺南瓜籽油的角鲨烯含量分别减少了 416.78mg/kg、669.40mg/kg、775.55mg/kg，分别下降了 18.93%、24.20%、26.58%，总体而言，加速氧化过程中南瓜籽油的角鲨烯损失不大，这可能有两方面原因：这可能是因为 α-生育酚通过抑制或延迟角鲨烯的降解，减少了贮藏过程中角鲨烯的降解；可能是因为角鲨烯结构系中心对称，呈盘旋状，结构稳定，本身具有良好的热稳定性。

（7）加速氧化对南瓜籽油自由基清除率的影响　采用 Schaal 烘箱法，将 CP、

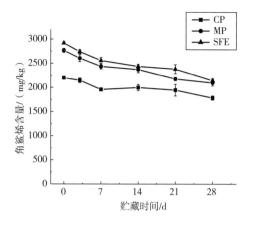

图 6-21　南瓜籽油加速氧化过程中角鲨烯含量的变化

MP、SFE 制取的南瓜籽油在（63±1）℃下避光贮藏 28d，测定其自由基清除率的变化，结果如图 6-22 所示。

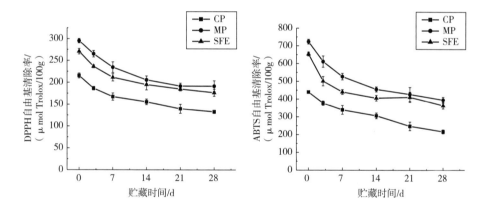

图 6-22　南瓜籽油加速氧化过程中自由基清除率的变化

由图 6-22 可见，在加速氧化过程中，3 种工艺南瓜籽油的自由基清除能力持续下降，下降速度均呈先快后缓的趋势。加速氧化贮藏 28d 后，3 种工艺南瓜籽油的 DPPH 自由基清除能力分别下降了 38.48%、35.16%、34.80%；3 种工艺南瓜籽油的 ABTS 自由基清除能力分别下降了 50.67%、45.33%、44.36%。南瓜籽油全油的自由基清除能力下降趋势一致，均有不同程度的降低。

南瓜籽油富含各种油脂伴随物，这使南瓜籽油本身具有一定的抗氧化能力，这种抗氧化能力反应在自由基清除能力上，随着加速氧化时间的增加，南瓜籽油油脂伴随物减少，南瓜籽油抗氧化能力减弱，从而导致了南瓜籽油自由基清除能力的降低。

（8）加速氧化下南瓜籽油油脂伴随物与自由基清除能力的 Pearson 双变量相关性分析　3 种不同工艺南瓜籽油在加速氧化过程中的总酚、总甾醇、总生育酚和角鲨烯等油脂伴随物与 DPPH、ABTS 自由基清除能力的相关性见表 6-12。

表 6-12　　　　　　　　　油脂伴随物与自由基清除能力的相关性

	总酚	总甾醇	总生育酚	角鲨烯
DPPH	0.881**	0.681*	0.768**	0.476
ABTS	0.876**	0.677*	0.746**	0.484

注：* 表示显著相关（$p<0.05$），** 表示极显著相关（$p<0.01$）。

由表 6-12 可见，南瓜籽油的总酚含量、总生育酚含量与其 DPPH、ABTS 自由基清除能力呈极显著相关（$p<0.01$），南瓜籽油的总甾醇含量与其 DPPH、ABTS 自由基清除能力呈显著相关（$p<0.05$）。这说明总酚和总甾醇是影响南瓜籽油自由基清除能力的主要物质，此外，总酚、总甾醇和总生育酚与自由基清除能力的相关性均达到了 0.6 以上，属于强相关，说明它们对南瓜籽油的自由基清除率均有积极作用，而角鲨烯不是抑制南瓜籽油氧化的主要成分。

由此可知，在加速氧化过程中，南瓜籽油中的多酚类和生育酚类物质的减少导致了南瓜籽油全油自由基清除能力的下降。南瓜籽油中含有的多酚类和生育酚类物质与南瓜籽油的抗氧化能力密切相关。

四、结论

（1）常温贮藏结果表明，在室温下贮藏 90d，南瓜籽油的酸价和过氧化值略有上升，p-茴香胺值变化不大，其总酚、总甾醇、总生育酚和角鲨烯含量有些下降但是消耗不大，其自由基清除能力稍有减弱，这说明常温贮藏下南瓜籽油的品质较稳定。

（2）Schaal 烘箱法加速氧化结果表明，随着贮藏时间的增加，南瓜籽油的酸价、过氧化值和 p-茴香胺值均逐渐增加；总酚、总生育酚、总甾醇、角鲨烯含量和南瓜籽自由基清除能力逐渐下降，说明高温能降低南瓜籽油的贮藏稳定性；在贮藏前期，总酚和总生育酚含量迅速下降，说明在贮藏初期总酚和生育酚起主要抗氧化作用。

（3）Pearson 双变量相关性分析可知，总酚含量、总生育酚含量与其 DPPH、ABTS 自由基清除能力呈极显著相关（$p<0.01$），南瓜籽油的总甾醇与其 DPPH、ABTS 自由基清除能力呈显著相关（$p<0.05$）。这说明它们对南瓜籽油的自由基清除率均有积极作用，而角鲨烯不是抑制南瓜籽油氧化的主要成分。

参考文献

[1] 王显，李海燕，张世忠. 南瓜功能性成分的研究及其发展 [J]. 天津农业科学，2010，16（5）：133-135.

[2] 孔爱明. 高油南瓜子筛选及籽油脂肪、氧化稳定性研究 [D]. 太原：山西大学，2009.

[3] 赵芳，李桂华，罗世龙. 葡萄籽油和亚麻籽油储藏期间氧化对功能性成分影响 [J]. 粮食与油脂，2011（5）：19-22.

[4] Procida G, Stancher B, Cateni F, et al. Chemical composition and functional characterisation of commercial pumpkin seed oil [J]. Journal of the Science of Food and Agriculture, 2013, 93 (5): 1035-1041.

[5] Murkovic M, Hillebrand A, Winkler J, et al. Variability of vitamin E content in pumpkin seeds (Cucurbita pepo L) [J]. Zeitschrift fur Lebensmittel-Untersuchung und Forschung, 1996, 202 (4): 275-278.

[6] Nyamk L, Tan C P, Lai O M, et al. Physicochemical properties and bioactive compounds of selected seed oils [J]. LWT-Food Science and Technology, 2009, 42 (8): 1396-1403.

[7] Dessi M A, Deiana M, Day B W, et al. Oxidative stability of polyunsaturated fatty acids: effct of squalene [J]. European Journal of Lipid Science and Technology, 2002, 104 (8): 506-512.

[8] Spanova M, Daum G. Squalene Squalene-biochemistry, molecular biology, process biotechnology, and applications [J]. European Journal of Lipid Science and Technology, 2011, 113 (11): 1299-1320.

[9] 杨学芳，张继光，吴万富，等. 南瓜籽油中角鲨烯含量及特征指标比较 [J]. 食品与发酵工业，2021，47（5）：217-223.

[10] Nederal S, Skevin D, Kraljic K, et al. Chemical composition and oxidative stability of roasted and cold pressed pumpkin seed oils [J]. Journal of the American Oil Chemists' Society, 2012, 89 (9): 1763-1770.

[11] Konopka L, Roszkowska B, Czaplicki S, et al. Optimization of pumpkin oil recovery by using aqueous enzymatic extraction and comparison of the quality of the obtained oil with the quality of cold-pressed oil [J]. Food technology and biotechnology, 2016, 54 (4): 413-420.

[12] Van H V, Sampaio K A, Felkner B, et al. Tocopherols and polyphenols in pumpkin seed oil are moderately affected by industrially relevant roasting conditions [J]. European journal of lipid science and technology, 2017, 119 (12): 1700110.

[13] Rezig L, Chouaibi M, Ojeda-amador R M, et al. Cucurbita maxima pumpkin seed oil: From the chemical properties to the different extracting techniques [J]. Notulae Botanicae Horti Agrob-

otanici Cluj-Napoca, 2018, 46（2）: 663-669.

　　[14] Can-cauich C A, Sauri-duch E, Moo-Huchin V M, et al. Effect of extraction method and specie on the content of bioactive compounds and antioxidant activity of pumpkin oil from Yucatan, Mexico [J]. Food chemistry, 2019, 285: 186-193.

　　[15] 葛林梅，郜海燕，穆宏磊，等．山核桃加工过程脂肪酸氧化及抗氧化能力变化研究 [J]．中国粮油学报，2014，29（1）：61-65+71.

第七章 南瓜籽油乳液制备技术

第一节 乳清分离蛋白-黄原胶稳定的南瓜籽油乳液研究

南瓜籽油易受空气、水和光照等环境因素的影响发生氧化反应，破坏其原有的营养成分，影响其食用品质。同时，南瓜籽油水溶性差，不易添加至食品基质中，而且直接饮用口感差、油腻感强等缺点限制了其作为功能性油脂的应用。水包油（O/W）型乳液是由两种不混溶的液体（通常是水相和油相）组成的分散体系。其中油相以液滴的形式分散在连续的水相中。

在食品工业中，O/W 型乳液可以将不饱和脂肪酸、维生素 E 等疏水活性成分包埋于油相的内部，从而提高被包埋物的稳定性，是递送必需脂肪酸和脂溶性营养成分的重要载体。开发南瓜籽油递送体系，对提高其氧化稳定性和扩大应用范围有重要意义。然而，O/W 型乳液是热力学不稳定体系，油-水界面的界面自由能较高，需要借助乳化剂降低界面张力来维持乳液稳定。

乳清分离蛋白（Whey protein isolate，WPI）是乳制品工业的副产物，其营养价值高，易消化吸收，具有良好的乳化性、胶凝性，对 O/W 型乳液有较好的稳定作用。但由单一蛋白形成的界面膜较薄，易受温度、pH、离子强度的影响，乳液稳定性有待提升。

黄原胶（Xanthan gum，XG）是一种天然的阴离子多糖，具有良好的稳定性、乳化性、增稠性。研究表明，黄原胶用于蛋白稳定的乳液，可以增加界面膜厚度，与过渡金属离子螯合，从而抑制脂质氧化。为了提高乳清分离蛋白制备的乳液稳定性，可以考虑将乳清分离蛋白与多糖进行复合使用。

一、仪器、试剂及材料仪器

仪器：紫外可见分光光度计（L5S，上海仪分）；马尔文激光粒度仪（Zetasizer Nano-ZS，英国马尔文）；激光粒度仪（Mastersizer 3000，英国马尔文）；高速分散器（XHF-D，宁波新芝）；激光扫描共聚焦显微镜（Olympus，日本奥林巴斯）；动态剪切流变仪（DHR-1，美国 TA）。

试剂：乳清分离蛋白：纯度96.88%，美国 Hilmar Ingredients；黄原胶，上海源叶；其他试剂均为分析纯。

材料：南瓜籽油，宝得瑞（湖北）健康产业有限公司。

二、生产工艺

1. 南瓜籽油 O/W 型乳液的制备

准确称取 2g 乳清分离蛋白溶于 100mL 超纯水中，于室温下搅拌 2h，待充分溶解后置于 4℃冰箱中水合 24h，然后将溶液 pH 调至中性，贮存于 4℃备用。预实验确定了 O/W 型乳液的油水体积比和黄原胶添加量的优化范围。

将乳清分离蛋白溶液与南瓜籽油以体积比 3∶7 混合，用分散器在 13000r/min 条件下剪切 3min，得到的乳液简称为 WPI-PSO。在 WPI-PSO 中加入黄原胶进行二次剪切，得到的乳液简称为 WPI-PSO-XG。先将一定量的乳清分离蛋白溶液与黄原胶混合，磁力搅拌使其混合均匀，再加入南瓜籽油，然后剪切制备的乳液简称为 WPI/XG-PSO。将一定量的南瓜籽油先与黄原胶溶液混合剪切，再加入一定量的乳清分离蛋白溶液进行二次剪切，制备的乳液简称为 XG-PSO-WPI。

2. 乳液粒径和 ζ-电位测定

对乳液进行粒径分析。参数设置：颗粒球形，吸收率 0.001，折射率 1.450；分散剂折射率 1.330，密度 0.945kg/m^3；激光遮光度 5%~15%。粒径的大小用体积四次矩平均径（$D_{4,3}$）表示。

对乳液进行 ζ-电位分析。在测量前，使用超纯水将乳液稀释适当倍数，过 0.45μm 滤膜过滤，以减小多重散射对数据造成的误差。

3. 乳液微观结构观测

使用激光扫描共聚焦显微镜对乳液微观结构进行观测。分别用 1mg/mL 异硫氰酸荧光素（FITC）和 1mg/mL 尼罗红对蛋白质和油脂进行染色。将 40μL 染料混合物添加到 1mL 乳液中对乳液进行染色，其间染料和乳液全程避光放置。将染色后的样品稀释适当倍数后，用 40 倍物镜观察。FITC 和尼罗红的激光激发波长分别为 488nm 和 633nm。

4. 乳液流变性质分析

（1）黏度测定　使用 DHR-1 型流变仪测定乳液的黏度。参数设置：平板夹具（pp-50 圆盘），平行板直径 40mm，温度（25±1）℃。剪切速率测试范围 0.1~100s^{-1}。

（2）乳液的动态频率扫描测定　取适量乳液于平行板上，对乳液的黏弹性在小振幅动态频率扫描模式下进行表征，扫描频率为 0.1~100rad/s，记录储能模量（G'）和耗能模量（G''）。实验过程中加盖密封圈以防止水分过度蒸发。

5. 乳液的盐离子稳定性测定

取一定量的 NaCl 配制成溶液备用，分别加入不同量的 NaCl 与乳液混合，使得乳液中 NaCl 最终浓度分别为 0，100，300，500mmol/L，静置 1h 后观察乳液外观的变化，并测定其粒径和 ζ-电位。

6. 乳液的热稳定性测定

将乳液分别置于室温、60℃ 以及 90℃ 下恒温水浴加热 1h，迅速冷却后观察乳液外观变化，并测定其粒径和 ζ-电位。

7. 乳液的贮藏稳定性测定

乳析指数（Creaming index，CI）可以反映乳液液滴的聚集程度及乳液稳定性。乳析指数越大，说明液滴聚集程度越大，乳液越不稳定；反之，乳析指数越小，乳液越稳定。分别取 15mL 新鲜乳液 WPI-PSO、WPI-PSO-XG、WPI/XG-PSO、XG-PSO-WPI 于不同具塞刻度试管中，分别置于 4℃ 和室温下进行 30d 贮藏实验，在 0，3，10，20，30d 时取样测定乳液的粒径，同时记录乳液总体积和乳析层体积。按式（7-1）计算乳析指数。

$$I_c = H_s / H_t \times 100\% \tag{7-1}$$

式中 I_c——乳析指数；

H_s——乳析相体积；

H_t——乳液总体积。

8. 乳液体系对南瓜籽油氧化稳定性的影响

将南瓜籽油及不同乳液置于 40℃ 恒温培养箱中贮藏 14d，使样品加速氧化，分别在第 0，3，7，10，14d 时取样，测定过氧化值（POV）和硫代巴比妥酸反应物（TBARS）值。

（1）过氧化值测定 分别取 0.3mL 样品与 1.5mL 异辛烷-异丙醇（体积比 3:1）溶液混合，将其涡旋 3 次以充分混合，然后在 2000g、4℃ 条件下离心 5min，取上层有机溶液 200μL 于 5mL 环氧树脂（EP）管中，加入 2.8mL 甲醇-正丁醇（体积比 2:1）溶液混合，再加入 15μL 3.94mol/L 硫氰酸铵和 15μL 亚铁溶液，在避光条件下反应 20min 后，于 510nm 处测定溶液的吸光度，再由氢过氧化枯烯制成的标准曲线计算样品的过氧化值。

（2）硫代巴比妥酸反应物（TBARS）值的测定 分别取 0.2mL 样品，加入 1.8mL 超纯水和 4.0mL 硫代巴比妥酸溶液，在沸水浴中加热 15min，冷却至室温，然后在 2000g、室温下离心 15min，经 0.45μm 滤膜过滤后，在 532nm 波长处测定吸光度，再由 1,1,3,3-四乙氧基丙烷制成的标准曲线计算 TBARS 值。

三、乳清分离蛋白-黄原胶稳定的南瓜籽油乳液的生产工艺优化

1. 黄原胶添加量对南瓜籽油乳液的影响

在黄原胶终质量浓度为 0，0.5，1，1.5，2，2.5，3，5mg/mL 条件下，以乳液 WPI-PSO 为例，考察黄原胶添加量对乳液粒径和 ζ-电位的影响，结果如图 7-1 所示。

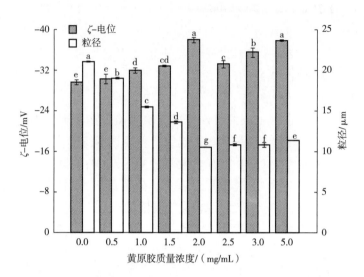

图 7-1　黄原胶添加量对乳液粒径和 ζ-电位的影响（$p<0.05$）

随着黄原胶添加量的增加，乳液粒径呈先减小后增大的趋势，当黄原胶质量浓度为 2mg/mL 时，乳液的粒径最小，为（10.53±0.06）μm，这是因为随着黄原胶添加量的增大，水相黏度持续增加而形成较大的界面厚度，在液滴周围形成保护层，降低了液滴间的碰撞、聚集频率，使乳液粒径减小；当黄原胶添加量继续增大时，粒径也随之增大，但增幅较小，这可能是因为过多的黄原胶导致乳液耗竭絮凝，但这种絮凝是可逆过程，絮凝程度弱，经高倍稀释后，在测量粒径时，絮体可能分解，所以粒径增加不是很显著。未加黄原胶时，ζ-电位绝对值最小，为（29.60±0.50）mV；添加黄原胶后，ζ-电位绝对值逐渐增大（$p < 0.05$），当黄原胶质量浓度为 2mg/mL 时，乳液的 ζ-电位绝对值最大，为（37.92±0.61）mV，表明黄原胶在该添加量下显著提高了乳液的稳定性；随着黄原胶添加量继续增大，ζ-电位绝对值呈先减小后增大的趋势，这可能是因为过多的黄原胶与乳清分离蛋白间热力学不相容，随聚合物浓度增加，分子间的静电斥力增大。综合上述指标的结果，确定黄原胶质量浓度为 2mg/mL 进行后续实验。

2. 不同乳液的粒径和 ζ-电位（表 7-1）

表 7-1　　　　　　　　　　不同乳液的粒径和 ζ-电位

乳液	粒径/μm	ζ-电位/mV
WPI-PSO	21.37±0.12[a]	-29.87±0.65[a]
WPI-PSO-XG	14.70±0.00[b]	-37.63±0.81[b]
WPI/XG-PSO	9.49±0.01[d]	-37.30±0.80[b]

续表

乳液	粒径/μm	ζ-电位/mV
XG-PSO-WPI	11.57 ± 0.12^{c}	-37.20 ± 0.53^{b}

注：同列不同小写字母表示差异显著（$p < 0.05$）

由表 7-1 可知：乳液 WPI-PSO 的粒径最大，为（21.37 ± 0.12）μm；加入黄原胶后，乳液的粒径减小，可能是黄原胶的加入提高了乳液中连续相的黏度，使乳清分离蛋白形成的界面膜增厚，空间位阻增大，从而抑制了液滴聚集，使粒径减小；黄原胶添加顺序对乳液粒径有显著影响，乳液 WPI/XG-PSO 的粒径最小，为（9.49 ± 0.01）μm，而乳液 WPI-PSO-XG 和乳液 XG-PSO-WPI 则显示出相对较大的粒径，这可能是因为乳液 WPI-PSO-XG 和乳液 XG-PSO-WPI 进行二次剪切时，小液滴聚合成大液滴引起的。中性条件下乳清分离蛋白和黄原胶均带负电荷，黄原胶的加入增大了乳液的净电荷数，使液滴之间的静电斥力增大，从而可有效地防止液滴聚集，增加乳液的稳定性。

由表 7-1 还可知，黄原胶不同添加顺序所稳定的乳液的 ζ-电位变化不显著，说明黄原胶添加顺序对 ζ-电位几乎无影响。

3. 不同乳液的微观结构（图 7-2）

由图 7-2 可见，红色油滴外表覆盖有一个黄色环层，这表明蛋白质颗粒被吸附在油水界面上，可阻止油滴聚集，同时也证实 4 种乳液均为 O/W 型。

由图 7-2（a）可见，乳液 WPI-PSO 的粒径较大，而且出现了液滴聚集现象，说明仅由乳清分离蛋白组成的界面膜较薄，斥力不足以抗衡液滴间的吸引力，而使液滴聚集合并，乳液稳定性差。由图 7-2（b）和图 7-2（d）可见，加入黄原胶后黄色荧光增强，这可能是因为黄原胶在水相中形成凝胶网络结构，抑制液滴聚集，为乳清分离蛋白提供了足够的时间吸附在油水界面上，因此黄原胶的加入显著改善了乳液的稳定性。由图 7-2（b~d）可以看出，添加黄原胶的乳液其粒径较乳液 WPI-PSO 显著减小，这与粒度仪所测结果一致。

4. 不同乳液的流变性质

流变性质是评价乳液稳定性的重要指标。首先通过应力扫描建立乳液的线性黏弹性区域，然后在该范围内通过流动和振荡两种模式研究乳液的流变性质。剪切速率对不同乳液黏度的影响如图 7-3 所示。

由图 7-3 可见，4 种乳液表现出剪切变稀行为，这可能是随着剪切速率增大抑制了布朗运动，使乳液流动阻力减小而导致的。乳液 WPI-PSO 的黏度最小，约为 3.14Pa·s，加入黄原胶后，乳液黏度显著增大，其中乳液 WPI-PSO-XG 的黏度最大，约为 135.00Pa·s，说明黄原胶的加入增大了连续相的黏度，增强了乳液的凝胶网络结构。不同乳液黏度大小顺序为 WPI-PSO-XG ＞ WPI/XG-

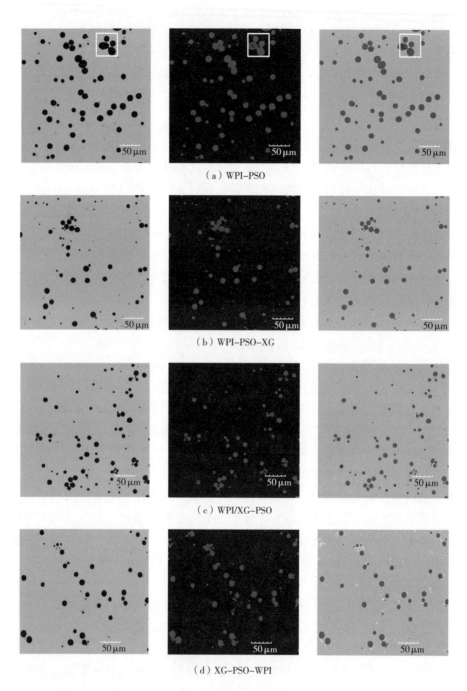

图 7-2　不同乳液的微观结构

PSO > XG-PSO-WPI > WPI-PSO。

振荡频率的影响如图 7-4 所示。

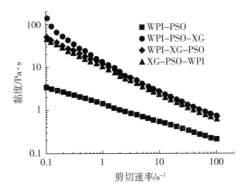

图 7-3　剪切速率对不同乳液黏度的影响

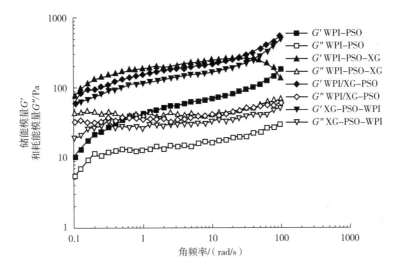

图 7-4　振荡频率对不同乳液储能模量（G'）和耗能模量（G''）的影响

　　由图 7-4 可见，在振荡频率范围内，4 种乳液的 G' 均大于 G''，说明乳液形成了弹性凝胶状结构。在振荡频率 ≤80rad/s 时，与乳液 WPI-PSO 相比，加入黄原胶的乳液，其 G' 和 G'' 均明显增大，表明黄原胶增强了乳液的凝胶化程度。在振荡频率 ≤25rad/s 时，WPI-PSO-XG 的 G' 和 G'' 比 WPI/XG-PSO 和 XG-PSO-WPI 的值更高，说明在小幅振荡频率范围内，乳液 WPI-PSO-XG 在一定外力作用下发生形变的可能性更小，形成的凝胶网络结构相对更强。

　　5. 不同乳液的盐离子稳定性

　　不同乳液加入不同量的 NaCl 溶液后，乳液 WPI-PSO 有明显的分层现象，而添加黄原胶的乳液均未出现分层现象，说明黄原胶的加入提高了乳液的盐离子稳定性。盐离子浓度对不同乳液粒径和 ζ-电位的影响，结果如图 7-5 所示。

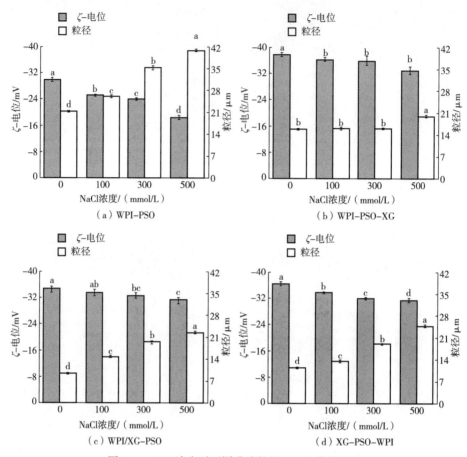

图 7-5　NaC 浓度对不同乳液粒径、ζ-电位的影响

由图 7-5 可见，加入 NaCl 溶液后，乳液 WPI-PSO 的粒径显著增加，ζ-电位绝对值明显下降，说明乳液 WPI-PSO 在盐离子作用下不稳定。离子浓度在 0~300mmol/L，乳液 WPI-PSO-XG 的粒径没有发生显著变化，说明乳液 WPI-PSO-XG 的盐离子稳定性较好。这可能是由于乳液 WPI-PSO-XG 形成了较强的凝胶网络结构，所以体系内部空间位阻较大，抑制了液滴的聚集。由图 7-5（c）和（d）可见，乳液 WPI/XG-PSO 和乳液 XG-PSO-WPI 的粒径随盐离子浓度增加而增大，这可能是盐离子的静电屏蔽作用使液滴间的斥力下降，乳液液滴发生聚集合并所致。4 种乳液的盐离子稳定性大小为 WPI-PSO-XG ＞ WPI/XG-PSO ＞ XG-PSO-WPI ＞ WPI-PSO。

6. 不同乳液的热稳定性

4 种乳液经室温、60℃和 90℃处理 1h 后，未出现肉眼可见的变化，而粒径和ζ-电位变化如图7-6所示。

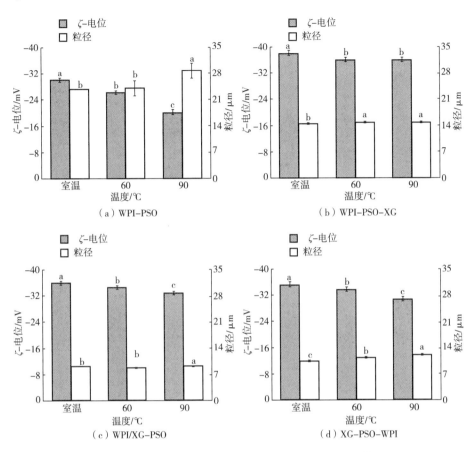

图7-6　不同乳液经不同温度处理后的粒径和ζ-电位

[（a）WPI-PSO；（b）WPI-PSO-XG；（c）WPI/XG-PSO；（d）XG-PSO-WPI]

由图7-6可见，随温度的升高，4种乳液的平均粒径均呈现增大的趋势，可能是加热后乳液结构虽然未被破坏，但液滴发生了聚集，小液滴融合成了大液滴。随温度升高，添加黄原胶的3种乳液，其平均粒径虽略有增加，但相对于乳液WPI-PSO增幅较小，这是由于黄原胶的加入提高了连续相的黏度，进而增强了乳液的凝胶网络结构，使空间位阻增大，而提高了乳液的热稳定性。

4种乳液的ζ-电位绝对值随温度升高呈现下降的趋势，乳液WPI-PSO的ζ-电位绝对值在90℃时最小，约为19.97mV，小于20mV，说明高温可能破坏了乳清分离蛋白的结构，乳液稳定性下降；而以不同顺序加入黄原胶后，乳液XG-PSO-WPI的ζ-电位绝对值最小，在90℃时为30.96mV，仍大于30mV，说明黄原胶的加入提高了乳液的热稳定性。4种乳液的热稳定性强弱顺序为WPI-PSO-XG > WPI/XG-PSO > XG-PSO-WPI > WPI-PSO。

7. 不同乳液的贮藏稳定性

考察了 4 种乳液在室温和 4℃贮藏过程中的稳定性，结果发现，乳液 WPI-PSO 在室温和 4℃贮藏过程中均出现不同程度的乳析现象，而加入黄原胶后，乳液在 30d 贮藏期内未出现乳析现象，说明黄原胶提高了乳液的贮藏稳定性（图 7-7）。

不同乳液在贮藏过程中粒径的变化如图 7-8 所示。

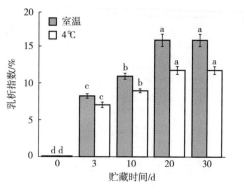

图 7-7　乳液 WPI-PSO 在贮藏过程中乳析指数的变化

［小写字母表示不同贮藏时间之间的差异性显著（$p<0.05$）］

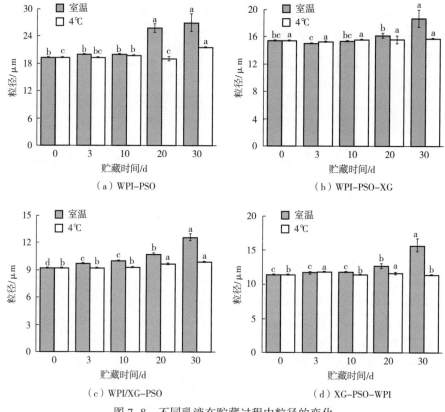

图 7-8　不同乳液在贮藏过程中粒径的变化

［（a）WPI-PSO；（b）WPI-PSO-XG；（c）WPI/XG-PSO；（d）XG-PSO-WPI］

由图 7-8 可见，4 种乳液在 4℃贮藏时粒径变化不明显，在室温下贮藏 30d 后，粒径较新鲜乳液明显增大，这是因为乳液是热力学不稳定体系，随着贮藏时间延长，乳液体系中颗粒运动加快，使油水界面处吸附的乳清分离蛋白分子发生重排或脱落，从而改变了界面结构。加入黄原胶后，乳液粒径增加相对缓慢，且抑制了乳液的分层现象，这可能是黄原胶增加了连续相的黏度，并形成了凝胶状网络，从而将分散的油滴固定在这个网络中，但随着时间延长，很可能由于颗粒的布朗运动及液滴的重力变化使网络结构破坏，液滴又重新聚集使粒径变大。30d 贮藏结束时，乳液 WPI-PSO-XG、WPI/XG-PSO 和 XG-PSO-WPI 的粒径较新鲜乳液分别增大了 3.23μm、3.41μm 和 4.73μm。

因此黄原胶添加顺序不同对乳液贮藏稳定性有所差别，其中，乳液 XG-PSO-WPI 的粒径相较于前两种变化较大，这可能是因为先加入黄原胶与南瓜籽油一次剪切时，黄原胶未完全吸附在油水界面处，加入乳清分离蛋白进行二次剪切时，一部分黄原胶与乳清分离蛋白发生了排斥絮凝所致。乳液贮藏稳定性大小为 WPI-PSO-XG > WPI/XG-PSO > XG-PSO-WPI > WPI-PSO。

8. 不同乳液体系对南瓜籽油氧化稳定性的影响

油脂氧化是食品质量下降的重要原因，为了更好地了解黄原胶和乳清分离蛋白稳定的乳液体系对南瓜籽油氧化稳定性的影响，分别测定了加速氧化过程中南瓜籽油和乳液体系 POV、TBARS 值的变化，结果如图 7-9 所示。

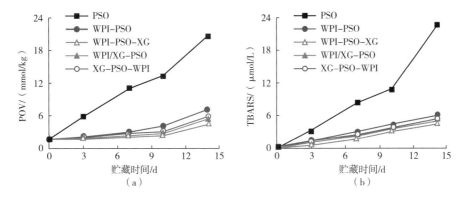

图 7-9　南瓜籽油和乳液体系 POV 和 TBARS 值随贮藏时间的变化

由图 7-9 可见，在 40℃贮藏 14d 后，南瓜籽油的 POV 和 TBARS 值分别为（20.59±0.15）mmol/kg 和（22.33±0.27）μmol/L。乳液体系的 POV 和 TBARS 值明显低于南瓜籽油，其中乳液 WPI-PSO-XG 的 POV 和 TBARS 值最低，贮藏 14d 后分别为（4.46±0.06）mmol/kg 和（4.70±0.09）μmol/L。与南瓜籽油相比，POV 和 TBARS 值分别减少了 16.13mmol/kg 和 17.63μmol/L，说明乳清分离蛋白与黄原胶共同稳定的乳液显著抑制了南瓜籽油的氧化。

这主要是因为加入黄原胶后，增加了水相的黏度，与乳清分离蛋白形成了致密的保护层，阻止氧气及促氧化物质的进入；而黄原胶提高油脂氧化稳定性的另一个原因可能是对金属离子的螯合作用，这与黄原胶的结构有关，有研究表明黄原胶能够螯合带负电荷的丙酮酸位置的金属离子，所以黄原胶可以通过螯合二价铁离子来有效抑制油脂氧化，从而提高乳液的氧化稳定性。4 种乳液的氧化稳定性强弱顺序为 WPI-PSO-XG > WPI/XG-PSO > XG-PSO-WPI > WPI-PSO。由此可见，由乳清分离蛋白和黄原胶共同稳定的 O/W 型乳液能够作为一种有效的包埋体系延缓南瓜籽油的氧化酸败。

四、总结

基于南瓜籽油易氧化以及由单一乳清分离蛋白作为乳化剂制备的乳液不稳定的问题，本研究使用黄原胶和乳清分离蛋白复合乳化剂制备南瓜籽油 O/W 型乳液，探究了黄原胶添加量及添加顺序对乳液性质及其稳定性的影响。

研究结果发现，当黄原胶质量浓度为 2mg/mL 时，乳液的粒径最小，ζ-电位绝对值最大，乳液稳定性好。且黄原胶添加顺序不同，乳液的稳定性也不同，其中乳液 WPI-PSO-XG 的稳定性相较于乳液 WPI/XG-PSO 和乳液 XG-PSO-WPI 更好。

进一步探究了加速氧化过程中乳液体系对南瓜籽油氧化稳定性的影响，结果表明，乳液包埋体系显著减缓了南瓜籽油的氧化。加入黄原胶后，乳液的 POV 和 TBARS 值进一步下降，且乳液 WPI-PSO-XG 的 POV 和 TBARS 值最低，这表明乳清分离蛋白与南瓜籽油制备成初乳液，再加入黄原胶后，在初乳液表面形成了更厚的保护层，同时黄原胶的添加增大了水相的黏度，形成凝胶网络结构，抑制液滴聚集，使乳液稳定性提高。

第二节　南瓜籽油 Pickering 乳液的制备与性质

南瓜籽油对人体健康有诸多益处，例如，可以预防前列腺疾病、降血压、防癌和抗炎等。但由于其富含油酸和亚油酸，不饱和程度高，容易氧化变质，而且具有水溶性差、直接口服利用率低等缺点，限制了其作为功能性油脂在食品领域中的应用。

Pickering 乳液在不需要传统乳化剂（表面活性剂分子或聚合物）的条件下即可形成乳液，无毒性，对环境友好，且用于稳定 Pickering 乳液的固体粒子在油-水界面上的吸附几乎是不可逆的，因此具有较高的稳定性，近些年来在食品药品领域受到极大关注。采用 pH 循环法制备了南瓜籽蛋白纳米粒子（PSP）和南瓜籽蛋白-迷迭香酸复合物（PSP-RA）均具有良好的分散性和稳定性。

傅里叶红外光谱显示 PSP 和 RA 之间存在氢键相互作用，且引起了蛋白质二级结构的变化。扫描电子显微镜观察发现 PSP 与 RA 发生共价相互作用时，改变了蛋白质所呈现的表面结构。在 4℃冷藏下贮存两周时间内，发现 PSP 与 PSP-RA 仍然具有较好的外观形貌，无沉淀产生；粒径、聚合物分散性指数（PDI）以及 ζ-电位等指标也未发生较大变化，表明二者均具有较高的贮藏稳定性，可作为制备南瓜籽油 Pickering 乳液的乳化剂。

一、仪器、试剂及材料

仪器：激光粒度仪（Mastersizer3000，英国马尔文）；马尔文激光粒度仪（Zetasizer-NanoZS，英国马尔文）；pH 计（FE28S，梅特勒-托利多集团）；高速分散器（UV-2450，宁波新芝）；激光共聚焦显微镜（OLYMPUSFV1200，日本奥林巴斯）；多功能流变仪（DHR-2，美国 TA）；超纯水机（MILLI-Q，美国 Millipore）；数显恒温水浴锅（HH-2，国华电器）。

试剂：迷迭香酸；尼罗红（NileRed）；异硫氰酸荧光素（FITC）；氯化钠；其他试剂均为分析纯。

材料：南瓜籽油，宝得瑞（湖北）健康产业有限公司；南瓜籽蛋白，实验室自制。

二、南瓜籽油 Pickering 乳液基本性质的研究

1. 南瓜籽油 Pickering 乳液的制备

将 PSP/PSP-RA 作为水相，南瓜籽油作为油相，然后将二者以一定的体积比混合在样品瓶中，利用高速分散器 12000r/min 转速下分散剪切 3min，即得南瓜籽油 Pickering 乳液。其中，由 PSP 稳定的南瓜籽油 Pickering 乳液简称为 PSP-PSOE，由 PSP-RA 稳定的南瓜籽油 Pickering 乳液简称为 PSP-RA-PSOE。

2. Pickering 乳液粒径的测定

取适量的南瓜籽油 Pickering 乳液，使用 Mastersizer3000 激光粒度分布仪采用湿法对其进行粒径测定。其参数设置如下：球形液滴，颗粒吸收率为 0.001、折射率为 1.470，分散剂折射率为 1.330，密度为 0.840，结果采用体积四次矩平均径 $D_{4,3}$。

3. Pickering 乳液电位的测定

取适量的南瓜籽油 Pickering 乳液，将乳液用超纯水稀释 400 倍后，使用注射器将稀释后的乳液通过 0.22μm 的滤膜，达到澄清透明的状态，以减小多重散射对数据造成的误差。然后使用 Zetasizer-Nano ZS 马尔文激光粒度仪测定其 ζ-电位。

4. 乳相体积分数的测定

乳相体积分数按式（7-2）计算：

$$乳相体积分数 = \frac{乳液相的高度}{制剂总高度} \times 100\% \qquad (7-2)$$

5. 激光共聚焦扫描显微镜（CLSM）

使用激光共聚焦扫描显微镜（CLSM）分析 Pickering 乳液界面上纳米粒子的吸附。将 40μL 荧光染料（1%异硫氰酸荧光素和 0.1%尼罗红）添加到 1mL 新鲜制备的 Pickering 乳液中，分别用于 Pickering 乳液中 PSP/PSP-RA 和南瓜籽油的染色，并在室温下放置 5min 后进行测量。设置激光共聚焦显微镜的激发波长为 488nm 和 543nm。

6. 流变特性的测定

使用 DHR-2 多功能流变仪来测定 Pickering 乳液的流变行为。将新鲜制备的 Pickering 乳液约 1mL 滴加在帕尔铁板上，选用 40mm 夹具探头，夹具与测量平台的间隙设置为 1mm。首先使用动态应变扫描确定 Pickering 乳液的线性黏弹性区域。在 2%的恒定应变幅度下（在线性黏弹性区域内）进行动态扫频测试，并且根据频率变化曲线（0.1~100rad/s）收集 Pickering 乳液的储能模量（G'）和损耗模量（G''）。

7. 热稳定性

将新鲜制备的 PSP-PSOE、PSP-RA-PSOE 分别置于 25℃、37℃以及 85℃下水浴加热 30min，冷却至室温后，拍照观察其外观形态变化并测定其粒径、ζ-电位。

8. 盐离子稳定性

向新鲜制备的 PSP-PSOE、PSP-RA-PSOE 中分别加入定量的 NaCl，使乳液中 NaCl 的浓度为 0mmol/L、50mmol/L 以及 100mmol/L，拍照观察其外观形态变化并测定其粒径、ζ-电位。

三、南瓜籽油 Pickering 乳液基本性质及稳定性分析

1. 不同油体积分数下的 Pickering 乳液的粒径和 ζ-电位

PSP-PSOE 和 PSP-RA-PSOE 两种乳液在不同油体积分数下的外观及粒径分布情况见表 7-2。

表 7-2　　　不同油体积分数下乳液的粒径、ζ-电位、乳相体积分数

乳液类型	油体积分数/%	粒径/μm	ζ-电位/mV	乳相体积分数/%
	50	28.1±1.1[a]	-14.3±1.0[a]	70
PSP-PSOE	60	34.1±1.6[c]	-21.6±1.7[b]	80
	70	70.7±2.2[d]	-28.0±1.4[c]	95

乳液类型	油体积分数/%	粒径/μm	ζ-电位/mV	乳相体积分数/%
PSP-RA-PSOE	50	29.5±1.7[a]	−28.8±2.1[c]	75
	60	31.6±2.1[b]	−34.2±2.2[d]	90
	70	33.2±1.4[bc]	−40.2±1.9[e]	100

由表 7-2 可知，随着油相体积分数的增加，PSP-PSOE 液滴平均粒径从 28.1μm 增加到 70.7μm，而 PSP-RA-PSOE 的平均粒径相对来说变化较小，且其电位的绝对值在不同的油相体积分数下均大于 PSP-PSOE。粒径分布曲线也显示出 PSP-RA-PSOE 的粒径分布更为集中，更趋近于正态分布，这可能是由于 RA 与 PSP 的复合物在油水界面提供了更强的作用力，从而更好地稳定乳液结构，有效抑制了液滴的聚集合并现象，如图 7-10 所示。

（a）

（b）

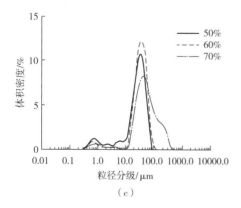

（c）

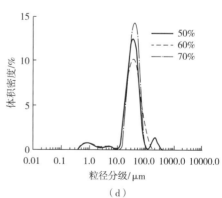

（d）

图 7-10　不同油体积分数下乳液的外观及粒径分布情况

［(a) 乳液外观（PSP-PSOE）；(b) 乳液外观（PSP-RA-PSOE）；
(c) 粒径分布（PSP-PSOE）；(d) 粒径分布（PSP-RA-PSOE）］

由图 7-10 可见，通过对二者乳相体积分数进行比较，发现 PSP-RA-PSOE 的乳相体积分数在不同的油相体积分数下均高于 PSP-PSOE。可能是由于蛋白质结合多酚以后，增加了颗粒在液滴表面上的有效吸附，并降低了液滴和连续相之间的密度差异，从而提高了乳相体积分数。当油相体积分数增至 70% 时，PSP-RA-PSOE 形成了全乳，且此时 PSP-PSOE 与 PSP-RA-PSOE 的电位绝对值均达到最大，分别为 28.0mV 和 40.2mV，表明乳液体系此时是非常稳定的。因此在后续实验中选择油体积分数 70% 制备的南瓜籽油 Pickering 乳液进行探究。

2. 南瓜籽油 Pickering 乳液激光共聚焦扫描显微镜（CLSM）分析

为了进一步进行乳液的微观结构观察和乳液的类型判定，在乳液的制备过程中，使用尼罗红对南瓜籽油进行荧光标记，异硫氰酸荧光素对蛋白水相染色，观察到的乳液结构如图 7-11 所示。

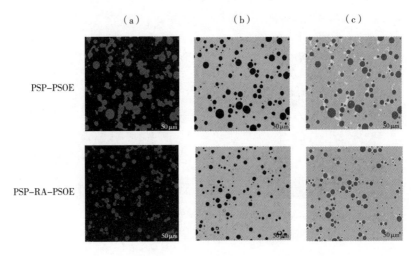

图 7-11　南瓜籽油 Pickering 乳液的激光共聚焦扫描图像

图 7-11（a）是尼罗红在 488nm 激发波长下发出的红色荧光，因此其中的红色圆球为油相。图 7-11（b）则是异硫氰酸荧光素在 543nm 激发波长下发出的绿色荧光，其中绿色部分为富含蛋白的水相。图 7-11（c）为两种荧光染色剂的叠加效果图，可以看出红色的油滴被绿色的水相完全包裹，这表明本研究中制备的乳液类型为水包油（O/W）乳液，同时可以观察到少量油滴油水界面处呈轻微的黄色结构，这是由于异硫氰酸荧光素发出的绿色荧光与尼罗红发出的红色荧光在油水界面处叠加产生的黄色结构，也从侧面说明了蛋白水相是附着在油滴表面的。另外，可以看出，PSP-RA-PSOE 较 PSP-PSOE 的液滴尺寸较小，这一现象也与乳液的粒径测定结果是一致的。

3. 南瓜籽油 Pickering 乳液的流变特性

对于食品中应用的乳液体系，了解其流变学和界面特性是改善其营养和质量的先决条件。因此，通过流变学测试来研究 Pickering 乳液的稳定性和微观结构是有价值的（图 7-12）。

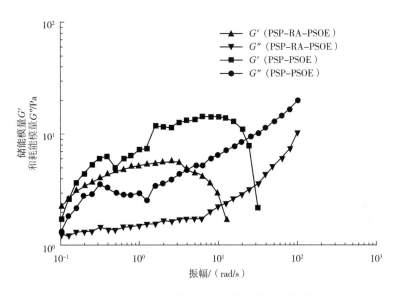

图 7-12　南瓜籽油 Pickering 乳液的流变特性

由图 7-12 可以看出，在振幅小于 20rad/s 时，PSP-PSOE 的 G'（储能模量）大于 G''（耗能模量），说明此时 Pickering 乳状液滴的可逆变形程度大于不可逆变形程度，为凝胶结构乳液，而且具有弹性为主的凝胶性质；另外，PSP-RA-PSOE 则是在振幅小于 10rad/s 时，G' 大于 G''，亦为弹性为主的凝胶结构。但是在较高振幅下，可以看到出现了明显的交叉点，随后乳液的 G'' 高于 G'，这种现象可归因于高振幅下 Pickering 乳液液滴的结构重排。在 Pickering 乳状液的整个振幅范围内，PSP-PSOE 的 G' 和 G'' 都比 PSP-RA-PSOE 的值更高，说明前者具有更好的黏弹性。

4. 南瓜籽油 Pickering 乳液的热稳定性

食品在加工或消费过程中经常会进行热处理。因此，必须探究温度对蛋白质乳液体系的影响。加热前后液滴的粒径、电位和宏观形态等变化可以揭示高温对乳液稳定性的影响（图 7-13）。

由图 7-13 可见，PSP-PSOE 和 PSP-RA-PSOE 在 25℃ 以及 37℃ 条件下，经过 30min 的热处理，宏观形态并没有发生变化，仍然保持稳定的乳液形态。然而，在 85℃ 环境下，PSP-PSOE 的表面可观察到少量南瓜籽油析出，可能是高温破坏了吸附在 Pickering 乳液油水界面的蛋白结构，乳滴在高温下运动加快从而

图 7-13　乳液热处理后的宏观形态

发生碰撞，导致乳滴之间进行了融合而发生形态改变，发生了破乳现象。此时乳液的粒径也达到一个较大值（148.7±19.8）μm，ζ-电位为（−9.5±3.2）mV（表 7-3）。

表 7-3　　　　　　　　　　乳液热处理后的粒径、ζ-电位

乳液类型	温度/℃	粒径/μm	ζ-电位/mV
PSP-PSOE	25	69.2±2.3[c]	−28.0±1.4[d]
	37	74.1±1.7[c]	−24.1±1.5[c]
	85	148.7±5.8[d]	−9.5±3.2[a]
PSP-RA-PSOE	25	33.8±1.6[a]	−40.9±1.3[f]
	37	35.2±1.1[a]	−35.1±2.2[e]
	85	57.8±1.9[b]	−20.2±1.9[b]

PSP-RA-PSO 在此环境下的粒径有了一定的增加 [达到（57.8±1.9）μm]，但其宏观形态并未发生明显变化。可能是 RA 的引入对南瓜籽油 Pickering 乳液的热稳定性有一定改善作用，即 PSP-RA-PSOE 拥有更好的乳液性能。

5. 南瓜籽油 Pickering 乳液的盐离子稳定性

在实际生产中，盐是最常见的食物调味品之一，其中最主要的成分为 NaCl。盐离子不仅会降低蛋白质的表面电位，甚至可能引起蛋白质的絮凝和沉淀。因此，研究南瓜籽油 Pickering 乳液的盐离子稳定性是有一定意义的。在 0，50，

100mmol/L 等盐离子浓度条件下，乳液均未发生破乳现象，并保持完整的乳液形态，如图 7-14 所示。因此可以推断，在适宜的盐离子浓度下，PSP-PSOE 以及 PSP-RA-PSOE 均表现出较为良好的离子稳定性。

图 7-14　乳液在不同盐离子浓度下的宏观形态

　　由表 7-4 可见，随着 NaCl 浓度的增大，乳液粒径也有所增大、电位绝对值降低。可能是由于其界面的结构、厚度和组成随着盐离子浓度的增加而发生改变。其中 PSP-PSOE 的粒径从（69.7±2.4）μm 增加到（105.5±2.4）μm，可能是盐离子存在的条件下，界面蛋白结构展开，乳液液滴之间形成二硫键，静电屏蔽作用加剧了乳液的絮凝。PSP-RA-PSOE 的粒径仅从（33.8±1.6）μm 增加到（40.8±1.9）μm，变化相对 PSP-PSOE 来说比较小，说明 RA 的加入可以有效地减小盐离子对于乳液体系带来的不利影响，提高了乳液对离子强度的稳定性。

表 7-4　　　　　　　　　乳液在不同盐离子浓度下的粒径、ζ-电位

乳液	盐离子浓度/（mmol/L）	粒径/μm	ζ-电位/mV
	0	69.7±2.4[c]	−29.1±1.4[c]
PSP-PSOE	50	73.2±1.5[d]	−24.1±1.5[b]
	100	105.5±2.4[e]	−18.4±3.2[a]
	0	33.8±1.6[a]	−40.9±1.3[e]
PSP-RA-PSOE	50	35.2±1.1[a]	−35.1±2.2[d]
	100	40.8±1.9[b]	−20.2±1.9[a]

四、总结

利用 PSP、PSP-RA 作为乳化剂稳定南瓜籽油 Pickering 乳液，通过激光共聚焦扫描显微镜、流变学测量等手段分析 PSP-PSOE、PSP-RA-PSOE 的类型和流变特性，并探究其热稳定性和盐离子稳定性。当油相体积分数为 70% 时，PSP-RA-PSOE 形成了全乳，且此时 PSP-PSOE 与 PSP-RA-PSOE 的电位值分别为 -28.0mV 和 -40.2mV，表明南瓜籽油 Pickering 乳液体系此时是非常稳定的。通过激光共聚焦扫描显微镜观察发现南瓜籽油 Pickering 乳液为 O/W 型乳液。流变学测量结果显示出，在整个频率范围内，PSP-PSOE 的 G' 和 G'' 都比 PSP-RA-PSOE 更高，前者具有更好的黏弹性。在 0~100mmol/L 的盐离子浓度下，南瓜籽油 Pickering 乳液具有较好的稳定性。而在 85℃ 高温环境下，PSP-PSOE 出现了失稳现象，PSP-RA-PSOE 则并无显著性变化，表现出更为优良的热稳定性。

第三节　Pickering 乳液体系对南瓜籽油贮藏稳定性的影响

植物油的贮藏稳定性主要与油脂中具有抗氧化活性的伴随物和脂肪酸组成有关。有研究表明，不饱和脂肪酸的氧化速率远高于饱和脂肪酸，南瓜籽油富含油酸和亚油酸等不饱和脂肪酸，氧化速度快，更容易氧化变质，影响南瓜籽油的品质，甚至危害人体健康。因此有必要对其贮藏稳定性进行研究。

本节将南瓜籽油和南瓜籽油 Pickering 乳液分别在室温条件下贮藏 30d、37℃ 烘箱加速氧化 30d，分别测定其在贮藏期间酸价、过氧化值、TBA 值、活性物质含量和脂肪酸相对含量的变化，探究 Pickering 乳液体系对南瓜籽油贮藏稳定性的影响。

一、仪器、试剂及材料

仪器：离心机（TGL-16G，上海安亭）；紫外分光光度计（UV-2450，日本岛津）；高效液相色谱（Waters 2695，上海沃特世科技）；气相色谱-质谱联用（Agilent 1260，中国安捷伦科技）；电热恒温培养箱（DHP-9272，上海申贤）。

试剂：BSTFA+TMCS 试剂；95% 乙醇；甲醇；正己烷；硫代硫酸钠：分析纯，上海麦克林；角鲨烷：分析标准品，美国 Sigma；角鲨烯：分析标准品，美国 Sigma；碘化钾：分析纯，上海源叶；可溶性淀粉；冰乙酸：分析纯，国药；异丙醇等。没食子酸，分析纯（98.5%），上海源叶；生育酚混标，上海安谱；植物甾醇混标；37 种脂肪酸甲酯。

材料：南瓜籽油，宝得瑞（湖北）健康产业有限公司。

二、南瓜籽油 Pickering 乳液贮藏稳定性的研究

1. 酸价

参照 GB 5009.229—2016《食品安全国家标准 食品中酸价的测定》。

2. 过氧化值

参照 GB 5009.227—2023《食品安全国家标准 食品中过氧化值的测定》。

3. TBA 值

参照 GB/T 35252—2017《动植物油脂 2-硫代巴比妥酸值的测定 直接法》。

4. 总酚含量的测定

（1）没食子酸标准曲线制作 精确称取 5.00mg 没食子酸标准品，用甲醇定容至 10mL 制成浓度为 500μg/mL 的标准母溶液，然后分别精确吸取 20，40，60，80，100μL 标准母液于棕色进样瓶中，分别对应加入 480，460，440，420，400μL 的甲醇，配制成浓度为 20，40，60，80，100μg/mL 标准溶液。取 0.2mL 标准液置于 5mL 的小试管中，加入 3mL 蒸馏水后，再加入 0.25mL 福林酚试剂，室温下静置 6min 后，加入 20% 的碳酸钠溶液 0.75mL，在室温下静置 1h。用紫外可见分光光度计在波长 750nm 处测定其吸光度。没食子酸浓度与吸光度的标准曲线如图 7-15 所示，该标准曲线方程为 $y = 5.17x + 0.019$（$R^2 = 0.9976$）。

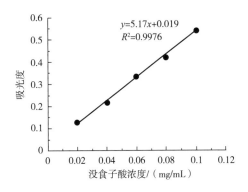

图 7-15 没食子酸浓度与吸光度的标准曲线线性关系

（2）样品预处理 称取 1g 的南瓜籽油，加入 5mL 甲醇，混匀后在低温离心机上进行分离，离心机转速 6000r/min，温度 4℃，离心时间 6min。将分离后的上层清液移至 25mL 容量瓶中。重复上述操作 3 次后，向容量瓶中继续加甲醇至 25mL 刻度线，将其转移到玻璃瓶中在 -20℃ 下保存。

（3）测定吸光度 取 0.2mL 提取液，按照测定标准吸光度的方法测定样品的吸光度。最终结果表述为每千克南瓜籽油中所含总酚的含量等于没食子酸的毫

克数（GAE）。

5. 甾醇含量的测定

（1）甾醇的测定方法　称取 0.2g 南瓜籽油于 50mL 离心管中，加 0.5mL 0.5mg/mL 的内标 5α-胆甾醇，加入 10mL 2mol/mL 的 KOH-乙醇，60℃，100r/min 水浴 1h，冷却，加入 4mL 去离子水，加入 10mL 正己烷，涡旋 3min，将上清液取出于 50mL 离心管，重复 2 次，合并上层清液。加入 1.5g 无水碳酸钠于底部凹槽处，静置澄清约 0.5h，取 15mL 于比色管中，在 85℃烘箱中烘干（1~2h）直至底部干净，加 200μL BSTFA+TMCS（衍生剂），立刻封盖，在 105℃烘箱中反应 15min，取出冷却至室温，加入 1mL 正己烷，振荡 0.5~1min，过 0.22μm 有机滤膜后装进样瓶，进气相色谱仪。

（2）仪器检测条件　气相色谱-质谱联用；分离柱：DB-5 毛细管柱；检测器和进样口温度：280℃；柱温：初温 200℃，保持 0.5min，以 10℃/min 升温至 300℃，保持 18min；载气：99.99%氦气；分流比为 1：100；载气流速：1.2mL/min；进样量：1.0μL；质谱条件：离子源温度 250℃；传输线温度 280℃；离子化模式为 EI；分子离子碎片扫描范围：50~550m/z。

6. 生育酚含量的测定

（1）样品前处理　准确称取 0.8000g 待测南瓜籽油于 10mL 棕色容量瓶中，用正己烷溶解并稀释至刻度，涡旋混匀后过 0.22μm 滤膜，于棕色进样瓶中待测。

（2）仪器检测条件　高效液相色谱配紫外检测器；分离柱：硅胶柱；流动相：正己烷/异丙醇（色谱级）（99.5：0.5，体积比）；进样量：20μL；流速：1mL/min；柱温：30℃；定量方法：生育酚标准品外标法，结果用 mg/100g 表示。

7. 角鲨烯含量的测定

准确称取南瓜籽油 0.3g 于 50mL 离心管，加入 0.5mL 0.1mg/mL 的内标 5α-胆甾醇，加入 3mL 2mol/mL KOH-乙醇（5.6g KOH 溶于 50mL 95% 乙醇，现配），85℃水浴 1h 取出后冷却，加入 2mL 水和 5mL 正己烷，涡旋 10min 取上清液于离心管中，加 2mL 水涡旋 5min，取新的上清液于离心管中，氮吹吹干，加入 BSTFA+TMCS 200μL，75℃水浴 3min，冷却，过 0.22μm 有机滤膜于棕色进样瓶中待测。

8. 脂肪酸组成的测定

（1）甲酯化方法　将 0.3g 南瓜籽油加入 2mL 的 0.5mol/L 的 KOH-甲醇溶液中，在 60℃水浴中保温振摇 30min；向其中加入 2mL 的三氟化硼-甲醇溶液（50%），在 60℃水浴中保温振摇 3min；之后再加入 2mL 的饱和 NaCl 溶液和 2mL 正己烷，振荡均匀后取上清液过 0.45μm 微孔滤膜后进行 GC-MS 分析。

（2）气相色谱条件　色谱柱：HP-FFAP（30m×0.25mm，0.25μm）；载气：氦气；流速：1mL/min；进样量：1μL；进样口温度：250℃；分流比：1∶30；升温程度：初始温度141℃，以5℃/min升温到176℃，再以1℃/min升温到180℃恒温5min。溶剂延迟3min。

（3）质谱条件　EI离子源，电子能量70eV，离子源温度230℃，质量扫描范围为50~550m/z，全扫描。

通过峰面积归一法计算脂肪酸的相对含量。

9. Pickering乳液体系对南瓜籽油贮藏稳定性的影响

（1）常温贮藏　将PSO、PSP-PSOE、PSP-RA-PSOE分别取160mL，按80mL/瓶，放入100mL的蓝盖瓶中，在常温下保存30d，分别在贮藏0，3，7，15，30d时取出测定指标。

（2）加速氧化　将PSO、PSP-PSOE、PSP-RA-PSOE分别取160mL，按80mL/瓶，放入100mL的蓝盖瓶中，在37℃烘箱中保存30d，分别在贮藏0，3，7，15，30d时取出测定指标。

（3）乳液测量前处理方法　贮藏结束后，将PSP-PSOE、PSP-RA-PSOE置于离心机中，于10000r/min下离心10min。取上层清油（南瓜籽油）进行相关指标的测定。

三、贮藏过程中南瓜籽油Pickering乳液的变化

植物油氧化稳定性的影响因素中内部因素主要是植物油本身含有的水分、脂肪酸的不饱和程度，这些因素都会促进油脂的自动氧化，使油脂酸败加速。而外部因素主要是植物油的贮藏环境，研究表明温度与植物油氧化程度成正比，温度越高，植物油的自动氧化链反应迅速，进而加速了油脂氧化酸败。因此将PSO、PSP-PSOE、PSP-RA-PSOE在常温条件下贮藏30d，再利用37℃烘箱加速氧化30d，以便于更好地探究其氧化稳定性。油脂的酸价，可以一定程度反映油脂的氧化酸败程度。油脂氧化的初期，过氧化值是评价油脂自动氧化程度的重要指标，但当油脂的氧化程度加剧时，部分初级氧化产物会分解为次级氧化产物，而TBA值可以用来反映油脂次级氧化产物（丙二醛）的含量。所以对南瓜籽油的酸价、过氧化值和TBA值同时测定，以便更好地反映南瓜籽油在贮藏过程中的氧化程度变化情况。

1. 常温贮藏过程中南瓜籽油氧化指标的变化（图7-16）

由图7-16可见，随着常温贮藏时间的增加，PSO的酸价、过氧化值均呈现缓慢上升趋势。在常温贮藏30d后，酸价、过氧化值分别为0.87mg(KOH)/g、2.75mmol/kg，比贮藏前增加了0.19mg(KOH)/g、0.74mmol/kg。南瓜籽油的酸价依然满足国家标准对植物原油酸价的要求［<4mg(KOH)/g］和对植物油过氧

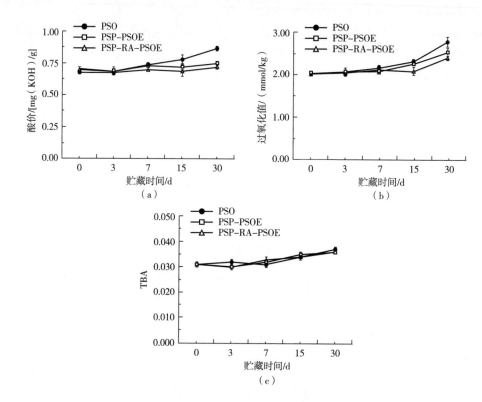

图 7-16　常温贮藏过程中南瓜籽油氧化指标的变化

[（a）酸价；（b）过氧化值；（c）TBA 值]

化值的要求（7.5mmol/kg）；南瓜籽油 TBA 值呈波动变化，没有明显的增加，这可能是在室温贮藏 30d 的过程中，南瓜籽油还处在油脂氧化的初期，主要是油脂中初级氧化产物的积累，较少生成次级氧化产物。

在 PSP-PSOE、PSP-RA-PSOE 中，南瓜籽油的酸价、过氧化值、TBA 值变化都不明显。常温贮藏 30d 后，二者中南瓜籽油的酸价分别为 0.75mg（KOH）/g 和 0.73mg（KOH）/g，仅上升了 0.07mg（KOH）/g 和 0.03mg（KOH）/g；过氧化值分别为 2.51mmol/kg 和 2.37mmol/kg，仅上升了 0.48mmol/kg 和 0.35mmol/kg；可能是由于 Pickering 乳液体系中乳化剂会在油水界面形成物理屏障，阻碍了南瓜籽油与氧气及水相中的过渡金属离子等促氧化物质的接触反应。

2. 37℃贮藏过程中南瓜籽油氧化指标的变化（图 7-17）

由图 7-17 可见，随着贮藏时间的增加，PSO 与 PSP-PSOE、PSP-RA-PSOE 中南瓜籽油的酸价、过氧化值与 TBA 值均呈现上升趋势，这一结果与文献报道一致，在加热贮藏过程中，油脂容易在高温环境中进行氧化和水解。油脂在此过程发生氧化，油脂在第一阶段会分解产生氢过氧化物，之后油脂还能进一步发生

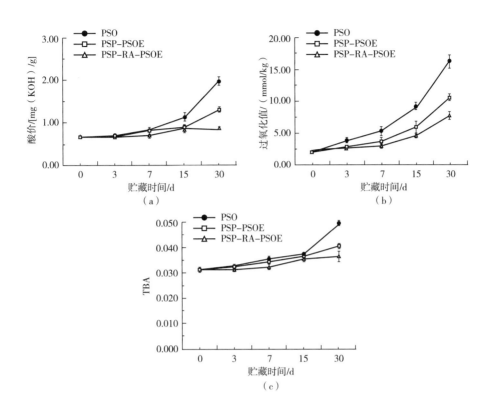

图7-17 37℃贮藏过程中南瓜籽油氧化指标的变化

[（a）酸价；（b）过氧化值；（c）TBA值]

分解或聚合，在此过程中会生成小分子的醛、酮、酸以及酸性物质，因为产生酸性物质导致油脂酸价不断上升。油脂发生水解则会生成脂肪酸和甘油，脂肪酸的产生同样也会导致酸价不断上升。

在加速氧化30d后，PSO的酸价、过氧化值、TBA值分别为1.98mg(KOH)/g、16.21mmol/kg、0.049，比贮藏前增加了1.31mg(KOH)/g、14.2mmol/kg、0.018。但是乳液体系中南瓜籽油的酸价、过氧化值与TBA值的增加量明显低于PSO。PSP-PSOE、PSP-RA-PSOE中的酸价比贮藏前增加了0.63mg(KOH)/g、0.20mg(KOH)/g；过氧化值比贮藏前增加了8.53mmol/kg、5.74mmol/kg；TBA值比贮藏前增加了0.009、0.005。因此，三者的氧化稳定性为PSO<PSP-PSOE<PSP-RA-PSOE，造成这一现象的原因可能是由于乳液体系中南瓜籽油被乳化剂包裹在液滴内，大大减弱了其分子的运动，同时还阻碍了其与氧气及促氧化物质的接触。

此外，南瓜籽油中含有较多的生育酚，根据极性矛盾理论，亲脂性的抗氧化剂可能在水包油体系中具有更好的效果。而PSP-RA-PSOE的氧化稳定性较

PSP-PSOE 更好，可能是因为油脂在氧化过程中的脂肪酸自由基能与天然抗氧化剂-RA 提供的这些氢原子结合，使其转化成为稳定的惰性化合物，从而终止了油脂的氧化链式反应，使脂质的自动氧化得到有效抑制。因此，Pickering 乳液作为南瓜籽油的一种包埋体系，可以更好地保护其不受温度等其他外界环境的影响，提高南瓜籽油的稳定性，具有抑制或延缓南瓜籽油氧化的作用，且 PSP-RA-PSOE 的作用效果较 PSP-PSOE 更好。

3. 贮藏过程中南瓜籽油生育酚含量的变化

生育酚是植物油中重要的天然抗氧化成分，也是植物油生产中常用的外源性抗氧化剂。生育酚可以提供电子或者氢离子清除原有的自由基，中断自由基的链反应，同时自身转化成相对稳定的自由基，可以在油脂的自动氧化中起到抗氧化的作用。

（1）常温贮藏过程中南瓜籽油生育酚含量的变化　生育酚是食用油中最常见的天然抗氧化剂，而且存在多种构型。常温贮藏过程中南瓜籽油生育酚含量的变化如图 7-18 所示。

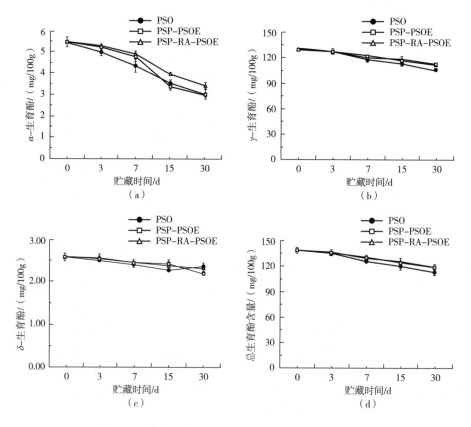

图 7-18　常温贮藏过程中南瓜籽油生育酚含量的变化

[（a）α-生育酚；（b）γ-生育酚；（c）δ-生育酚；（d）总生育酚]

由图 7-18 可见，γ-生育酚的含量最高［(129.41±1.71) mg/100g］，其次是 α-生育酚［(5.46±0.23) mg/100g］和 δ-生育酚［(2.59±0.09) mg/100g］，总生育酚含量 (137.46±3.36) mg/100g。两种体系中南瓜籽油在常温贮藏过程中各种生育酚都逐渐缓慢减少，其中 PSO 与 PSP-PSOE、PSP-RA-PSOE 中南瓜籽油的 α-生育酚在常温贮藏 30d 后分别下降了 45.05%、44.69%、37.55%；γ-生育酚分别下降了 17.87%、12.83%、13.5%；δ-生育酚分别下降了 8.11%、14.67%、9.65%。除 α-生育酚外，另外两种生育酚含量在常温贮藏 30d 期间下降的幅度都不大，可能是由于室温贮藏过程中，南瓜籽油的氧化程度不深，其油脂伴随物损失也不大。PSO 中总生育酚含量从贮藏前的 (137.46±3.36) mg/100g 降低到 (111.67±3.48) mg/100g，PSP-PSOE、PSP-RA-PSOE 中总生育酚含量分别降低到 (118.04±3.2) mg/100g、(117.69±1.31) mg/100g。表明在常温贮藏过程中，Pickering 乳液体系对南瓜籽油生育酚含量的下降有一定抑制作用。

(2) 37℃贮藏过程中南瓜籽油生育酚含量的变化（图 7-19）　由图 7-19 可见，两种体系中南瓜籽油在加速氧化过程中各种生育酚都逐渐减少，其中纯油中的 α-生育酚含量在这个过程中急剧下降，加速氧化 30d 后基本已消耗完，δ-生育酚含量也下降到很低的水平［(1.47±0.04) mg/100g］，降低了 43.24%；γ-生育酚还有 (80.61±2.03) mg/100g，降低了 37.71%。表明不同构型的生育酚，其抗氧化能力显著不同。生育酚氧化降解的速率与自身的氧化稳定性有关，而其氧化稳定性取决于自身脱氢的能力，不同的生育酚异构体失去氢的能力不同。有报道称，α-生育酚比 γ-生育酚、δ-生育酚有更强的脱氢能力，故而在氧化过程中 α-生育酚比 γ-生育酚和 δ-生育酚更容易氧化降解，这与我们的研究结果一致。乳液体系中南瓜籽油的三种生育酚含量变化也有相似的结果，PSP-PSOE、PSP-RA-PSO 中南瓜籽油的 α-生育酚含量在加速氧化 30d 后分别下降了 80.22%、61.72%；γ-生育酚含量分别下降了 28.21%、25.21%；δ-生育酚含量分别下降 43.63%、30.50%。同样符合在氧化过程中 α-生育酚比 γ-生育酚和 δ-生育酚更容易氧化降解这一理论。

加速氧化 30d 后，PSO 与 PSP-PSOE、PSP-RA-PSOE 中总生育酚含量分别减少了 55.33mg/100g、42.02mg/100g、36.79mg/100g，分别下降了 40.25%、30.57%、26.76%，在加速氧化过程中，PSO 的总生育酚含量均大幅度下降，在油脂氧化的过程中，天然抗氧化剂消耗，从而延长油脂的保质期。这表明生育酚作为一种重要的抗氧化剂在南瓜籽油贮藏中发挥了重要的作用。

同时可以看出 PSP-PSOE、PSP-RA-PSOE 中生育酚的下降率相比 PSO 的下降率明显要低，而 PSP-RA-PSOE 中生育酚的下降率相比 PSP-PSOE 的下降率更低，其机制与常温贮藏过程中乳液体系中生育酚下降率低的现象一致。

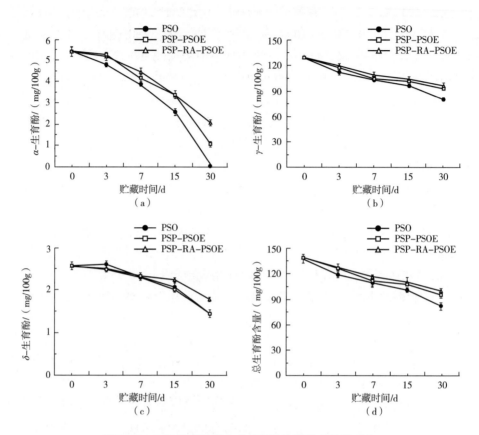

图 7-19　37℃贮藏过程中南瓜籽油生育酚含量的变化

[（a）α-生育酚；（b）γ-生育酚；（c）δ-生育酚；（d）总生育酚]

4. 贮藏过程中南瓜籽油总酚含量的变化

总酚是具备生理活性功能的天然化合物，具有良好的抗氧化活性和自由基清除率。其抗氧化活性主要与酚羟基结构有关。在油脂的贮藏期间，酚类物质通过提供氢原子和电子给过氧自由基的方式，使之成为比较稳定的过氧化脂质，来提升油脂的氧化稳定性。贮藏过程中南瓜籽油总酚含量的变化如图 7-20 所示。

由图 7-20 可见，常温贮藏过程中，总酚含量变化曲线较为平缓。PSO 与 PSP-PSOE、PSP-RA-PSOE 中总酚含量分别减少了 70.78mgGAE/kg、57.74mgGAE/kg、49.91mgGAE/kg，分别下降了 20.19%、16.58%、14.28%。说明总酚参与了油脂的自动氧化反应，但是其损失不大，可能是因为常温贮藏 30d 南瓜籽油的氧化程度不深。加速氧化过程中，PSO 与 PSP-PSOE、PSP-RA-PSOE 中总酚含量呈明显下降趋势。贮藏 30d 后总酚含量分别减少了 154.64mgGAE/kg、122.74mgGAE/kg、100.91mgGAE/kg，分别下降了 44.04%、35.15%、28.95%。可以看出 PSP-PSOE、PSP-RA-PSOE 中总酚的下降率相比 PSO 的下降率明显要低，说明 Pick-

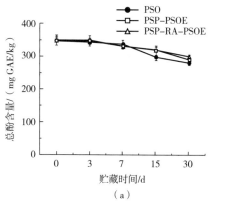 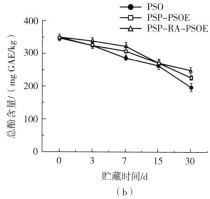

图 7-20 贮藏过程中南瓜籽油总酚含量的变化

[（a）常温条件下；（b）37℃条件下]

ering 乳液作为南瓜籽油的一种包埋体系，可以更好地保护其不受温度等其他外界环境的影响，提高南瓜籽油的稳定性，不仅具有抑制或延缓南瓜籽油氧化的作用，还能对南瓜籽油在贮藏过程中总酚的损失起一定保护作用。

5. 贮藏过程中南瓜籽油角鲨烯含量的变化（图 7-21）

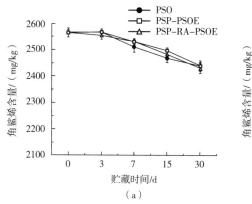 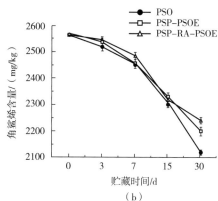

图 7-21 贮藏过程中南瓜籽油角鲨烯含量的变化

[（a）常温条件下；（b）37℃条件下]

由图 7-21 可见，常温贮藏过程中，PSO 与 PSP-PSOE、PSP-RA-PSOE 中角鲨烯含量分别减少了 130.61mg/kg、122.73mg/kg、135.33mg/kg，下降率为 4.79%~5.27%。加速氧化过程中，PSO 与 PSP-PSOE、PSP-RA-PSOE 中角鲨烯含量分别减少了 449.54mg/kg、365.72mg/kg、326.3mg/kg，分别下降了

17.51%、14.26%、12.72%。角鲨烯是植物油中的天然抗氧化成分，也具有一定的抗氧化活性。同样地，在加速氧化过程中，Pickering 乳液体系中角鲨烯的损失也较 PSO 要小。但总体而言，无论是加速氧化过程，还是常温贮藏过程中角鲨烯的损失相较其他几种活性物质来说较少。一方面可能是因为 α-生育酚抑制或延迟角鲨烯的降解；另一方面可能是因为角鲨烯结构系中心对称，呈盘旋状，结构稳定，本身具有良好的热稳定性。

6. 贮藏前后南瓜籽油植物甾醇含量的变化

植物甾醇是一种天然的活性物质，它不仅能降低血清胆固醇，还具有消炎退热、美容、抗氧化和抗肿瘤等独特的生理活性功能，植物甾醇广泛应用在食品保健、医药以及化工等各个领域。贮藏前后南瓜籽油甾醇含量的变化见表 7-5。

表 7-5　　　　　　　　　贮藏前后南瓜籽油甾醇含量的变化　　　　单位：mg/kg

种类	贮藏前	常温贮藏 30 天后			37℃贮藏 30d 后		
		PSO	PSP-PSOE	PSP-RA-PSOE	PSO	PSP-PSOE	PSP-RA-PSOE
菜籽甾醇	24.8±0.8[f]	20.5±0.7[d]	21.9±0.3[e]	22.7±0.4[e]	13.9±0.3[a]	16.4±0.4[b]	18.7±0.4[c]
菜油甾醇	45.7±0.9[ab]	38.9±0.3[ab]	41.2±0.7[b]	41.6±0.6[b]	27.4±0.2[a]	31.1±0.5[ab]	34.8±0.7[ab]
菜油甾烷醇	11.3±0.5[e]	9.4±0.3[c]	10.3±0.3[d]	10.5±0.4[d]	6.6±0.2[a]	7.8±0.5[b]	8.9±0.1[c]
豆甾醇	15.4±0.4[e]	12.7±0.3[c]	13.8±0.4[d]	14.1±0.5[d]	10.2±0.3[a]	11.5±0.1[b]	12.7±0.2[c]
菜油甾烯醇	10.5±0.1[d]	8.2±0.2[b]	9.1±0.3[c]	9.2±0.4[c]	6.4±0.2[a]	7.6±0.4[b]	8.3±0.1[c]
赤酮甾醇	105.4±1.9[f]	90.3±1.2[d]	96.7±0.6[e]	98.5±0.9[e]	68.9±0.9[a]	75.8±0.6[b]	80.1±1.3[c]
β-谷甾醇	759.8±3.4[g]	654.8±2.7[d]	689.4±3.1[e]	701.8±2.6[f]	479.6±1.9[a]	539.3±3.2[b]	587.3±3.8[c]
Δ5-燕麦甾烯醇	5.1±0.1[d]	5.0±0.1[d]	5.1±0.1[d]	5.0±0.1[d]	2.8±0.1[a]	3.5±0.1[b]	4.1±0.1[c]
Δ5,24-豆甾二烯醇	416.6±2.9[d]	359±1.8[bc]	375.9±2.4[cd]	384.8±2.5[ed]	264.6±1.7[a]	296.4±1.5[a]	322±2.0[ab]
豆甾烯醇	161.1±1.2[g]	138.6±0.9[d]	147.9±1.4[e]	151.7±2.1[f]	91.2±2.1[a]	108.3±1.4[b]	127.6±0.8[c]
Δ7-燕麦甾烯醇	381.9±2.6[g]	329.1±2.3[d]	346.3±1.7[e]	352.8±1.6[f]	245.6±2.1[a]	263.4±1.5[b]	295.2±1.5[c]
总甾醇	1937.6±4.6[g]	1666.5±4.3[d]	1757.6±3.9[e]	1792.7±4.5[f]	1217.2±3.2[a]	1361.1±3.8[b]	1499.7±3.5[c]

由表 7-5 可见，实验所用南瓜籽油中的植物甾醇以 β-谷甾醇、Δ5,24-豆甾二烯醇和 Δ7-燕麦甾烯醇为主，且呈现 β-谷甾醇 [（759.8±3.4）mg/kg] >

Δ5,24-豆甾二烯醇〔(416.6±2.9)mg/kg〕>Δ7-燕麦甾烯醇〔(381.9±2.6)mg/kg)〕的规律。常温贮藏30d与37℃贮藏30d后，PSO和PSP-PSOE、PSP-RA-PSOE中南瓜籽油的总甾醇含量均有不同程度的减少，常温贮藏30d后，三者的总甾醇含量分别减少了270.5mg/kg、179.4mg/kg、144.3mg/kg，分别下降了14.0%、9.3%、7.4%；37℃贮藏30d后，三者的总甾醇含量分别减少了720.4mg/kg、576.5mg/kg、437.9mg/kg，分别下降了37.2%、26.7%、22.6%。

有研究报道甾醇本身不具备改变油脂氧化稳定性的作用，但是能协同增效生育酚的抗氧化效果；甾醇可能参与了南瓜籽油的氧化反应，所以有一定程度的下降，三者在贮藏过程中总甾醇含量的下降率符合PSO>PSP-PSOE>PSP-RA-PSOE，说明Pickering乳液体系在抑制或延缓南瓜籽油氧化的同时，还能对南瓜籽油在贮藏过程中甾醇的损失起一定保护作用，且PSP-RA-PSOE的作用效果优于PSP-PSOE。

7. 贮藏前后南瓜籽油脂肪酸含量的变化

不同贮藏条件下PSO和PSP-PSOE、PSP-RA-PSOE中南瓜籽油的脂肪酸组成及其相对含量见表7-6。

表7-6 贮藏前后南瓜籽油脂肪酸含量的变化 单位:%

脂肪酸种类	贮藏前	常温贮藏30d后			37℃贮藏30d后		
		PSO	PSP-PSOE	PSP-RA-PSOE	PSO	PSP-PSOE	PSP-RA-PSOE
肉豆蔻酸	0.15±0.01[a]	0.16±0.02[a]	0.15±0.01[a]	0.16±0.03[a]	0.19±0.06[a]	0.17±0.04[a]	0.17±0.03[a]
棕榈酸	14.32±0.09[a]	14.84±0.08[c]	14.59±0.07[b]	14.65±0.11[b]	15.88±0.09[d]	14.97±0.08[c]	14.87±0.04[c]
棕榈一烯酸	0.22±0.04[a]	0.21±0.05[a]	0.19±0.01[a]	0.22±0.03[a]	0.17±0.05[a]	0.20±0.03[a]	0.23±0.04[a]
硬脂酸	7.25±0.08[a]	7.65±0.07[cd]	7.51±0.05[bc]	7.45±0.09[b]	8.37±0.07[e]	7.70±0.08[cd]	7.64±0.10[cd]
油酸	25.36±0.10[c]	25.02±0.15[ab]	25.21±0.12[bc]	25.31±0.10[c]	24.81±0.09[a]	25.01±0.11[ab]	25.11±0.13[bc]
亚油酸	51.63±0.12[e]	51.04±0.15[bc]	51.25±0.1[d]	51.14±0.18[cd]	49.46±0.08[a]	50.85±0.09[b]	50.90±0.14[b]
亚麻酸	0.13±0.02[a]	0.12±0.02[a]	0.11±0.01[a]	0.13±0.03[a]	0.10±0.01[a]	0.12±0.02[a]	0.14±0.03[a]
花生酸	0.41±0.04[a]	0.41±0.01[a]	0.45±0.04[a]	0.39±0.03[a]	0.46±0.04[a]	0.42±0.05[a]	0.41±0.03[a]
花生一烯酸	0.26±0.03[a]	0.26±0.04[a]	0.30±0.02[a]	0.29±0.06[a]	0.23±0.03[a]	0.27±0.05[a]	0.25±0.04[a]
山嵛酸	0.27±0.04[ab]	0.29±0.05[ab]	0.24±0.07[a]	0.26±0.04[ab]	0.33±0.04[b]	0.29±0.03[ab]	0.28±0.01[ab]
饱和脂肪酸（SFA）	22.40±0.28[a]	23.35±0.23[bc]	22.94±0.24[ab]	22.91±0.30[ab]	25.23±0.30[d]	23.55±0.28[c]	23.37±0.21[bc]

续表

脂肪酸种类	贮藏前	常温贮藏 30d 后			37℃贮藏 30d 后		
		PSO	PSP-PSOE	PSP-RA-PSOE	PSO	PSP-PSOE	PSP-RA-PSOE
不饱和脂肪酸（UFA）	77.60±0.31^c	76.65±0.41^b	77.06±0.26^{bc}	77.09±0.40^{bc}	74.77±0.26^a	76.45±0.30^b	76.63±0.38^b

由表 7-6 可知，南瓜籽油中含有十几种脂肪酸。其中，棕榈酸 [（14.32±0.09）%]、硬脂酸 [（7.25±0.08）%]、油酸 [（25.36±0.10）%] 和亚油酸 [（51.63±0.12）%] 是主要脂肪酸。经过 30d 的常温贮藏后，PSO 中不饱和脂肪酸含量减少了约 1%，饱和脂肪酸含量则增加了约 1%，饱和脂肪酸和不饱和脂肪含量所呈现的这种变化趋势，可能是由其不饱和脂肪酸在贮藏过程中发生加氢反应转化为饱和脂肪酸所引起的。而 PSP-PSOE、PSP-RA-PSOE 中南瓜籽油的不饱和脂肪酸与饱和脂肪酸含量在室温贮藏前后均没有显著差异。

经过 30d 的 37℃贮藏后，PSO 与 PSP-PSOE、PSP-RA-PSOE 中南瓜籽油的油酸含量分别减少了 0.55%、0.35%、0.25%。亚油酸含量分别下降了 2.17%、0.78%、0.73%。油脂在氧化过程中，不饱和度越大，油脂的氧化速度越快，脂肪酸含量下降越快。PSO 与乳液体系里南瓜籽油中不同饱和度的脂肪酸下降速度也保持这一规律，下降比例的高低主要是由于脂肪酸的不饱和度（亚油酸>油酸）所致。PSO 的不饱和脂肪酸含量明显减少，减少了 2.83%，而 PSP-PSOE、PSP-RA-PSOE 中不饱和脂肪酸减少量分别为 1.15% 和 0.97%，对比 PSO 中不饱和脂肪酸的变化要小。在加热过程中，不饱和脂肪酸氧化，分解形成挥发性化合物包括醛、醇、酮等小分子物质，使饱和脂肪酸含量的绝对值升高，不饱和脂肪酸含量的绝对值降低。而 Pickering 乳液体系可以有效减少南瓜籽油中不饱和脂肪酸的分解，且 PSP-PSOE、PSP-RA-PSOE 二者在此作用过程中没有显著性差异。

四、总结

在常温贮藏 30d 后，南瓜籽油的酸价、过氧化值略有上升，TBA 值变化不大，其总酚、生育酚、甾醇和角鲨烯含量有些下降但是损失不大，而 Pickering 乳液体系中氧化指标和活性物质含量的变化则更小。在 37℃贮藏 30d 后，Pickering 乳液体系中的酸价、过氧化值与 TBA 值的增加量明显低于南瓜籽油，另外，Pickering 乳液体系中总酚、总生育酚、总甾醇、角鲨烯以及不饱和脂肪酸含量的下降率分别为 26.76%、28.95%、12.72%、22.6%、2.83%，相比南瓜籽油中的下降率（40.25%、44.04%、17.51%、37.2%、0.97%）明显要低。综上所述，Pickering 乳液体系可以有效降低南瓜籽油的氧化速率，还能减少贮藏过程中生物活性物质以及不饱和脂肪酸的损失，提高其贮藏稳定性。

第四节 南瓜籽油 Pickering 乳液的消化特性

通过体外模拟消化实验，研究了南瓜籽油 Pickering 乳液在不同消化阶段的变化，以及小肠消化阶段游离脂肪酸（FFA）的释放率。通过建立雄激素诱导的 BPH 大鼠模型，探究南瓜籽油 Pickering 乳液改善良性前列腺增生的活性。为功能型南瓜籽油的开发利用提供实践基础。

一、仪器、试剂及材料

仪器：pH 计（FE28S，梅特勒–托利多集团）；数显恒温水浴振荡器（SHA–B，天津赛得利斯）；光学显微镜（CX40，舜宇光学）；激光粒度仪（Mastersizer3000，英国马尔文）；马尔文激光粒度仪（Zetasizer–NanoZS，英国马尔文）。

试剂：氢氧化钠；氯化钠；柠檬酸钾；盐酸；氯化钙，国药。

材料：南瓜籽油，宝得瑞（湖北）健康产业有限公司；胃蛋白酶（pepsin）；脂肪酶（lipase）；胰酶（pancreatin）；猪胆盐（bilesalt）。

155

二、试验方法

1. 模拟唾液（SSF）的配制（表 7–7、表 7–8、表 7–9）

表 7–7　　　　　　　　　　　模拟唾液（SSF）的配制

试剂	浓度/（mg/mL）	用量/（mg/L）
NaCl	1.594	1.594
NH_4NO_3	0.328	328
KCl	0.202	202
柠檬酸钾	0.308	308
KH_2PO_4	0.636	636
尿酸二氢钠	0.021	21
尿素	0.198	198
乳酸钠盐	0.146	146
黏膜蛋白（mucin）	30mg/mLSSF（提前一夜用 SSF 溶解）	

表7-8 模拟胃液（SGF）的配制

试剂	浓度/(mg/mL)	用量/(mg/L)
NaCl	2	2000
HCl	调节 pH	
胃蛋白酶	3.2mg/mL（按照所需临时配制，提前45min溶解）	

表7-9 模拟肠液（SIF）的配制

试剂	浓度/(mg/mL)	用量/(g/L)
NaCl	218.7	218.7
CaCl$_2$	27.66	27.66
脂肪酶	24mg/mL，按所需临时溶于5mmolPBS（pH7.0）	
胰酶	24mg/mL，按所需临时溶于5mmolPBS（pH7.0）	
胆盐	24mg/mL，按所需临时溶于5mmolPBS（pH7.0）	

2. 体外模拟消化的过程

（1）口腔消化　取2mL样品加入5.5mL蒸馏水，与7.5mL SSF均在37℃预热5min后混合置于广口玻璃瓶中。用1mol/L的NaOH溶液迅速将混合物体系pH调至6.8，于37℃恒温水浴振荡器（100r/min）消化10min。

（2）胃消化　将SGF在37℃预热5min，取15mL加入到上述经口腔消化后的样品中，用1mol/L的HCl溶液迅速将混合体系pH调至2.5，于37℃恒温水浴振荡器（100r/min）消化2h。

（3）肠消化　胃消化结束后，用2mol/L的NaOH溶液迅速将混合体系pH调至7.0。将SIF在37℃预热5min，依次取1.5mL的SIF、3.5mL胆盐溶液、2.5mL脂肪酶溶液和2.5mL胰酶溶液加入到上述胃消化液中，37℃水浴搅拌消化2h，期间使用0.1mol/L的NaOH溶液滴定使混合体系的pH维持在7.0。

3. 微观形态的观察

使用光学显微镜观察不同消化阶段乳液的微观形态。

4. 游离脂肪酸的测定

游离脂肪酸的含量根据小肠消化过程中使用NaOH的量，按式（7-3）计算：

$$\text{FFA}（\%）= \frac{100 \times C_{\text{NaOH}} \times V_{\text{NaOH}}}{2M_{\text{lipid}}} \qquad (7-3)$$

式中　M_{lipid}——脂肪的平均分子质量，g/mol；

V_NaOH——消化时间为 t 时所消耗的 NaOH 溶液的体积，mL；

C_NaOH——滴定用 NaOH 溶液的浓度，mol/L。

三、Pickering 乳液对于南瓜籽油消化过程的影响

1. 消化过程中乳液微观形态的变化

南瓜籽油与 Pickering 乳液在不同消化阶段结束后的微观形态如图 7-22 所示。

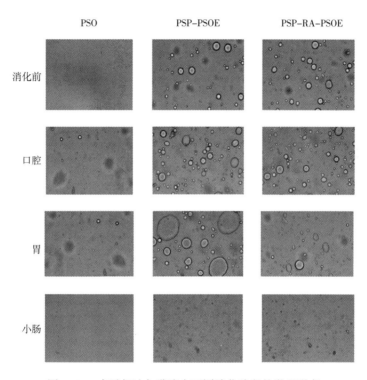

图 7-22　南瓜籽油与乳液在不同消化阶段的微观形态

由图 7-22 可见，在口腔消化阶段，PSP-PSOE、PSP-RA-PSOE 均未出现明显的聚集沉降现象，而模拟唾液中具有一定浓度的钠离子和钾离子，说明南瓜籽油 Pickering 乳液具有一定的盐离子稳定性。

在胃消化阶段，可明显观察到 PSP-PSOE 中有大的液滴，这是因为胃消化过程中大多数 PSP 经胃蛋白酶的水解从油滴界面脱去，失去稳定剂的液滴发生了聚合现象。在 PSP-RA-PSOE 中未见大液滴的出现，但是也发生了破乳现象，其液滴有了较明显的变形，由圆形转变为不规则形状，形成了少量的油滴聚集，这可能是因为 PSP 与 RA 之间的相互作用减缓了胃蛋白酶的特异性水解。

在小肠消化阶段结束后，PSO 的消化液中已观察不到油滴，这是由于在经过

2h 模拟肠消化后，脂肪酶已将南瓜籽油近乎完全水解。然而在 PSP-PSOE、PSP-RA-PSOE 的消化液中还观察到有极少量油滴和一些不规则形状的物质，少量油滴的存在说明 Pickering 乳液中的南瓜籽油还未水解完全。PSO 的消化液中出现的不规则形状物质可能是在消化的过程中，油脂的消化产物、胆盐、磷脂以及钙离子所形成的一些复合胶体，例如混合胶束、囊泡、片状结构等。而 Pickering 乳液消化液中的不规则形状物质除包含上述复合胶体外，还可能是尚未完全被消化而聚集在一起的纳米粒子团簇所形成的絮凝物质。

2. 消化过程中乳液粒径的变化（图 7-23）

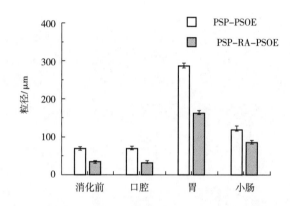

图 7-23　Pickering 乳液在消化过程中粒径的变化

由图 7-23 可见，在口腔消化阶段，乳液的粒径经口腔消化以后与初始阶段相比较并没有呈现出明显的变化，模拟的唾液流体主要由无机盐和淀粉酶组成，而乳液成分是由蛋白质和油脂混合而成，并没有成分可以被唾液淀粉酶分解，加入到模拟唾液的溶液中时，相当于乳液被无机盐溶液稀释了，并没有引起乳液液滴尺寸的变化。

在胃消化阶段，乳液进入到胃液后乳液的粒径均呈现出增大的趋势，无论是南瓜籽蛋白稳定的 Pickering 乳液还是加入迷迭香酸后稳定的乳液，其粒径均明显增大，模拟胃液主要由无机盐溶液和胃蛋白酶组成，pH 较低，而对于 Pickering 乳液来说，虽然比传统乳液受 pH 的影响较小，但是胃酸中强酸物质，仍然会导致乳液产生聚集现象。这可能是由于液滴之间的静电排斥作用减弱，pH 和离子间的相互作用导致乳化液发生聚集。而且由于强酸作用的影响，溶液中含有大量的氢离子，氢离子与纳米粒子中的基团进行中和从而失去负电荷，使得纳米粒子更倾向于表现一定的亲水性，使得油滴表面的疏水能力大大降低。进而使得 Pickering 乳液变得不稳定。

在肠消化阶段，可以从图中看出乳液粒径出现了下降的趋势，乳液的粒径明显小于其在胃液中的粒径，这可能是由于体系 pH 恢复中性，而纳米粒子在简单的振荡过程中，又有一部分附着在油滴的表面，二者重新形成了 Pickering 乳液。

3. 消化过程中乳液的 ζ-电位变化（图 7-24）

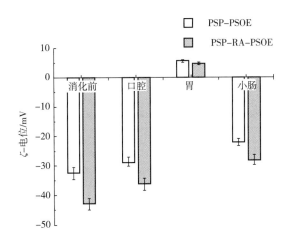

图 7-24　Pickering 乳液在消化过程中的 ζ-电位变化

由图 7-24 可见，经口腔消化后，所有乳液所带负电荷量减少。这种效应可能是由于人工唾液中盐离子引起静电屏蔽效应和或由于黏蛋白分子吸附于油滴表面屏蔽了部分电荷。

经胃消化后，样品表面的电荷由负电荷变为正电荷，这主要是由于胃液 pH 较低所致。在高酸性条件下，吸附于油滴表面的 PSP 应该具有强的正电荷，而负离子黏蛋白吸附于油滴表面时可抵消部分正电荷。

另外，所有的样品经小肠消化后，样品表面均带有负电荷，这主要是由于蛋白质、多酚、消化酶、游离脂肪酸、胆盐等阴离子基团的电离所致。对比新鲜乳液的电位，乳液消化完后，其电位负值明显降低，乳液的电位介于 −28 ~ −22mV。由于消化完的乳液中存在脂质、胆盐等大量带负电荷的表面活性物质，这些物质易取代蛋白质吸附到乳液的表面，但是脂质、胆盐的负电荷量低于界面蛋白质，因而蛋白质被置换出界面后，乳液总的界面电荷量下降。

4. 游离脂肪酸释放率

在小肠消化阶段，胰脂肪酶水解油脂中的甘油三酯，使其生成大量的甘油二酯、甘油一酯以及游离脂肪酸，因此，游离脂肪酸的释放可直接表明南瓜籽油的消化程度。南瓜籽油消化过程中的游离脂肪酸释放率如图 7-25 所示。

由图 7-25 可见，在经过 2h 小肠阶段的模拟体外消化后，南瓜籽油和乳液都有较高的游离脂肪酸释放，其中未经包埋的南瓜籽油具有最高的游离脂肪酸释放率（98%左右）和消化速率，在小肠消化进行 20min 后游离脂肪酸释放率即达到

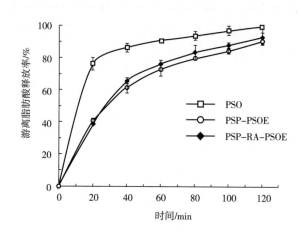

图 7-25　消化过程中的游离脂肪酸释放率

了 80%。而 PSP-PSOE 和 PSP-RA-PSOE 的游离脂肪酸释放率在消化 120min 后也都接近于 90%，这表明两种乳液在小肠消化阶段均能较好地被水解；但二者的游离脂肪酸释放率相对 PSO 较缓慢，原因可能是乳液中的 PSP、PSP-RA 在油滴表面形成了稳定的物理屏障，减少了胆汁与油脂接触，减少了胰脂肪酶对油滴的水解作用，从而导致了 Pickering 乳液消化速率的下降。

同时还能看到 PSP-PSOE 和 PSP-RA-PSOE 拥有十分相似的游离脂肪酸释放曲线，研究表明乳液中油脂的消化是一个极为复杂的过程，受到多种因素共同影响。一般而言，乳液的粒径越小，乳液的表面积越大，乳液油滴界面上的可吸附的蛋白质等界面吸附物会有所减少，界面膜厚度减小，空间位阻作用减弱，胰脂肪酶与油脂接触得更加充分，相互作用也更加完全，因此其水解速度会越快。不过也有研究表明，乳液中粒径减小后，由于表面积大幅度增加，单位面积上胰脂肪酶的含量将会降低，油脂消化速率会有所降低。所以乳液体系中油脂的消化会受这两种因素共同影响，不同的情况下，起主导作用的因素不同，其具体原因有待进一步研究。

四、总结

通过体外模拟消化实验，测定了南瓜籽油 Pickering 乳液在不同消化阶段的微观形态、粒径、电位的变化，以及小肠消化阶段游离脂肪酸的释放率。经过 2h 的模拟肠消化后，南瓜籽油 Pickering 乳液中仅有极少量油滴未水解完全，其游离脂肪酸的释放率接近于 90%，由此说明南瓜籽油 Pickering 乳液在小肠消化阶段能较好地被水解。

参考文献

［1］孙欣，徐雅琴，崔崇士 . 南瓜籽油的化学组成及开发利用［J］. 中国粮油学报，2008，23（2）：124-126.

［2］杨伊磊，黄晴，廖卢艳 . 南瓜籽油的微胶囊化研究［J］. 粮油食品科技，2015，23（6）：40-43.

［3］韩红兵，刘桂丽 . pH 对黄原胶-菜籽分离蛋白制备的 O/W 型乳状液稳定的影响［J］. 粮食与油脂，2021，34（8）：129-132.

［4］陈冲，张宁，任怡镁，等 . 酪蛋白凝胶颗粒对水包油型乳液稳定性及体外消化的影响［J］. 中国食品学报，2020，20（9）：30-36.

［5］SUN C C，LIANG B，SHENG H J，et al. Influence of initial protein structures and xanthan gum on the oxidative stability of O/W emulsions stabilized by whey protein［J］. Int J Biol Macromol，2018，120：34-44.

［6］Khan A，Wang C N，Sun X M，et al. Preparation and characterization of whey protein isolate‒dim nanoparticles［J］. Int J Mol Sci，2019，20（16）：3917.

［7］许朵霞，包亚妮，闫冰，等 . 乳清分离蛋白与壳聚糖美拉德反应初级阶段产物乳化性研究［J］. 食品科学，2012，33（7）：16-19.

［8］徐玮键，王炜清，余雄伟，等 . 黄原胶对扁桃仁蛋白质乳化特性的影响［J］. 食品工业科技，2021，42（20）：76-85.

［9］谢安琪，邓苏梦，左白露，等 . 面筋蛋白粒子-黄原胶 Pickering 乳液的制备及其表征［J］. 食品科学，2019，40（16）：38-44.

［10］Caporaso N，Genovese A，Burke R，et al. Effect of olive mill wastewater phenolic extract，whey protein Isolate and xanthan gum on the behaviour of olive O/W emulsions using response surface methodology［J］. Food Hydrocolloid，2016，61：66-76.

［11］王艳红，田少君，张争全，等 . 大豆分离蛋白-黄原胶-茶多酚复合物的制备及其乳液性质表征［J］. 中国油脂，2021，46（4）：38-42.

［12］Sun C H，Gunasekaran S，Richards M P. Effect of xanthan gum on physicochemical properties of whey protein isolate stabilized oil‒in‒water emulsion［J］. Food Hydrocolloid，2007，21（4）：555-564.

［13］杨晋杰，邵国强，王胜男，等 . 黄原胶对大豆分离蛋白乳状液聚集稳定性的影响［J］. 中国粮油学报，2019，34（7）：20-25.

［14］Chityala P K，Khouryieh H，Williams K，et al. Effect of xanthan/enzyme‒modified guar gum mixtures on the stability of whey protein isolate stabilized fish oil‒in‒water emulsions［J］. Food Chem，2016，212：332-340.

［15］Huang M G，Wang Y，Ahmad M，et al. Fabrication of Pickering high internal phase emulsions stabilized by pecan protein/xanthan gum for enhanced stability and bioaccessibility of quercetin [J/OL]. Food Chem, 2021, 357: 129732.

[16] Liu G, Wang Q, Hu Z Z, et al. Maillard-reacted whey protein isolates and epigallocatechin gallate complex enhance the thermal stability of the Pickering emulsion delivery of curcumin [J]. J Agric Food Chem, 2019, 67 (18): 5212-5220.

[17] Hu Z Y, Qiu L, Sun Y, et al. Improvement of the solubility and emulsifying properties of rice bran protein by phosphorylation with sodium trimetaphosphate [J]. Food Hydrocolloid, 2019, 96: 288-299.

第八章　南瓜籽蛋白

第一节　南瓜籽蛋白概述

随着南瓜籽油的特殊功效被人们接受，其产量也随之增加，提油后的副产物南瓜籽粕产量也在增加，粕中蛋白质含量可达60%以上，且无毒副作用，但当前大多数的南瓜籽粕均被当作蛋白增加剂添加到饲料中，这对蛋白资源来说是一种浪费。因此，研究南瓜籽粕的精深加工并提高其蛋白质的利用价值，有利于减少蛋白资源的浪费，提高其经济价值。

一、南瓜籽蛋白组成

南瓜籽粕经处理后得到的南瓜籽蛋白粉，不含对人体有害的物质，具有很好的安全性，可作为优质蛋白资源进行开发。南瓜籽蛋白含有人体生命活动所必需的氨基酸，必需氨基酸比例与人体所需氨基酸组成模式相似，且氨基酸含量超过FAO与WHO规定的标准。南瓜籽分离蛋白为绿色粉末；清蛋白为米白色粉末；球蛋白呈白色蓬松片状，质地松软；谷蛋白为浅绿色粉末，质地与分离蛋白相似（图8-1）。

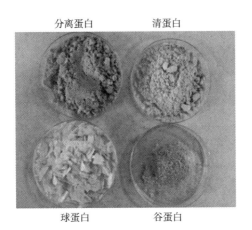

图 8-1　南瓜籽蛋白组分实物图

用凯氏定氮法对南瓜籽蛋白进行纯度分析，结果表明分离蛋白的纯度为

84.69%，清蛋白的纯度为 75.35%，球蛋白的纯度为 61.09%，谷蛋白的纯度为 86.92%。此外，清蛋白得率最高，表明清蛋白是南瓜籽蛋白中的主要成分，其次是球蛋白和谷蛋白。Osborne 分级法得到的各蛋白总质量大于南瓜籽分离蛋白质量，说明分步分离能更完全地从南瓜籽中提取出蛋白质。根据国家标准相应方法对南瓜籽分离蛋白及各蛋白组分进行营养成分分析，结果见表 8-1。

表 8-1 　　　　　　　　　　南瓜籽蛋白的基本组成　　　　　　　　单位:%

组成成分	分离蛋白	清蛋白	球蛋白	谷蛋白
水分	5.35	6.77	5.88	4.85
灰分	1.07	0.87	0.98	1.38
粗脂肪	1.76	0.92	1.25	1.93
蛋白	84.69	75.35	61.09	86.92
得率	32.41	49.62	32.45	17.67

由表 8-1 可知，南瓜籽分离蛋白及各蛋白组分的粗脂肪含量均低于 2%，灰分含量分别为分离蛋白 1.07%，清蛋白 0.87%，球蛋白 0.98% 和谷蛋白 1.38%，水分含量分别为 5.35%、6.77%、5.88%、4.85%。虽然谷蛋白的蛋白含量可达到 86.92%，但为获得纯度更高的南瓜籽蛋白组分，仍需完善分级提取法。南瓜籽蛋白的氨基酸组成见表 8-2。

表 8-2 　　　　　　　　　　南瓜籽蛋白的氨基酸组成　　　　　　　单位: g/100g

氨基酸	分离蛋白	清蛋白	球蛋白	谷蛋白
丙氨酸	2.48	1.49	1.39	1.12
精氨酸	7.60	6.14	4.74	2.79
天冬氨酸	3.78	3.01	2.99	2.46
半胱氨酸	0.23	1.15	0.56	0.21
谷氨酸	9.20	8.66	6.56	4.05
甘氨酸	3.00	1.63	1.53	1.14
组氨酸	0.35	2.50	3.14	1.94
异亮氨酸	1.81	1.18	1.35	1.11
亮氨酸	4.07	2.14	2.29	1.88
赖氨酸	1.51	1.49	2.49	2.66

氨基酸	分离蛋白	清蛋白	球蛋白	谷蛋白
甲硫氨酸	0.90	2.83	2.66	1.90
苯丙氨酸	2.31	1.32	1.75	1.41
脯氨酸	3.02	1.12	3.51	3.23
丝氨酸	2.08	1.17	1.50	3.34
苏氨酸	0.71	3.33	3.26	1.82
酪氨酸	1.41	3.32	1.15	3.00
缬氨酸	2.54	1.57	1.65	1.42
疏水性氨基酸	14.62	11.02	9.58	9.94
必需氨基酸（EAA）	13.85	13.86	15.45	12.20
氨基酸总量（TAA）	47.00	44.05	45.52	35.48
EAA/TAA/%	29.47	31.46	36.34	34.59

由表 8-2 可知，南瓜籽分离蛋白、清蛋白、球蛋白、谷蛋白的氨基酸总量分别为 47.00，44.05，42.52，35.48 g/100g，分离蛋白的疏水性氨基酸含量最高，为 14.62 g/100g。4 种蛋白的必需氨基酸分别占其氨基酸总量的 29.47%、31.46%、36.34%、34.39%，与大豆蛋白有相似必需氨基酸占比（32.70%），表明南瓜籽蛋白可作为一种优良的氨基酸膳食资源。

二、南瓜籽蛋白的功能特性

1. 溶解性

蛋白质的溶解性是蛋白质的基本物理性质之一，良好的溶解度使得蛋白质快速迁移到油/水界面，并在界面膜上重新排列，从而表现出良好的乳化性。对脱脂南瓜籽粉的某些功能性质进行研究，发现脱脂南瓜籽粉的溶解度与 pH 有关。在 pH 为 3.0~7.0 时氮溶解度最小，低于 10%；当 pH 为 2.0 时，氮溶解度为 13%；当 pH 为 11.0 时，92% 的氮可被溶出。另外，还发现在 pH 为 5.0~7.0 时，氮溶解度随着盐浓度的增加而增加，即使是在等电点处，也因为盐溶效应表现出相对较高的溶解性。

2. 吸水性和吸油性

蛋白质吸水性与食品贮藏过程中保鲜及保型有密切关系，还与食品黏度有关，而吸油性则与蛋白质种类、来源、加工方法、温度及所用油脂有关。蛋白质食品的功能特性、食用质量和储存稳定性与其含水量和蛋白水合性质有关。持水能力是蛋白质抵抗重力物理保持水分的能力，与其氨基酸组成、构象、疏水性、pH、温度、离子强度和蛋白质浓度有关。具有良好的持水性和持油性的蛋白质可用于生产烘焙食品、香肠、蛋黄酱等。

研究发现脱脂南瓜籽粉的吸水性和吸油性分别为 24.8 g/100g 和 84.4 g/100g，吸水性与大豆粉、葵花籽粉、棉籽粉相比稍低；吸油性与大豆粉和小麦粉相近，但是低于葵花籽粉和棉籽粉。因为蛋白质与水的相互作用与水合位点的数量和性质、物理化学环境以及系统的热力学性质等有关，所以低吸水性和相对较高的吸油性可能是由于极性氨基酸较少，油脂含量较高。南瓜籽蛋白包含较多的非极性侧链，这些非极性侧链约束了油脂的碳氢化合物基团，从而导致了较高的持油性；另一个原因可能是球蛋白含量较高，而球蛋白与清蛋白相比，吸水性要弱，这是由这两种蛋白的浓度和分子结构决定的。

3. 胶凝性

蛋白质的胶凝特性随蛋白质的不同而异，相对分子质量大并且疏水性氨基酸含量高的蛋白质能形成强度高的凝胶体系。研究发现脱脂南瓜籽粉的最低凝胶浓度为 8%（w/v）。发芽和发酵对南瓜籽粉的凝胶特性没有显著影响，但是显著改进了浓缩蛋白的凝胶特性，最低凝胶浓度是 6%，这表明经过发芽和发酵的南瓜籽蛋白浓缩物只需要较低的蛋白浓度即可形成凝胶。

4. 起泡性及泡沫稳定性

蛋白质的起泡性能受蛋白质来源、加工方法、pH、发泡方法等多种因素的影响。通常大部分食品泡沫是由蛋白质膜截留空气产生的。泡沫稳定性在蛋奶酥、慕斯蛋糕等的生产中非常重要。研究发现脱脂南瓜籽粉的起泡能力和泡沫稳定性在碱性 pH 范围内随着蛋白质溶解度的增加而提高，这与棉籽蛋白相似。而在酸性范围内（当 pH 为 2.0 时）起泡能力显著增加，但是与在碱性环境中相比泡沫稳定性要差；在 pH 为 4.0 左右，即南瓜籽蛋白等电点附近，起泡能力和泡沫稳定性均最差。发酵对南瓜籽蛋白的起泡能力影响显著，可能是由于发酵过程的热处理使蛋白质产生了不同程度的变性，溶解度的降低导致了起泡能力的下降。浓缩蛋白与南瓜籽粉相比，泡沫体积增加，但是稳定性降低，2h 内泡沫就完全消失。发芽处理可以增加起泡能力，但是和发酵一样，泡沫稳定性降低。

此外，南瓜籽蛋白在水中的表观黏度与蛋白浓度、盐浓度和温度有关。发酵处理降低了南瓜籽蛋白的乳化能力和乳化稳定性，同时提高了南瓜籽蛋白的膨胀能力和分散性，后者可能与碳水化合物的增加和油脂含量的降低有关。

5. 乳化性及乳化稳定性

乳化性即蛋白质形成乳液的能力，乳化稳定性即乳液液滴保持分散而不聚结、絮凝或沉淀的能力。乳化性能受相对分子质量、疏水性、溶解度、构象稳定性、电荷、pH、离子强度和温度的影响。研究表明南瓜籽分离蛋白乳化性和乳化稳定性略低于大豆蛋白；清蛋白的乳化性最差，但乳化稳定性最好。酶解后多肽的乳化性能比南瓜籽分离蛋白更好。

6. 凝乳性能

研究指出，具有较高的凝乳活性与水解度之比的酶肽可提供更好的凝乳效果，并在奶酪产品中减少苦味，测得其提取的南瓜籽蛋白的凝乳活性与水解度之比为134：4，远高于其他类似的植物提取物。研究南瓜籽分离蛋白及蛋白组分的凝乳活性和抗氧化性，结果表明清蛋白显示出最高的凝乳活性，球蛋白表现出最强的抗氧化能力，谷蛋白的抗氧化能力最弱。

三、南瓜籽蛋白提取方法

蛋白质具有许多功能，作为人类饮食的一部分，除了有为人类营养提供氨基酸的基本功能外，蛋白质还在食品制备、加工、储存和消费中有重要作用，而且有助于提高食品的质量和感官特性。

1. 碱溶酸沉法

碱溶酸沉法是最常用的南瓜籽分离蛋白提取方法，所得蛋白质的提取率和纯度都较高。其原理是：蛋白质在碱性条件下紧密构造变得松散，在水中的溶解增加；蛋白质溶液的 pH 在等电点时，此时溶液中蛋白质由于所带电荷呈中性而沉淀。通过单因素和正交试验表明料液比是南瓜籽蛋白提取率最主要的影响因素，蛋白质的提取率受 pH 的影响最显著。通常南瓜籽蛋白的提取率为 60% 左右。

2. 盐溶和盐析法

盐溶法是一种利用中性盐（NaCl、MgCl$_2$ 等）提高蛋白质的溶解度，离心后透析以去除盐离子，使蛋白质沉淀析出的方法。盐析法主要为硫酸铵沉淀法，在盐浓度较高的溶液中，由于蛋白质的水合膜随着盐浓度的升高而破坏，蛋白质的溶解度降低而沉淀析出。盐溶和盐析法的溶剂易得，条件温和，能较好地保持蛋白质的天然构象，但提取率较低。用 NaCl 提取的南瓜籽蛋白得率为 14% 左右，用硫酸铵沉淀法得到的南瓜籽蛋白提取率为 44% 左右。

3. 反胶束法

反胶束法是表面活性剂于有机溶剂中自发形成的纳米聚集体，此法是利用其极性端与水接触形成具有较强的溶解能力的极性核心，防止蛋白质接触有机溶剂，解决了蛋白质在有机溶剂中易变性和溶解度较低的问题。虽然该方法在南瓜籽蛋白提取实验中较少使用，但其成本低，易于扩展和连续运行，有望应用于工业化生产。

4. Osborne 分级法

Osborne 分级法最先用于分步提取小麦蛋白的蛋白组分。近年来，Osborne 分级法及改良后的 Osborne 法越来越多地应用于谷物蛋白组分的提取与研究。用 Osborne 分级法提取得到的南瓜籽蛋白组分得率分别为谷蛋白 39%、球蛋白 23% 和清蛋白 12%。用改良的 Osborne 法提取南瓜籽蛋白组分，得到的清蛋白、球蛋白、谷蛋白的产率分别为 1.00%、8.90%、45.82%，纯度分别为 32.93%、81.24%、92.07%。

5. 酶解法

酶解法主要应用于活性多肽的制备，具有反应时间短、产物安全、条件温和等优点。酶水解使得蛋白质分子质量降低以及疏水基团暴露增加，从而改变蛋白质的构象和结构，提高其溶解度、乳化性能等。研究发现加酶量是酶解制备南瓜籽多肽反应的显著影响因素。于南瓜籽蛋白而言，中性蛋白酶酶解产物的水解度和 DPPH 自由基清除率最高。研究南瓜籽分离蛋白及其碱性蛋白酶和胃蛋白酶水解物在不同 pH 和离子浓度下的溶解度、乳化性，结果表明两种酶解物的溶解度比南瓜籽分离蛋白高，此外，由于酶水解，pH 对南瓜籽蛋白溶解度的影响显著降低。

四、南瓜籽蛋白的改性

蛋白质通常用作功能特性食品的成分，也可赋予食品某些特性，蛋白质的功能性质影响着食品生产、储存和制备的过程。南瓜籽蛋白尚未在食品应用中大量引入，水不溶特性限制了其在食品工业中的应用。为了使南瓜籽蛋白成功地引入食品加工中，它们应具有许多所需的特性（即功能特性）。因此，可以对南瓜籽蛋白进行适度的修饰，以满足在食品工业中的应用。

虽然大多数天然蛋白质没有食品加工所需的功能特性，但可以改善蛋白质营养价值和功能特性，尤其是蛋白质溶解度；蛋白改性是利用化学、物理和酶等制剂使蛋白质中氨基酸残基和多肽链产生改变，引起蛋白大分子空间结构和理化性质改变，从而改善蛋白质的加工特性。

1. 物理改性法

通过改变物理性质，例如改变压力或温度，使用膨化和粉碎处理，或添加表面活性剂以改变蛋白质的高级结构和分子之间的聚集形式，这些方法称为物理改性法。物理改性法一般只能改变蛋白质空间构象，不能改变氨基酸的组成，相比于其他改性方法，物理改性法具有加工时间较短、比较安全、低消耗、不产生毒副作用等优点，缺点是改性具有一定的局限性，不适用于所有蛋白质。

2. 化学改性法

化学改性法主要是使多肽中的氨基（—NH$_2$）、羟基（—OH）、羧基（—COOH）、巯基（—SH）断裂或加入新的功能团。常用的化学改性方法包括：酰基化、脱酰胺、磷酸化、糖基化、共价交联、水解和氧化等。化学改性法具有化学反应简单、改性效果好的特点。化学改性法的缺点也很明显，主要表现为反应条件复杂、反应剧烈而难以控制、化学物质残留、副产物众多等，所以具有一定的安全隐患。

3. 酶改性法

蛋白质的酶改性法是指利用蛋白酶、转谷氨酰胺酶、多酚氧化酶、过氧化物酶等使蛋白分子中的多肽链断裂、分子间和分子内交联或对蛋白质分子侧链基团进行修饰，从而改变蛋白质的组成、空间结构和理化性质，进而影响其功能特性。根据水解程度可以分为轻度水解、适度水解、深度水解。通过蛋白酶对蛋白质的适度水解，产生小分子蛋白和多肽，这主要是由于暴露了较多的亲水基团和形成了易溶解的多肽。蛋白酶酶解作用主要是破坏蛋白质中的特定肽键，酶水解可以显著提高蛋白质的溶解性。

通过蛋白质水解产生的肽，具有比天然蛋白质更小的相对分子质量，更有利于氨基酸的吸收。与化学改性和物理改性相比，酶改性的优点是：①温和的反应条件；②最少的副反应，适中的成本和大规模的可用性；③所得水解产物的营养和功能增强。

五、南瓜籽蛋白的产品开发

1. 南瓜籽蛋白粉

南瓜籽蛋白粉包括脱脂南瓜籽粉、低脂南瓜籽粉等，可直接加入面粉、玉米粉等成品原料中，以弥补氨基酸（特别是赖氨酸）的不足；还可以作为营养强化成分加入烘焙食品、肉制品和饮料产品中。

2. 南瓜籽肽

南瓜籽肽是在蛋白酶作用下，经特殊处理后获得的蛋白质水解产物。南瓜籽肽具有抗氧化、降血压和抗衰老等生物活性，可以作为营养增强剂添加到饮料中，例如功能性肽饮料产品和口服液等，并且还可以制成系列胶囊产品。

3. 可食用蛋白膜

可食用蛋白膜是一种天然可食用的天然高分子材料，具有防止食物干燥、氧化和污染等作用。有研究者用浇注法获得了结实、有弹性和具有抗氧化功能的南瓜籽可食用膜。

第二节　南瓜籽蛋白提取与纯化

虽然植物蛋白的各种氨基酸比例不均衡，但植物蛋白在食品加工中还是有着广泛的应用。由于南瓜籽油的产量增加，大量的南瓜籽粕作为副产品面市了，南瓜籽粕中的蛋白质含量非常丰富，可达60%以上，可以当成高价值的产品，例如提取的南瓜籽分离蛋白，可以作为多种食品的功能成分或营养强化剂。

本实验把采用低变性的超临界 CO_2 萃取法获得的南瓜籽蛋白粉作为原料提取蛋白，通过碱溶酸沉法优化提取工艺条件，对南瓜籽分离蛋白进行纯化并优化其工艺。

一、材料与方法

（一）材料

1. 原料

脱脂南瓜籽粕。

2. 试剂

氢氧化钠；盐酸；浓硫酸；硼酸；硫酸铜；硫酸钾，国药；糖化酶，上海佳和生物。

（二）试验方法

1. 基本指标的测定方法

蛋白质含量的测定，参照 GB 5009.5—2016《食品安全国家标准　食品中蛋白质的测定》。

2. 蛋白质的提取率及纯度的计算

蛋白质提取率及纯度分别按式（8-1）、式（8-2）计算：

$$蛋白质提取率/\% = \frac{制备出的产品中蛋白质的质量}{原样品中蛋白质的质量} \times 100 \qquad (8-1)$$

$$蛋白纯度/\% = \frac{干物质中蛋白质的质量}{干物质的质量} \times 100 \qquad (8-2)$$

3. 南瓜籽分离蛋白提取的工艺流程

脱脂南瓜籽粕→粉碎过筛→碱溶→离心→上清液→调节 pH→蛋白质沉淀→离心→洗涤、沉淀→调节 pH 至 7→离心→冷冻干燥→南瓜籽分离蛋白（PSPI）。

4. 南瓜籽分离蛋白纯化的工艺流程

南瓜籽分离蛋白→溶解→调节温度和 pH→酶解→高温灭酶→离心→下层沉淀→冷冻干燥→纯化南瓜籽分离蛋白。

5. 南瓜籽蛋白等电点的确定

用 1mol/L 的盐酸将等量的南瓜籽蛋白粉液的 pH 分别调至 3、3.5、4、4.5、5、5.5、6，静置一段时间后离心分离，测定离心后下层沉淀的质量，沉淀质量最大时溶液的 pH 即为蛋白质的等电点。

6. 南瓜籽蛋白提取单因素试验

分别以碱溶液 pH（8.5，9.0，9.5，10.0，10.5）、提取时间（30，60，90，120，150min）、提取温度（40，45，50，55，60℃）、液料比（6∶1，8∶1，

10∶1, 12∶1, 14∶1mL/g）为单因素进行试验设计，以南瓜籽蛋白提取率为指标，优化南瓜籽分离蛋白提取的工艺参数。

7. 南瓜籽蛋白提取工艺响应面试验设计

南瓜籽蛋白的提取率受碱提 pH、碱提温度、碱提时间和料液比等多种因素和相互作用的影响。响应面法是优化过程的有效工具，是一种有效的统计方法，根据适当的试验设计以最少资源和定量数据来优化工艺参数并求解多元方程。本试验采用 Box-Behnken 设计响应面分析，以南瓜籽分离蛋白提取率为响应值，对影响蛋白质提取率的因素进行优化，试验设计见表 8-3。

表 8-3　　　　　　　　　南瓜籽蛋白提取响应面试验的因素水平表

水平	因素			
	碱提 pH（A）	碱提温度（B）/℃	碱提时间（C）/min	液料比（D）/(mL/g)
-1	9.0	45.0	90.0	8∶1
0	9.5	50.0	120.0	10∶1
1	10.0	55.0	150.0	12∶1

8. 南瓜籽蛋白纯化单因素试验

按照上述南瓜籽粗蛋白纯化的工艺对南瓜籽粗蛋白进行纯化，分别研究酶解温度（45, 50, 55, 60, 65.0℃）、酶解 pH（3.5, 4.0, 4.5, 5.0, 5.5）、酶添加量（0.1%, 0.2%, 0.3%, 0.4%, 0.5%）、酶解时间（3, 4, 5, 6, 7.0h）和液料比（4∶1, 6∶1, 8∶1, 10∶1, 12∶1mL/g），这 4 个影响因素对南瓜籽蛋白纯度的影响。

9. 南瓜籽蛋白纯化正交试验设计

选择酶解温度、酶解 pH、酶添加量、液料比和酶解时间，分析对南瓜籽分离蛋白纯度的影响。在单因素试验的基础之上，以南瓜籽蛋白含量为指标，采用 L_{16}（4^5）正交表安排实验，因素水平见表 8-4。

表 8-4　　　　　　　　南瓜籽蛋白纯化正交试验的因素水平表

水平	因素				
	酶解温度（A）/℃	酶解 pH（B）	酶添加量（C）/%	液料比（D）/(mL/g)	酶解时间（E）/min
1	50.0	3.5	0.2	6∶1	50.0
2	55.0	4.0	0.3	8∶1	70.0

续表

水平	因素				
	酶解温度 (A)/℃	酶解 pH (B)	酶添加量 (C)/%	液料比 (D)/(mL/g)	酶解时间 (E)/min
3	60.0	4.5	0.4	10:1	90.0
4	65.0	5.0	0.5	12:1	110.0

二、结果与分析

（一）南瓜籽蛋白等电点的确定

称取一定量的南瓜籽蛋白粉，将南瓜籽蛋白粉按液料比 10：1mL/g 溶于水中，将溶液 pH 调至 9.5 后，再调至不同酸性 pH，静置沉淀，以沉淀量为指标确定南瓜籽蛋白的等电点，测定结果如图 8-2 所示。

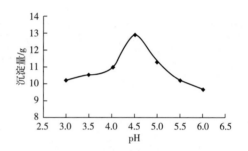

图 8-2　南瓜籽蛋白等电点测定

由图 8-2 可见，随着酸沉 pH 的增加，南瓜籽蛋白的沉淀量先增加后减少，当 pH 在 4.5 时蛋白质沉淀量最大。因此，南瓜籽蛋白的等电点的 pH 为 4.5。

（二）南瓜籽蛋白提取工艺优化

1. 南瓜籽蛋白提取的单因素试验结果

（1）碱提 pH 对南瓜籽蛋白提取率的影响　取一定量南瓜籽蛋白粉配制成溶液，在液料比为 10：1mL/g，碱提温度为 50.0℃，碱提时间为 90min 的条件下，将溶液 pH 分别调至 8.5、9、9.5、10 和 10.5，分析碱提 pH 对南瓜籽蛋白提取率的影响，其结果如图 8-3 所示。

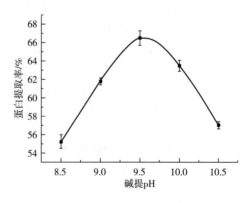

图 8-3　碱提 pH 对蛋白提取率的影响

由图 8-3 可见，随着碱提 pH 的增加，南瓜籽蛋白的提取率先提高后降低，由于南瓜籽蛋白含有大量的碱溶性谷蛋白，这是导致南瓜籽蛋白在中性条件下水溶性差的主要因素，随着蛋白溶液 pH 的增加，蛋白中谷蛋白在碱性条件下易溶于溶液，故蛋白的提取率提高；当蛋白溶液 pH 达到 10 以后，过碱的条件导致蛋白的结构被破坏，蛋白容易形成沉淀析出。强碱性条件下，蛋白质的营养特性被改变，易产生一系列化学反应，生成有毒物质，造成营养物质损失；除此之外，强碱条件还会使蛋白质变性和水解，影响产品色泽和风味。所以提取南瓜籽蛋白的碱提 pH 选择 9.5 较为合适。

（2）碱提温度对南瓜籽蛋白提取率的影响　取一定量南瓜籽蛋白粉配置成溶液，在液料比为 10∶1mL/g，碱提 pH 为 9.5，碱提时间为 90min 的条件下，将溶液分别置于 40，45，50，55，60℃的环境下，分析碱提温度对南瓜籽蛋白提取率的影响，其结果如图 8-4 所示。

由图 8-4 可见，随着碱提温度的增加，南瓜籽蛋白的提取率先提高后降低，当碱提温度升高

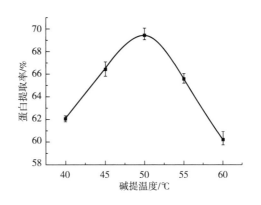

图 8-4　碱提温度对蛋白提取率的影响

时，南瓜籽蛋白的结构发生改变，蛋白分子中亲水基团暴露出来，从而使得蛋白质溶解性增大，提高了南瓜籽蛋白的提取率；当碱提温度过高时，南瓜籽蛋白的空间结构会被破坏，蛋白质易形成沉淀，从而使得蛋白溶解性减小，降低了南瓜籽蛋白的提取率。所以提南瓜籽蛋白的碱提温度选择 50℃ 较为合适。

（3）碱提时间对南瓜籽蛋白提取率的影响　取一定量南瓜籽蛋白粉配制成溶液，在液料比为 10∶1mL/g，碱提 pH 为 9.5，碱提温度为 50℃ 的条件下，将碱提时间分别设置为 30min、60min、90min、120min 和 150min，分析碱提时间对南瓜籽蛋白提取率的影响，其结果如图 8-5 所示。

由图 8-5 可见，随着碱提

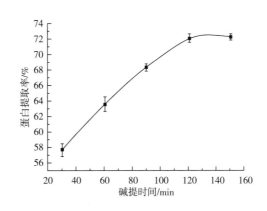

图 8-5　碱提时间对蛋白提取率的影响

时间的增加，南瓜籽蛋白的提取率先提高后趋于平缓，随着碱提时间增长，南瓜籽蛋白逐渐溶于碱性溶液中，故南瓜籽蛋白的提取率随着碱提时间的增长而提高；但南瓜籽蛋白粉在一定的条件下蛋白的溶解量有限，当到达这个限度时，碱提时间的增加对蛋白的提取率不会有很大的提高。所以提取南瓜籽蛋白的碱提时间选择120min较为合适。

（4）液料比对南瓜籽蛋白提取率的影响　取一定量南瓜籽蛋白粉配制成溶液，在碱提时间为120min，碱提pH为9.5，碱提温度为50℃的条件下，配置液料比为6∶1，8∶1，10∶1，12∶1和14∶1mL/g的溶液，分析液料比对南瓜籽蛋白提取率的影响，其结果如图8-6所示。

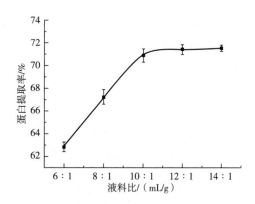

图8-6　液料比对蛋白提取率的影响

由图8-6可见，随着液料比的增加，南瓜籽蛋白的提取率先提高后趋于平缓，当液料比较小时，溶液的黏度较大，不利于蛋白质的溶解，蛋白提取率也较低，液料比增加时，南瓜籽蛋白的提取率也提高；当液料比过高时，溶液中可溶解蛋白的量有限，降低了蛋白质分子在水中的扩散作用，液料比的增加不会很大程度地增加蛋白的溶解，同时提取液中蛋白质浓度偏低，也不利于蛋白提取后的酸沉过程。所以提取南瓜籽蛋白的液料比选择10∶1mL/g较为合适。

2. 响应面试验结果

选择碱提pH（A）、碱提温度（B）、碱提时间（C）和料液比（D）4个因素，分析对南瓜籽蛋白提取率的影响。采用Box-Behnken响应面法优化蛋白提取率的工艺参数，试验设计及结果见表8-5，回归方程及系数显著性分析见表8-6。

表8-5　　　　　　　　　南瓜籽蛋白提取响应面试验设计及结果

实验号	碱提pH（A）	碱提温度（B）/℃	碱提时间（C）/min	液料比（D）/(mL/g)	蛋白提取率/%
1	−1	−1	0	0	53.48
2	1	−1	0	0	61.58
3	−1	1	0	0	60.84
4	1	1	0	0	56.74
5	0	0	−1	−1	63.47

续表

实验号	碱提 pH（A）	碱提温度（B）/℃	碱提时间（C）/min	液料比（D）/(mL/g)	蛋白提取率/%
6	0	0	1	−1	66.85
7	0	0	−1	1	58.94
8	0	0	1	1	63.57
9	−1	0	0	−1	63.36
10	1	0	0	−1	64.85
11	−1	0	0	1	57.46
12	1	0	0	1	61.74
13	0	−1	−1	0	59.29
14	0	1	−1	0	61.48
15	0	−1	1	0	61.35
16	0	1	1	0	65.64
17	−1	0	−1	0	57.36
18	1	0	−1	0	62.53
19	−1	0	1	0	60.43
20	1	0	1	0	64.75
21	0	−1	0	−1	53.81
22	0	1	0	−1	67.45
23	0	−1	0	1	62.84
24	0	1	0	1	56.98
25	0	0	0	0	71.48
26	0	0	0	0	71.94
27	0	0	0	0	74.36
28	0	0	0	0	70.84
29	0	0	0	0	73.47

表 8-6　　　　　　　　　　　回归方程系数显著性分析

方差来源	平方和	自由度	均方	F 值	p 值	显著性
模型	831.30	14	59.38	25.41	< 0.0001	* * *
碱提 pH（A）	30.91	1	30.91	13.23	0.0027	* *
碱提温度（B）	23.46	1	23.46	10.04	0.0068	* *

续表

方差来源	平方和	自由度	均方	F 值	p 值	显著性
碱提时间（C）	31.75	1	31.75	13.59	0.0024	* *
液料比（D）	27.79	1	27.79	11.89	0.0039	* *
AB	37.21	1	37.21	15.92	0.0013	* *
AC	0.18	1	0.18	0.077	0.7851	
AD	1.95	1	1.95	0.83	0.3769	
BC	1.10	1	1.10	0.47	0.5034	
BD	95.06	1	95.06	40.68	< 0.0001	* * *
CD	0.39	1	0.39	0.17	0.6888	
A^2	289.90	1	289.90	124.05	< 0.0001	* * *
B^2	330.70	1	330.70	141.51	< 0.0001	* * *
C^2	109.98	1	109.98	47.06	< 0.0001	* * *
D^2	140.87	1	140.87	60.28	< 0.0001	* * *
残差	32.72	14	2.34			
失拟项	24.24	10	2.42	1.14	0.4875	
误差	8.48	4	2.12			
总和	864.02	28				

注：*表示显著，* *表示非常显著，* * *表示极显著。

通过 Design-Expert 8.06 软件对表 8-6 的试验结果进行分析，得到的二次多元回归模型如下：$Y = 72.42 + 1.6A + 1.4B + 1.63C + 1.52D - 3.05AB - 0.21AC - 0.7AD + 0.53BC + 4.88BD - 0.31CD - 6.69A^2 - 7.14B^2 - 4.12C^2 - 4.66D^2$。

回归方程中各因素对响应指标影响的显著性可由 p 值来判断，当 $p < 0.05$ 时，影响显著，当 $0.001 < p < 0.01$ 时，影响非常显著，当 $p < 0.001$ 时，影响极显著。由表 8-6 可知，对模型进行显著性检验时，模型 $p < 0.0001$，且失拟项 $p = 0.4875 > 0.05$，失拟处理不显著，说明实验分析得到的二次多元回归模型显著性非常好。由表 8-6 可知，4 个因素（A、B、C、D）均非常显著，交互项 AB 非常显著，BD 极显著，4 个因素的二次项（A^2、B^2、C^2、D^2）均极显著。

根据表 8-6 中 p 值的大小可以判断各因素对蛋白提取率的影响大小，因素 p 值越小，对蛋白提取率的影响越大。因此，影响蛋白提取率因素的主次顺序为：C > A > D > B。各因素的交互作用对蛋白提取率有显著性影响的有 AB 和 BD，如图 8-7~图 8-10 所示。

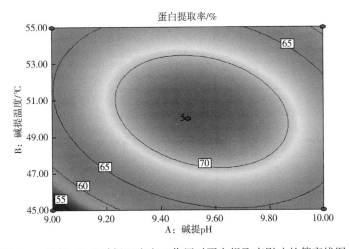

图 8-7　碱提 pH 和碱提温度交互作用对蛋白提取率影响的等高线图

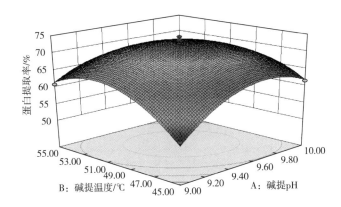

图 8-8　碱提 pH 和碱提温度交互作用对蛋白提取率影响的曲面图

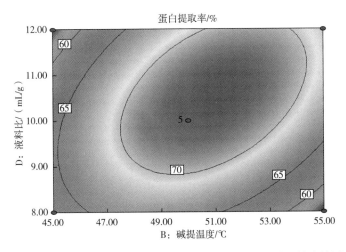

图 8-9　碱提温度和液料比交互作用对蛋白提取率影响的等高线图

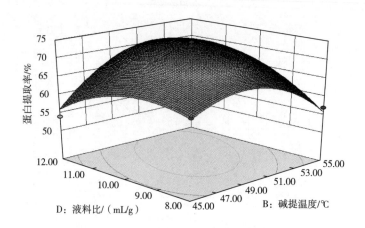

图 8-10　碱提温度和液料比交互作用对蛋白提取率影响的曲面图

通过对拟合回归方程模型的计算，得到碱溶酸沉法提取南瓜籽蛋白的最优工艺参数为碱提 pH 9.5，碱提温度 50℃，碱提时间 120min，液料比 10∶1mL/g。采用优化后的蛋白提取工艺参数进行验证试验，南瓜籽蛋白的实际提取率为 75.35%。

（三）南瓜籽蛋白纯化的工艺优化

1. 南瓜籽蛋白纯化的单因素试验结果

（1）酶解温度对南瓜籽蛋白纯度的影响　在酶解 pH 为 4.5，酶添加量为 0.3%，液料比为 8∶1mL/g，酶解时间为 90min 的条件下，分别以 45℃、50℃、55℃、60℃ 和 65℃ 的酶解温度对南瓜籽蛋白进行处理，分析其对南瓜籽蛋白纯度的影响，其结果如图 8-11 所示。

由图 8-11 可见，南瓜籽蛋白的纯度随着酶解温度的提高呈先升高后下降的趋势，糖化酶的本

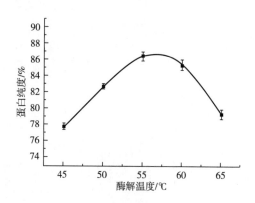

图 8-11　酶解温度对蛋白纯度的影响

质是具有活性的蛋白，随着酶解温度的提高，酶的活性也随之提高，由图 8-11 可知酶解温度在 55~60℃ 时，糖化酶的活性最大，南瓜籽蛋白的纯度最高；而酶解温度在高于 60℃ 时，南瓜籽蛋白的纯度迅速下降，这可能是由于糖化酶在高温时易失活导致酶解程度下降，蛋白的纯度也随之降低。综合各因素考虑，选择酶解温度为 55℃ 较为适宜。

（2）酶解 pH 对南瓜籽蛋白纯度的影响　在酶解温度为 55℃，酶添加量为 0.3%，液料比为 8∶1mL/g，酶解时间为 90min 的条件下，分别以 3.5、4.0、4.5、5.0 和 5.5 的酶解 pH 对南瓜籽蛋白进行处理，分析其对南瓜籽蛋白纯度的影响，其结果如图 8-12 所示。

由图 8-12 可见，南瓜籽蛋白的纯度随着酶解 pH 的增加呈先上升后下降的趋势，这是由于糖化酶催化反应最适 pH 为 4.5，此时糖化酶的活性最高，从而使蛋白的纯度最高；由于反应条件对于酶活性的影响很大，当酶解 pH 偏离最适条件时，酶的活性将大大降低，从而导致蛋白纯度降低。综合各因素考虑，选择酶解 pH 为 4.5 较为适宜。

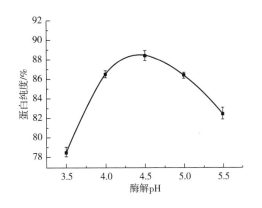

图 8-12　酶解 pH 对蛋白纯度的影响

（3）酶添加量对南瓜籽蛋白纯度的影响　在酶解温度为 55℃，酶解 pH 为 4.5，液料比为 8∶1mL/g，酶解时间为 90min 的条件下，分别以 0.1%、0.2%、0.3%、0.4% 和 0.5% 的酶添加量对南瓜籽蛋白进行处理，分析其对南瓜籽蛋白纯度的影响，其结果如图 8-13 所示。

由图 8-13 可见，南瓜籽蛋白的纯度随着酶添加量的增加呈先上升后几乎不变的趋势，当糖化酶添加量增大时，南瓜籽蛋白的纯度随之提高，这是由于酶与底物之间的接触概率增大，酶解反应速率加快；当酶添加量超过 0.3% 时，蛋白的纯度几乎不变，这是由于酶的添加量已经足够，酶与底物完全结合反应，再增加酶时反应速率不会再增加。综合各因素考虑，选择酶添加量为 0.3% 较为适宜。

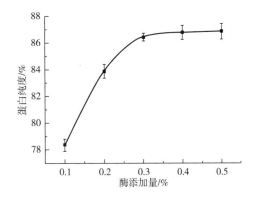

图 8-13　酶添加量对蛋白纯度的影响

（4）料液比对南瓜籽蛋白纯度的影响　在酶解温度为 55℃，酶解 pH 为 4.5，酶添加量为 0.3%，酶解时间为 90min 的条件下，分别以 4∶1，6∶1，8∶1，10∶1 和 12∶1mL/g 料液比对南瓜籽蛋白进行处理，分析其对南瓜籽蛋白纯度的影响，如图 8-14。

由图 8-14 可见，南瓜籽蛋白的纯度随着液料比的提高呈先上升后下降的趋势，随着底物浓度的降低，底物在水中充分溶解，提高分子扩散性，酶与底物接触的效率增加，从而提高了反应速度；当液料比超过 8∶1mL/g 时，底物的浓度较低，反应速度因底物浓度的降低而变慢。综合各因素考虑，选择液料比为 8∶1mL/g较为适宜。

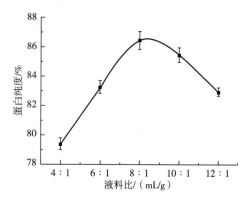

图 8-14　液料比对蛋白纯度的影响

（5）酶解时间对南瓜籽蛋白纯度的影响　在酶解温度为 55℃，酶解 pH 为 4.5，酶添加量为 0.3%，液料比为 8∶1mL/g 的条件下，分别以 30min、50min、70min、90min 和 110min 的酶解时间对南瓜籽蛋白进行处理，分析其对南瓜籽蛋白纯度的影响，其结果如图 8-15 所示。

由图 8-15 可见，南瓜籽蛋白的纯度随着酶解时间的增加呈先上升后趋于平缓的趋势，当底物总量不变，酶解时间不断增长时，糖化酶将底物不断酶解，南瓜籽蛋白的纯度从而提高；当酶解时间超过 90min 时，由于底物浓度不断减少直到不足，反应逐渐停止，酶解时间再长也无法增加蛋白的纯度。综合各因素考虑，选择酶解时间为 90min 较为适宜。

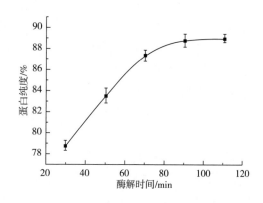

图 8-15　酶解时间对蛋白纯度的影响

2. 正交试验结果

选取酶解温度（A）、酶解 pH（B）、酶添加量（C）、液料比（D）和酶解时间（E）5 个因素对南瓜籽蛋白纯度的影响。采用 L_{16}（4^5）正交表优化南瓜籽蛋白纯化的工艺条件，试验设计及结果见表 8-7，直观分析图如图 8-16 所示。

表 8-7			南瓜籽蛋白纯化正交试验结果			
试验号	A	B	C	D	E	蛋白纯度/%
1	1	1	1	1	1	79.39
2	1	2	2	2	2	82.54
3	1	3	3	3	3	86.29
4	1	4	4	4	4	80.39
5	2	1	2	3	4	88.39
6	2	2	1	4	3	87.38
7	2	3	4	1	2	84.78
8	2	4	3	2	1	82.75
9	3	1	3	4	2	79.76
10	3	2	4	3	1	78.96
11	3	3	1	2	4	88.87
12	3	4	2	1	3	81.46
13	4	1	4	2	3	83.96
14	4	2	3	1	4	76.97
15	4	3	2	4	1	78.97
16	4	4	1	3	2	74.95
K_1	328.61	331.50	330.59	322.60	320.07	
K_2	343.30	325.85	331.36	338.12	322.03	
K_3	329.05	338.91	325.77	328.59	339.09	
K_4	314.85	319.55	328.09	326.50	334.62	
R	28.45	19.36	5.59	15.52	19.02	
因素主次			A>B>E>D>C			
优方案			$A_2B_3E_3D_2C_2$			

由表 8-7 中的极差 R 值可知，糖化酶纯化南瓜籽蛋白的影响因素主次顺序为：A（酶解温度）>B（酶解 pH）>E（酶解时间）>D（液料比）>C（酶添加量）。

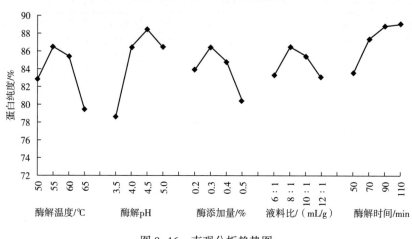

图 8-16　直观分析趋势图

由直观分析趋势图 8-16 可见试验优方案为 $A_2B_3E_3D_2C_2$，即酶解温度为 55℃，酶解 pH 为 4.5，酶解时间为 90min，液料比为 8∶1mL/g，酶添加量为 0.3%。正交试验得到的优方案不在已做的试验中，需进行验证试验，将正交试验分析的优方案 $A_2B_3E_3D_2C_2$ 与正交表中的最优结果 $A_2B_1E_2D_3C_4$ 相比较，得到 $A_2B_3E_3D_2C_2$ 为试验的最优方案，在此条件下南瓜籽蛋白的纯度为 91.38%。

三、结论

（1）以超临界 CO_2 萃取法获得的南瓜籽蛋白粉为原料，采用碱溶酸沉法提取南瓜籽分离蛋白，用单因素实验分析了 4 个因素对南瓜籽蛋白提取率的影响。再采用 Box-Behnken 响应面法对南瓜籽分离蛋白提取工艺进行优化，得到优化后的优工艺参数：碱提 pH 为 9.5，碱提温度为 50℃，碱提时间为 120min，液料比为 10∶1mL/g。在优化后的条件下进行验证试验，得到南瓜籽蛋白的提取率为 75.35%。

（2）用糖化酶处理南瓜籽分离蛋白以提高蛋白纯度，用单因素试验分析 5 个因素对南瓜籽蛋白纯度的影响，再用正交试验优化工艺条件，得到最佳工艺条件为：酶解温度为 55℃，酶解 pH 为 4.5，酶解时间为 90min，液料比为 8∶1mL/g，酶添加量为 0.3%。并与 16 组试验中蛋白纯度最高的条件进行比较，得到正交试验分析优方案的结果最好，在此条件下南瓜籽蛋白的纯度为 91.38%。

（3）南瓜籽蛋白在酸性和中性条件下溶解度不好，这限制了南瓜籽蛋白在食品中的应用。

第三节 南瓜籽蛋白的酶法改性

蛋白质在生产加工和储存过程中的状态受其分子特征（柔韧性，构象稳定性，疏水性和亲水性部分分布）及外部因素（pH、离子强度和温度等）的影响。研究发现植物蛋白大的相对分子质量和较差的水溶性限制了它们作为食品、化妆品和制药工业产品的功能组分的利用。尽管如此，由于它们的两亲结构，成膜能力以及是天然乳化剂的事实，蛋白质在乳化性质方面特别受关注。

南瓜籽粕中含有丰富的蛋白质，但目前市场上对南瓜籽蛋白的应用却很少，这是由于南瓜籽蛋白在中性条件下的溶解度较差，酶水解可以引起南瓜籽蛋白结构的一系列变化并改善其生物活性和功能性质，包括在广泛的 pH 范围内增强的蛋白质溶解度。本试验采用碱性蛋白酶酶解南瓜籽蛋白，主要研究不同水解度对南瓜籽蛋白的功能性质的影响。

一、试剂及材料

试剂：氢氧化钠；盐酸；浓硫酸；硼酸；硫酸铜；硫酸钾，国药；凝胶试剂，索莱宝生物。

材料：南瓜籽蛋白粉，实验室自制。

二、工艺生产

1. 南瓜籽蛋白水解度

南瓜籽蛋白配制成质量分数 8% 的南瓜籽蛋白溶液，采用碱性蛋白酶酶解。用 1mol/L NaOH 调节 pH，使溶液 pH 恒定在 8.5，采用 pH-stat 法测定酶解液水解度。水解结束时，将酶解液在 90℃ 以上的水中灭酶 10min，将灭酶后的蛋白溶液真空干燥，得到适度水解的南瓜籽蛋白。水解度（DH）按式（8-3）计算：

$$DH = h/h_{tot} \times 100\% \qquad (8-3)$$

在本式中，南瓜籽蛋白的 h_{tot} 取 8.35mmol/g。

2. 南瓜籽蛋白溶解性

蛋白溶解性（PDI）按式（8-4）计算：

$$蛋白溶解性（\%）= \frac{水中溶解蛋白质含量}{样品中总蛋白质含量} \times 100 \qquad (8-4)$$

蛋白质含量的测定参照 GB 5009.5—2016《食品安全国家标准 食品中蛋白质的测定》。

3. 南瓜籽蛋白持水性

称取 1g 左右的南瓜籽分离蛋白样品于离心管（离心管质量记为 m，离心管和蛋白样品质量记为 m_1）中，加入 10mL 蒸馏水，调节 pH 至中性，用涡旋仪使蛋白质和水充分混合，离心后称量沉淀和离心管质量记为 m_0，持水性按式（8-5）计算：

$$持水性 = \frac{m_0 - m_1}{m_1 - m} \tag{8-5}$$

4. 南瓜籽蛋白吸油性

称取 1 g 左右的南瓜籽分离蛋白样品于离心管（离心管质量记为 m_3，离心管和蛋白样品的质量记为 m_2）中，加入 10mL 一级菜籽油，用涡旋仪使蛋白质和油充分混合，离心后称量沉淀和离心管质量记为 m_4，吸油性按式（8-6）计算：

$$吸油性 = \frac{m_4 - m_3}{m_3 - m_2} \tag{8-6}$$

5. 南瓜籽蛋白乳化性及乳化稳定性

称取 5g 南瓜籽分离蛋白样品于 50mL 水中，用高速分散均质机均质，分别调节 pH 为 2、4、6、8、10 后，加入 50mL 菜籽油后再均质，记乳化层高度为 H_1、溶液和乳化层的总高度为 H；将上述样品静置 30min 后，记此时乳化层的高度为 H_2，乳化性按式（8-7）计算：

$$乳化性 /\% = \frac{H_1}{H} \times 100 \tag{8-7}$$

乳化稳定性按式（8-8）计算：

$$乳化稳定性 /\% = \frac{H_2}{H_1} \times 100 \tag{8-8}$$

6. 南瓜籽蛋白起泡性及泡沫稳定性

称取 0.5g 南瓜籽分离蛋白样品于 50mL 水，分别调节 pH 为 2、4、6、8、10 后，用均质机均质，记均质前溶液的体积为 V，均质后的总体积为 V_1；将上述样品静置 30min，记此时的总体积为 V_2，起泡性按式（8-9）计算：

$$起泡性 /\% = \frac{V_1 - V}{V} \times 100 \tag{8-9}$$

泡沫稳定性按式（8-10）计算：

$$泡沫稳定性 /\% = \frac{V_2 - V}{V_1 - V} \times 100 \tag{8-10}$$

7. 南瓜籽蛋白热变性温度的测定

称取 4~5mg 的南瓜籽蛋白样品放入铝盒中，密封后放到差示扫描量热仪（DSC）上，以相同规格的密封空铝盒作为对照，以 10℃/min 的升温速率使铝盒内样品温度从 30℃ 上升到 200℃，每样品重复测定 3 次。记录并计算吸热曲线的变性温度，吸热曲线的峰值点温度为变性温度，曲线形成的峰面积理论上为蛋白质变性所需要的能量。

8. 南瓜籽蛋白红外光谱分析

用无水乙醇棉球擦拭实验用具，取 100mg 溴化钾置于白炽灯下干燥研磨，再取 1mg 样品与溴化钾粉末研磨混匀后压制成透明薄片，在傅里叶红外光谱仪上做全波段（400~4000cm^{-1}）扫描测定，扫描次数为 32 次，分辨率为 4 cm^{-1}，以溴化钾为空白。

三、酶解条件对南瓜籽蛋白功能性质的影响

1. 酶解时间对南瓜籽蛋白水解度的影响（图 8-17）

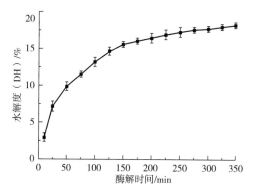

图 8-17　酶解过程中南瓜籽蛋白水解度随时间的变化

由图 8-17 可见，南瓜籽蛋白的水解度随着酶解时间的增加先增大而后趋于平缓。在酶解反应刚开始的 50min，南瓜籽蛋白酶解液的水解度变化最迅速，酶解反应最剧烈，反应到 150min 后，酶解液的水解度变化缓慢，反应趋于平缓。本研究选取酶解时间分别为 10min、30min、150min，即水解度分别为 3%、8%、18% 的酶解产物为研究对象。

2. 不同水解度南瓜籽蛋白功能性质的测定

（1）不同水解度南瓜籽蛋白的溶解性（图 8-18）

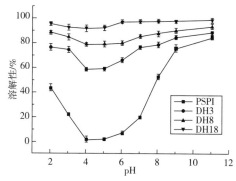

图 8-18　pH 对不同水解度南瓜籽蛋白溶解性的影响

由图 8-18 可见，由于含有大量的谷蛋白，南瓜籽蛋白在中性条件下溶解性不好，而在偏离等电点尤其是碱性条件下溶解性很好。蛋白质的溶解度取决于不同 pH 下组成氨基酸所带的电荷。南瓜籽蛋白最小溶解度发生在等电点（pI）附近，其中蛋白质的结构中正、负电荷达到平衡后减少了蛋白质带电基团之间的静电排斥，导致蛋白质聚集形成集体，并限制蛋白质溶解度。随着溶液的 pH 降低至低于 pI，阳离子占主导地位，而在高于 pI 的 pH 增加时，阴离子占优势。在这两种情况中的任何一种情况下，都会发生静电排斥，这会增强蛋白质的溶解度。随着水解程度的增加，酶解使蛋白中的肽键断裂，增强了蛋白分子和水之间的作用，南瓜籽蛋白适度水解后其溶解性显著提高，且 pH 对水解后的蛋白的溶解性无明显影响。

（2）不同水解度南瓜籽蛋白的持水性（图 8-19）

由图 8-19 可见，与未水解的南瓜籽蛋白相比，适度水解的南瓜籽蛋白的持水性明显提高，且随着水解度的增大，南瓜籽蛋白的持水性逐渐增强。这是由于南瓜籽蛋白水解伴随有结构的变化，降低南瓜籽蛋白的分子质量，水解的过程中肽键的断裂形成大量的亲水基团，导致蛋白质的持水性增强。具有高持水性的蛋白质可以应用于烘焙产品，以防止水分损失并改善食品保存期间的新鲜度。此外，高持水性的蛋白质可能有助于增加各种黏性食品的黏度。

（3）不同水解度南瓜籽蛋白的吸油性（图 8-20）

由图 8-20 可见，蛋白质吸油性的变化，随着蛋白水解度的增大，吸油性有所降低。酶解南瓜籽蛋白过程中，蛋白的亲水基团暴露导致蛋白亲水性增强，反之蛋白的亲油能力减弱。适度水解使蛋白质水解成小分子的蛋白，水解过程增加了蛋白质的亲水基团，导致水解后的蛋白吸油性下降。

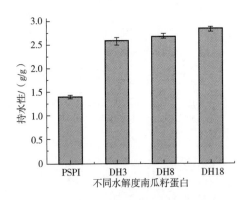

图 8-19　不同水解度南瓜籽蛋白的持水性

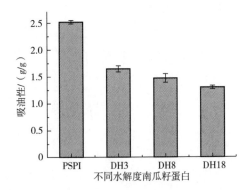

图 8-20　不同水解度南瓜籽蛋白的吸油性

（4）不同水解度南瓜籽蛋白乳化性和乳化稳定性（图8-21、图8-22）

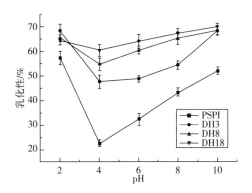

图 8-21　pH 对不同水解度蛋白乳化性的影响

由图 8-21 可见，南瓜籽蛋白在等电点附近乳化性最差，蛋白质的表面电荷在其等电点处最低，这有利于蛋白质的聚集并且由于蛋白质的液滴聚结，没有静电力排斥。当 pH 偏离等电点时，南瓜籽蛋白的乳化性均呈上升趋势，当 pH 高于 8 时，蛋白的乳化性变化趋于平缓。这是由于蛋白的乳化性与蛋白的溶解度呈正相关的关系，当蛋白溶液在偏离等电点的条件下，蛋白质溶解度较大，乳化活性也较高。同时，当对南瓜籽蛋白进行适度水解后，由于南瓜籽蛋白的溶解度显著提高，适度水解的南瓜籽蛋白的乳化性有了显著的提高，其稳定性如图 8-22 所示。

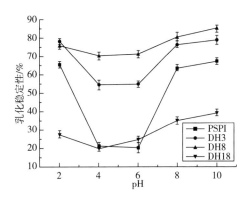

图 8-22　pH 对水解度蛋白乳化稳定性的影响

由图 8-22 可见，南瓜籽蛋白溶液的 pH 邻近蛋白等电点时，其乳化稳定性最低，当溶液的 pH 偏离等电点时，南瓜籽蛋白的乳化稳定性迅速提高。随着蛋白质的水解度增大，蛋白的乳化稳定性有所提高，但当水解度为 18% 时，蛋白的乳化稳定性很低。这可能是由于水解度较高时，水解产生小肽，亲水基团增加，蛋白不容易形成黏膜，从而导致乳化稳定性降低。

（5）不同水解度南瓜籽蛋白起泡性和起泡稳定性（图 8-23、图 8-24）

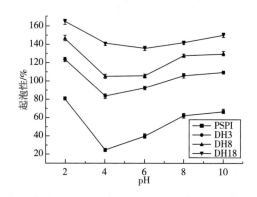

图 8-23　pH 对不同水解度蛋白起泡性的影响

由图 8-23 可见，南瓜籽蛋白的起泡性随着 pH 的增加先降低后升高，在等电点附近时蛋白的起泡性最差，当蛋白在碱性条件下，蛋白的溶解性提高，蛋白所带的电荷不为零，南瓜籽蛋白酶解后得到的酶解液能显著提高蛋白的起泡性。蛋白质的起泡性与蛋白的溶解性和带电情况有关，蛋白酶解作用后会生成一些短链多肽，蛋白的溶解性会显著提高，同时，溶液更容易形成液膜，有利于提高起泡能力，其起泡稳定性如图 8-24 所示。

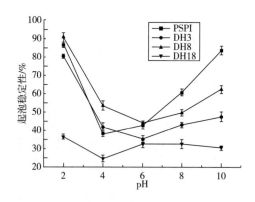

图 8-24　pH 对不同水解度蛋白起泡稳定性的影响

由图 8-24 可见，南瓜籽蛋白起泡稳定性随着溶液 pH 的增加先降低后上升，蛋白的溶解度是其起泡性和起泡稳定性的重要影响因素，当 pH 偏离等电点时，南瓜籽蛋白的起泡稳定性较高。随着南瓜籽蛋白酶解程度的提高，南瓜籽蛋白酶解液的起泡稳定性先上升后降低，这是由于酶解南瓜籽蛋白导致溶液的黏度下降，酶解产生的带电基团增加过多，使气液薄膜强度降低，泡沫易破裂，泡沫稳定性下降。

3. 不同水解度南瓜籽蛋白 DSC 的测定（图 8-25）

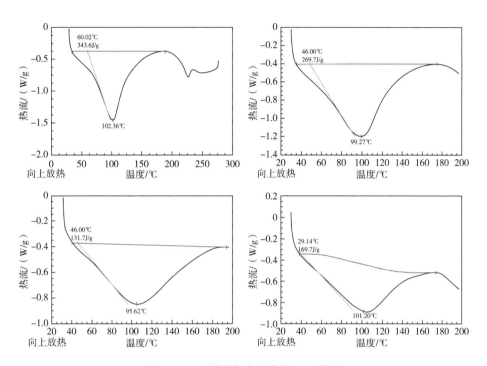

图 8-25　不同水解度蛋白的 DSC 谱图

由图 8-25 可见，DSC 技术可用于表征蛋白质的热稳定性和变性伸展情况，吸热焓 ΔH 越大蛋白质变性程度越小。根据不同水解度蛋白的 DSC 谱图可知，PSPI、DH3、DH8 和 DH18 的 ΔH 分别为 343.6J/g、269.7J/g、181.7J/g 和 169.7J/g。由图 8-25 可以看出不同水解度的南瓜籽蛋白都有一个向下的吸收峰，表明南瓜籽蛋白的变性过程是一个放热过程。用差示扫描量热法分析盐提取物和碱提取物，盐提取物和碱提取物变性温度分别为 96.6℃ 和 93.4℃。

4. 不同水解度南瓜籽蛋白流变性的测定（图 8-26、图 8-27）

由图 8-26 可见，南瓜籽蛋白剪切应力随剪切速率的增大而增大，且随蛋白水解度的升高，剪切应力减小，且蛋白的水解度越大剪切应力越小。由图 8-27 可知，随着剪切速率的增加，四种水解度的南瓜籽蛋白的黏度均是先降低然后趋于稳定，呈现出剪切稀化的流体特性。这是由于在剪切速率低的情况下，蛋白溶液内的大分子产生碰撞的概率大于外力所致的断裂，使溶液呈现出较高的黏度。但当剪切速率逐渐升高后，在剪切速率高时，分子间的交联结构被破坏，分子链

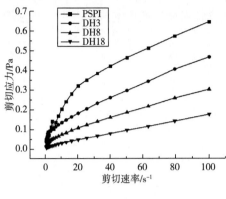

图 8-26　南瓜籽蛋白剪切应力
随剪切速率的变化

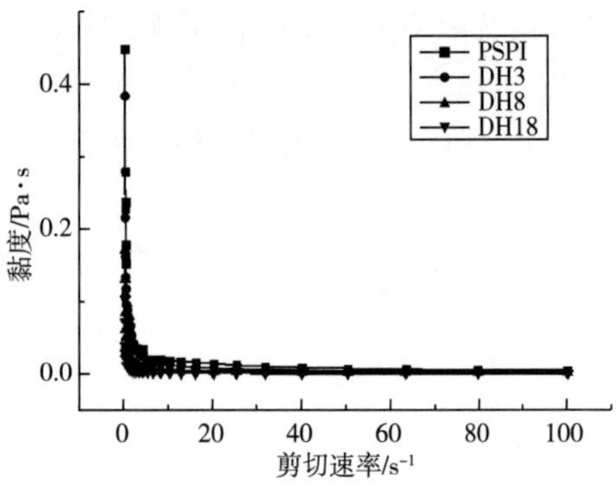

图 8-27　南瓜籽蛋白黏度随剪切速率的变化

重新解离释放，引起了体系黏度下降。随着水解度的增加，南瓜籽蛋白的黏度减小，这是由于南瓜籽蛋白水解后形成小分子蛋白甚至是多肽。

5. 不同水解度南瓜籽蛋白红外光谱的测定

不同水解度南瓜籽蛋白红外光谱的测定结果如图 8-28 所示，不同化学结构和光谱如表 8-8 所示。

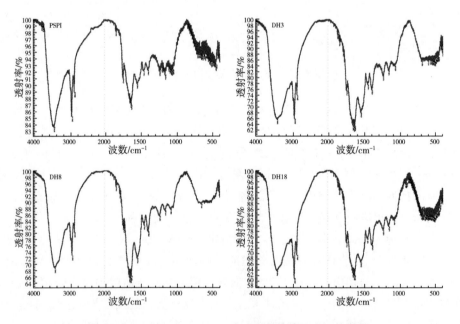

图 8-28　PSPI、DH3、DH8 和 DH18 的傅里叶红外谱图

由图 8-28 可知，不同水解度南瓜籽蛋白谱图谱型无较大差异。

表 8-8	不同化学结构的光谱范围
光谱范围/cm^{-1}	化学结构表征
3600~3300	O—H 伸缩振动、N—H 伸缩振动；结合水中 O—H 基团与氨基酸中 C=O 所形成的分子内和分子间氢键
2980~2850	饱和 C—H 伸缩振动
1700~1600	酰胺 I 带（肽键中的 C=O 伸缩振动）
1600~1500	酰胺 II 带（C—N 伸缩振动和 N—H 变形振动）
1420~1350	C—OH 振动
1350~1200	酰胺 III 带（C—O 和 C—O—C 振动）
1100~1060	P=O 或 P—O—C 对称伸缩振动

由表 8-8 可知，吸收峰在 3600~3500cm^{-1} 的为游离态 O—H，当形成分子内或分子间氢键时，羟基的吸收峰向低波数移动。谱图中在 3400cm^{-1} 左右呈现的吸收峰，表明蛋白分子中可能存在大量分子内或分子间氢键。水解后南瓜籽蛋白峰位向低波数移动，从 3416 cm^{-1} 到 3405 cm^{-1}，表明水解使蛋白分子中氢键增加，这是由于水解过程中蛋白的亲水基团暴露，亲水基团易与水形成氢键。南瓜籽蛋白的酰胺 I 带（1600~1700cm^{-1}）是由羰基（C=O）键伸缩振动产生。结合图 8-30 的 4 个谱图的峰形可更清楚地看出，南瓜籽蛋白水解后峰形由尖锐变得平缓，这是由于蛋白水解形成了较多的分子间氢键，导致 C—N 伸缩振动以及 C=O 伸缩振动频率发生明显变化，氢键数量越多，伸缩振动谱带越宽，吸收峰强度越低。

四、总结

（1）本实验采用酶法对南瓜籽蛋白进行改性，以 PSPI 为原料，用碱性蛋白酶对其进行水解，选取 DH3、DH8、DH18 三种不同水解度南瓜籽蛋白，得到三种水解度样品与 PSPI 进行分析比较其功能性质。

（2）随着水解度的增加，南瓜籽蛋白的溶解性、持水性、乳化性及起泡性都有所提高，且不会明显受到 pH 的影响；持油性有所降低，乳化稳定性和起泡稳定性呈先提高后降低的趋势，这说明适度水解南瓜籽蛋白可以改善蛋白的功能，但深度水解会导致部分功能性质降低，也可以针对食品加工的需要对蛋白进行适度的改性。

（3）酶解蛋白改性的本质是使蛋白变性，随着南瓜籽蛋白水解度的提高，蛋白的变性程度增大，蛋白的黏性也随之降低。从红外谱图中可以看出酶解使南瓜籽蛋白在过程中形成了较多的分子间氢键。

第四节　球磨处理对南瓜籽蛋白结构的影响

蛋白质酶解物成分复杂，其中多肽的氨基酸序列、相对分子质量等均有差异，不同的蛋白质酶解物，甚至同一种蛋白质不同处理方式得到的酶解物，其功效也会不同。

蛋白质经球磨处理后，其结构会有所改变，会使更多酶切作用位点暴露，从而改变蛋白质的理化性质和酶解性能，而多肽的相对分子质量、氨基酸序列及空间构象等都会对 ACE 抑制肽的活性产生影响。球磨处理能显著提高南瓜籽蛋白的酶解效率以及酶解产物的 ACE 抑制活性，但球磨预处理促进南瓜籽蛋白酶解的机理尚不明晰。本节以未处理和球磨处理不同时间的南瓜籽蛋白为研究对象，通过对其二级结构、三级结构、热力学性质以及微观结构的分析探究球磨处理促进南瓜籽蛋白酶解的机理。

一、试剂和材料

试剂：碱性蛋白酶（酶活力 2×10^5 U/g），江苏锐阳；其他均为分析纯试剂。

材料：脱脂南瓜籽粕，宝得瑞（湖北）健康产业有限公司。

二、生产工艺

1. 南瓜籽蛋白的制备

取脱脂南瓜籽粕按照料液比 1∶5 g/mL 加水混合，调节 pH 为 9.5，50℃水浴处理 2h，冷却至室温后，5000r/min 离心 10min 取上清液，调节上清液 pH 为 4.5，50℃水浴处理 2h，冷却至室温后，5000r/min 离心 10min 取沉淀，用蒸馏水水洗沉淀至中性，真空冷干的南瓜籽蛋白，蛋白含量达 98% 左右。将制备好的南瓜籽蛋白用球磨机分别处理 5min、10min、15min，并与未经球磨处理的南瓜籽蛋白作对照。

2. 傅里叶红外光谱（FTIR）测定

称取 2mg 南瓜籽蛋白与 200mg 干燥的 KBr 粉末在玛瑙研钵中混匀并充分研磨，取适量压片。在 4000 ~ 400cm⁻¹ 范围内测定红外吸收光谱，吸光分辨率 2cm⁻¹，扫描次数 32 次。利用 OMNIC 软件对图谱进行分析，并对图谱中酰胺 I 带（1600~1700cm⁻¹）进行解析，确定蛋白质四种二级结构的相对含量。

3. 内源荧光光谱测定

用磷酸缓冲液（0.01mol/L，pH 为 7.0）配制 1mg/mL 的南瓜籽蛋白溶液，溶液 4000r/min 离心 20min 后取上清液进行荧光光谱扫描，激发波长为 290nm，扫描范围为 300~500nm，扫描速度为 1200nm/min。以磷酸缓冲液作为空白。

4. 紫外吸收光谱测定

用磷酸缓冲液（0.01mol/L，pH 为 7.0）配制 1mg/mL 的南瓜籽蛋白溶液，溶液 4000r/min 离心 20min 后取上清液进行紫外光谱扫描，扫描范围为 200~400nm，扫描速度为 100nm/min。以磷酸缓冲液作为空白。

5. 热力学特性测定

利用 DSC 测定：称量 4~5mg 南瓜籽蛋白样品置于铝制样品皿中，放入压片机压片密封，以空铝制样品皿为参比，以氮气为载气，流速为 20mL/min，温度扫描范围为 20~200℃，升温速率为 10℃/min，记录相应的起始温度（T_0）、峰值温度（T_P）、终止温度（T_C）和焓变（ΔH）。

6. 粒径分布的测定

用磷酸缓冲液（0.01mol/L，pH 为 7.0）配制 1mg/mL 的南瓜籽蛋白溶液，将溶液通过 0.45μm 滤膜除去不溶性的杂质后用纳米粒度电位分析仪进行粒径分布的测定。

7. 扫描电镜观察

取冷干后的南瓜籽蛋白样品固定在干净的样品台上，对样品进行喷金后用扫描电子显微镜观察，放大倍数分别为 250 倍和 1000 倍。

三、生产工艺对球磨处理南瓜籽蛋白的影响

1. 傅里叶红外光谱测定

傅里叶变换红外光谱是将红外线改变了波长后照射到分子上，当红外线与分子的固有振动能对应时，红外线会被吸收导致波形变化。分子的固有振动能与分子键的类型对红外谱图波段的形状和强度都有影响，所以谱图上的信息能反映分子结构信息。傅里叶变换红外光谱是研究蛋白质二级结构的良好方式，该法需要的蛋白质量少，且不受原料状态和环境等的影响，因此成为研究蛋白质二级结构的重要研究方法。

球磨处理对南瓜籽蛋白的红外光谱图如图 8-29 所示。对南瓜籽蛋白而言，红外特征峰的变化主要包括 1500~1600cm^{-1} 的酰胺Ⅱ带、1600~1700cm^{-1} 的酰胺Ⅰ带、2961 cm^{-1} 处—CH 的特征吸收峰和 3424 cm^{-1} 处的单强峰。经不同球磨时间处理的南瓜籽蛋白，其红外光谱中特征峰位置发生了偏移，其强度也明显减弱，表明球磨处理能破坏南瓜籽蛋白结构，使其结构发生了不同程度的变化。

通过将蛋白质中红外区的酰胺Ⅰ带经傅里叶去卷积处理后将其求二阶导数并绘制二阶导数谱图（图 8-30），可根据该谱图准确估算蛋白质的各二级结构的比例。通过傅里叶去卷积和二阶导处理可以将原酰胺Ⅰ带中的峰进一步分解成子峰，将子峰的峰位与曲线拟合结合，可以进一步对蛋白质各二级结构进行定量分

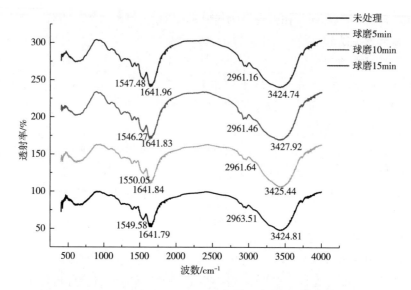

图 8-29　不同球磨时间处理的南瓜籽蛋白的红外光谱图

析。目前公认的酰胺 I 带二级结构的区域指认为：α-螺旋（1650~1660cm^{-1}），无规卷曲（1640~1650cm^{-1}），β-折叠（1600~1640cm^{-1}），β-转角（1660~1700cm^{-1}）。

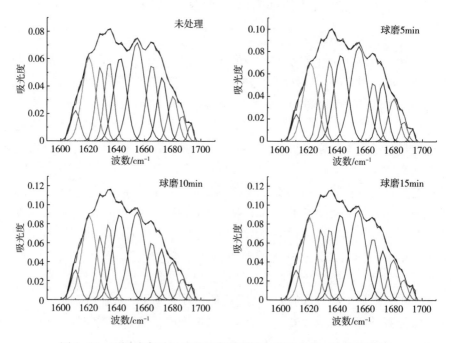

图 8-30　不同球磨时间处理的南瓜籽蛋白酰胺 I 带二阶导数谱图

由表8-9可知，南瓜籽蛋白二级结构的主要组成为β-折叠结构，占二级结构总量的37.16%。经过球磨处理后南瓜籽蛋白的主要二级结构也是β-折叠结构，且α-螺旋结构和无规卷曲结构的含量都显著增加，β-折叠结构先减小后增加，而β-转角结构的含量显著降低，表明南瓜籽蛋白经球磨处理一定时间后β-转角结构会转化为α-螺旋结构、β-折叠结构和无规卷曲结构。一个β-转角结构中的4个氨基酸残基由氢键来稳定，氢键在稳定二级结构中为主要作用力。这个结果表明球磨处理会破坏蛋白质肽链间或链内的氢键，改变了南瓜籽蛋白的二级结构，暴露其结合位点，使酶更容易与底物结合，进而影响其ACE抑制活性。

表8-9　　　　　　　不同球磨时间处理的南瓜籽蛋白二级结构含量　　　　　　单位:%

处理方式	α-螺旋	β-折叠	β-转角	无规卷曲
未处理	19.98±0.05[d]	37.16±0.06[c]	28.58±0.05[a]	14.28±0.07[d]
球磨5min	22.31±0.07[a]	35.93±0.06[d]	24.80±0.08[b]	16.96±0.04[b]
球磨10min	20.28±0.08[c]	38.98±0.08[a]	23.53±0.08[c]	17.21±0.07[a]
球磨15min	20.59±0.09[b]	38.08±0.08[b]	24.82±0.08[b]	16.51±0.06[c]

注：同列小写字母不同表示差异显著（$p<0.05$），结果表示为均值±SD（$n=3$）。

2. 内源荧光光谱测定

内源荧光光谱反映蛋白质构象的变化主要取决于芳香族氨基酸的环境极性，特别是色氨酸。当色氨酸残基掩埋在蛋白质内部时，观察到较高的内源荧光强度。研究表明，色氨酸残基所处的微环境会影响最大荧光发射波长λ_{max}，当$\lambda_{max}<330nm$时，表示其处在蛋白质分子内部的非极性环境中，当$\lambda_{max}>330nm$时表明其在蛋白质分子外部的极性环境中。不同球磨时间处理的南瓜籽蛋白的荧光光谱图见图8-31。

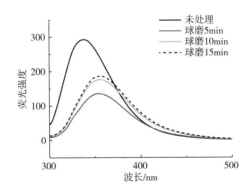

图8-31　不同球磨时间处理的南瓜籽蛋白的荧光光谱图

如图 8-31 所示，未处理和球磨处理 5min、10min、15min 的南瓜籽蛋白 λ_{max} 分别为 337.2nm、353.8nm、355.4nm 和 356.0nm，表明样品的色氨酸残基都处于极性环境中。与未处理的南瓜籽蛋白相比，球磨处理后的南瓜籽蛋白荧光光谱的 λ_{max} 发生红移，随着球磨处理时间的增加，南瓜籽蛋白的 λ_{max} 红移程度也逐渐增加，造成此变化的原因可能是球磨处理使南瓜籽蛋白的空间构象发生变化，芳香族氨基酸残基的极性环境增大，更多的芳香族氨基酸残基逐渐暴露，肽链结构舒展，从而使南瓜籽蛋白的三级结构变得更加疏散，使碱性蛋白酶与南瓜籽蛋白分子的酶解位点有更大概率接触，从而促进了酶解。

3. 紫外吸收光谱测定

蛋白质在紫外线区域具有特定的吸收光谱，吸收峰（260~280nm）代表芳香族氨基酸残基的吸收。对南瓜籽蛋白进行全波长紫外光谱扫描，可以确定南瓜籽蛋白在 260~280nm 处有吸收峰，但是强度较弱，这是因为南瓜籽蛋白中芳香族氨基酸含量较低（图 8-32）。

由 8-33 图可见，未处理的南瓜籽蛋白最大吸收峰的位置为 275.94nm，经过球磨处理 5min、10min、15min 后，最大吸收峰的位置分别蓝移至 269.83nm、271.87nm、270.17nm，表明球磨处理改变了南瓜籽蛋白的三级结构并且随着球磨时间的延长，紫外吸收强度也不断升高，表明南瓜籽蛋白结构舒展，促使芳香族氨基酸残基暴露。

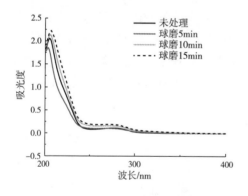

图 8-32　不同球磨时间处理的
南瓜籽蛋白的全波长紫外光谱图

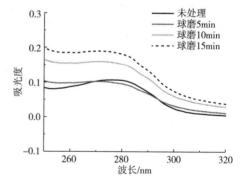

图 8-33　不同球磨时间处理的
南瓜籽蛋白的紫外光谱图

4. 热力学特性测定

DSC 技术可分析评价蛋白质热变性，变性温度常可表征蛋白质的热稳定性，而变性焓变则可评价不同蛋白质分子的亲水性、疏水性强弱，此外还可表征不同蛋白质分子的有序性，如图 8-34 所示。

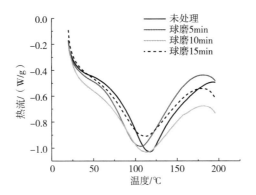

图 8-34　不同球磨时间处理的南瓜籽蛋白的 DSC 图

由图 8-34 可见，不同球磨处理时间后南瓜籽蛋白的峰形相似，均只有一个变性峰。未经球磨处理的南瓜籽蛋白变性温度为 117.71℃，变性焓变为 210.1J/g，经过球磨处理 5min、10min、15min 后，变性温度分别降低为 107.36℃、108.89℃、109.91℃，这表明球磨处理改变了南瓜籽蛋白的空间构象，使南瓜籽蛋白的变性温度降低，减小了南瓜籽蛋白结构的稳定性。

变性与分子内键的破坏有关，即吸热过程。变性焓变的变化可能与键合模式的变化有关，在这种情况下，键数较少或较弱的蛋白质构象状态需要较少的能量展开，因此可以观察到焓变的降低。焓变越大，表明蛋白质的变性程度越大，经过球磨处理 5min、10min、15min 后，变性焓变分别降低为 204.4J/g、171.6J/g、170.0J/g，表明球磨处理时间越长，变性程度越大，这与之前的紫外和荧光光谱的分析结果相吻合。

5. 粒径分布的测定

粒径分布规律可有效表征蛋白质聚集、解聚等行为。不同球磨时间处理的南瓜籽蛋白溶液的粒径分布如图 8-35 所示。

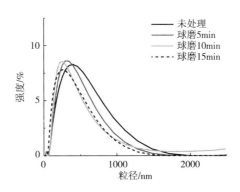

图 8-35　不同球磨时间处理的南瓜籽蛋白的粒径分布图

由图 8-35 可见，南瓜籽蛋白溶液的粒径主要分布在 1000nm 以内，当球磨处理时间由 0min 增加至 15min 时，南瓜籽蛋白溶液的粒径分布逐渐向小粒径方向移动，到达峰顶的粒径分别为 217.3nm，190.3nm，175.9nm 和 159.8nm，这可能是因为南瓜籽蛋白经过球磨仪处理后，由于仪器的冲击动量和摩擦力，南瓜籽蛋白被高强度粉碎，粒径变小，导致南瓜籽蛋白在溶液中趋于分散，从而提高了酶解效率。研究表明，在低温粉碎 200 目下，随着粉碎程度的不断增加，超微粉碎时的高速剪切力会使得南瓜籽蛋白的粒径不断减小。

6. 扫描电子显微镜观察（图 8-36）

由图 8-36 可见，未经球磨处理的南瓜籽蛋白呈球形，颗粒大小并不均匀但结构紧密。与未经球磨处理的南瓜籽蛋白比较，经过球磨处理的蛋白质的微观结构均有显著的变化。球磨处理后，南瓜籽蛋白的整体结构被破坏，呈块状结构。球磨处理 5min 后的南瓜籽蛋白呈现部分聚集现象，但球形结构已经消失，随着球磨时间的增加，块状颗粒逐渐变细，南瓜籽蛋白被逐渐打散，质地变得疏松，表明球磨处理可以破坏南瓜籽蛋白的球状致密结构，使南瓜籽蛋白的粒径减小，碱性蛋白酶更易进入南瓜籽蛋白颗粒内部，从而促进了酶解，这与马尔文激光粒度仪检测溶液中南瓜籽蛋白粒径分布的结果一致。

四、总结

本实验分别采用傅里叶红外光谱仪、荧光光谱仪、紫外可见分光光度计、差示扫描量热仪、马尔文纳米粒度电位分析仪和扫描电子显微镜，对不同球磨时间处理的南瓜籽蛋白进行了测定，探讨球磨影响酶解产物 ACE 抑制活性的机制，结果表明：球磨处理造成了红外光谱中特征峰峰强明显减弱，特征峰的位置也发生了偏移。经球磨处理一定时间后南瓜籽蛋白 β-转角结构会转化为 α-螺旋结构、β-折叠结构和无规卷曲结构，破坏蛋白质肽链间或链内的氢键，改变南瓜籽蛋白的二级结构；荧光光谱和紫外光谱结果分析得出，球磨处理后的南瓜籽蛋白更多的芳香族氨基酸残基逐渐暴露在外部的亲水环境中；DSC 图谱表明，球磨处理使南瓜籽蛋白的变性温度降低，且球磨处理时间越长，变性程度越大。粒径分布和扫描电子显微镜图谱显示，南瓜籽蛋白经过球磨仪处理后，南瓜籽蛋白的粒径减小，导致南瓜籽蛋白在溶液中趋于分散。球磨处理通过影响南瓜籽蛋白的结构，使碱性蛋白酶更易与南瓜籽蛋白的酶切位点结合，从而提高了南瓜籽蛋白酶解产物的 ACE 抑制活性。

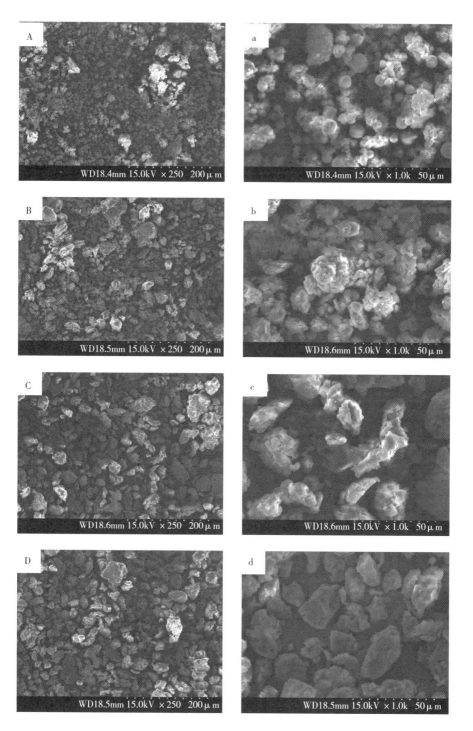

图 8-36　南瓜籽蛋白的扫描电子显微镜图

［A/a—未处理；B/b—球磨 5min；C/c—球磨 10min；D/d—球磨 15min；

A、B、C、D 放大 250 倍；a、b、c、d 放大 1000 倍］

参考文献

［1］王思程．南瓜籽蛋白的提取及其改性的研究［D］.长春：吉林农业大学，2019.

［2］刘艳荣．南瓜籽蛋白制备及其活性多肽的研究［D］.太原：山西大学，2011.

［3］洪伟鸣．生物分离与纯化技术［M］.重庆：重庆大学出版社，2015.

［4］张淑蓉，武瑜，梁叶星，等．南瓜籽仁蛋白多肽的酶法制备和抗氧化活性研究［J］.食品工业科技，2012，33（3）：241-244.

［5］范三红，刘艳荣，原超．南瓜籽蛋白质的制备及其功能性质研究［J］.食品科学，2010，31（16）：97-100.

［6］张芬．南瓜籽粕蛋白的提取及性质研究［D］.哈尔滨：黑龙江大学，2014.

［7］李燕杰，甄成，陈洪涛，等．南瓜籽饼粕中蛋白的综合利用［J］.食品研究与开发，2009，30（8）：173-175.

［8］卢臣，张玉申，全文君，等．南瓜籽蛋白酶法改性及其功能特性研究［J］.粮食科技与经济，2021，46（6）：105-110.

［9］彭梦瑶．南瓜籽品质随烘烤的变化及其蛋白性质研究［D］.无锡：江南大学，2022.

［10］孔凡，雷芬芬，罗会兵，等．不同程度水解对南瓜籽蛋白功能性质的影响［J］.粮食与油脂，2020，33（10）：91-94.

［11］魏冰．南瓜籽油的开发和利用研究［J］.粮油加工，2008（5）：60-62.

［12］张妮．南瓜籽蛋白及多肽制备的研究［D］.武汉：武汉轻工大学，2019.

［13］董胜旗，陈贵林，何洪巨．南瓜籽营养与保健研究进展［J］.中国食物与营养，2006（1）：42-44.

［14］宗玉丽，李鑫，付英梅，等．南瓜籽活性成分研究及应用［J］.微生物学杂志，2011，31（2）：109-112.

［15］刘晓毅，薛文通，胡小苹，等．酶解法专一性去除大豆7S球蛋白中的α-亚基［J］.食品科技，2005（8）.

［16］董原，任健，杨勇．南瓜籽蛋白的提取分离及性质研究［J］.粮油加工，2010（2）：20-22.

［17］韩玮，杨芙莲，董文宾，等．夏秋茶中茶蛋白的提取工艺研究［J］.食品科技，2017（2）：226-231.

［18］赵永会，史义静，冯俊霞，等．面粉中蛋白质二级结构的红外光谱研究［J］.光散射学报，2015，27（1）：82-86.

［19］凌关庭．氧化·疾病·抗氧化（Ⅰ）［J］.粮食与油脂，2004（11）：47-49.

［20］杨晨．南瓜籽ACE抑制肽制备及其活性的研究［D］.武汉：武汉轻工大学，2021.

第九章　南瓜籽多肽

第一节　南瓜籽多肽概述

生物活性肽是指由 2~20 个氨基酸组成、分子质量小于 6000u 的具有特殊活性的肽类，不仅具有吸收快、效率高、营养价值上乘等优点，还具有多种人体代谢和生理调节功能。

生物活性肽来源于动植物和微生物蛋白质，我国有丰富的蛋白质资源，特别是我国的农副产品副产品中蛋白质含量占比巨大，有很好的开发前景。生物活性肽的制备方法主要包括酶解法、化学法和发酵法。近几年，采用酶解法已获得了多种具有生理活性的多肽产品。

一、南瓜籽多肽的主要生物活性

1. 降血压

多肽的生物活性与其序列和氨基酸组成存在着显著的相关性，N 端和 C 端含有疏水性和芳香族氨基酸残基以及含有精氨酸（Arg）、脯氨酸（Pro）的活性肽具有较好的 ACE 抑制活性，南瓜籽蛋白肽 N 端和 C 端含有苯丙氨酸（Phe）、亮氨酸（Leu）和缬氨酸（Val）等疏水性氨基酸，因此具备较好的 ACE 抑制活性。此外，肽链的长短对 ACE 抑制活性也有一定的影响。有研究表明，分子质量低于 1ku 南瓜籽蛋白水解物组分具有较好的生物活性，采用 HPLC/Q-TOF-MS/MS 测定了低于 1ku PPH 组分中南瓜籽蛋白肽组成，鉴定出 9 种 ACE 抑制肽。动物实验表明多肽 RFPLL 具有较好的降血压活性，灌胃自发性高血压大鼠 6h 后使其收缩压降低 37.0mm Hg、舒张压降低 17.0mm Hg；RFPLL 灌胃自发性高血压大鼠 24h 后仍然具有一定的降血压活性，并且在测试的剂量下 RFPLL 与卡托普利降压效果较为接近，说明从南瓜籽蛋白中可以获得降压效果较好的肽。

2. 抗氧化

抗氧化肽的抗氧化值（AOV）评价指标一般为清除超氧阴离子、羟自由基的能力等。研究发现，用碱性蛋白酶、风味蛋白酶、复合蛋白酶和中和酶水解制备的南瓜籽粕及其水解产物的营养和抗氧化性能，水解产物的抗氧化活性以剂量依赖性的方式增加，在 10mg/mL 时，DPPH 自由基清除活性从 21.89% 增加到 85.27%，在吸光度 700nm 下，其还原能力从 0.21 增加到 0.48，在浓度为 1mg/mL 时，金属（铁）的螯合能力从 30.50% 提高到 80.03%。选择碱性蛋白酶和风味蛋白酶进行复配，复配酶比例为碱性蛋白酶：风味蛋白酶 = 2：1 时制备的南瓜籽多肽，ABTS 自由基清除率为 75.62%，DPPH 自由基清除率为 95.65%。

抗氧化肽的抗氧化活性与其分子质量大小、氨基酸序列、氨基酸侧链基团、疏水性以及金属盐络合密切相关。分子质量小的肽通常比分子质量大的肽具有更强的抗氧化活性，因为它们更易与目标自由基相互作用，终止连锁反应，大多数抗氧化肽的分子质量为 500~1800u。抗氧化肽的肽链长短对活性影响较大，一般认为应在 20 个氨基酸残基以内，如果肽段过长，具有抗氧化性的 Val、Leu 未能呈现在肽段的 N 端和 C 端，则抗氧化性显示不出来，而当亮氨酸或缬氨酸位于 N 末端时，肽的抗氧化活性通常更强。抗氧化肽的抗氧化活性是由其分子供氢的能力以及自身结构的稳定性决定的，芳香性氨基酸也对肽的抗氧化活性具有重要影响，因为色氨酸、苯丙氨酸和酪氨酸残基中的芳香族基团可以通过提供氢质子来清除自由基，通过捕捉自由基反应链的过氧化自由基，阻止或减弱自由基链反应的进行，氢原子给出自由基后，本身成为自由基中间体，此中间体越稳定越易形成，其前体就越易清除自由基，则抗氧化能力越强。疏水性是影响肽的抗氧化活性的关键因素之一，色氨酸、脯氨酸、缬氨酸、苯丙氨酸、亮氨酸、丙氨酸和甲硫氨酸等疏水性氨基酸残基能够促进肽在脂质-水界面处的溶解，从而更好地发挥清除自由基的作用。另外，酸性或碱性氨基酸如天冬氨酸、谷氨酸、精氨酸和组氨酸等对肽的抗氧化活性起着重要作用，这些氨基酸残基所带的电荷直接决定着肽对金属离子（如 Fe^{2+} 和 Cu^{2+}）的螯合能力。

3. 抗衰老

皮肤衰老主要是氧化应激引起皮肤结构细胞（HSF）衰老进而导致皮肤真皮层结构的紊乱。人体皮肤衰老宏观上通常表现为皱纹产生、皮肤松弛、弹性下降等，从微观角度解释为细胞水平的衰老，也称为细胞衰老。HSF 细胞可以合成弹性蛋白、胶原蛋白、细胞因子等物质，因此其对保持皮肤处于年轻状态至关重要，但当皮肤老化时 HSF 细胞表现为数目减少、增殖能力衰退、代谢功能下降，同时弹性蛋白以及胶原蛋白分泌量减少、纤维互相交织，逐渐无序、层状结构变薄等。因此抑制 HSF 细胞早衰、促进人体皮肤细胞生长是评价抗衰老性能的重要指标。

有研究人员通过控制碱性蛋白酶、胰蛋白酶水解时间成功制备不同相对分子质量分布的南瓜籽多肽。使用 HSF 细胞和 HaCat 细胞评价南瓜籽多肽的生物利用度，以及对细胞的作用，结果表明该多肽可以提高细胞活力，相比于对照组 HSF 细胞，HaCat 细胞活力分别提高了 11.38%、10.91%；可以修复氧化损伤细胞，相比于模型组 HSF 细胞，HaCat 细胞活力分别提高了 13.85%、17.89%。并从细胞水平考察不同分子质量的南瓜籽多肽对抗衰老性能的影响，发现南瓜籽多肽相对分子质量越小，促进 HSF 细胞细胞活力的能力越好。

通过细胞形态观察直观地评价不同分子质量南瓜籽多肽对氧化应激细胞修复作用的影响，并从细胞内活性氧以及细胞内衰老相关物质角度探究了南瓜籽多肽的抗衰老机理。

二、南瓜籽多肽的制取和测定方法

（一）南瓜籽多肽的制取方法

1. 溶剂提取法

目前制备天然活性肽通常采用溶剂提取法，即将生物材料浸泡在适当的溶剂中，通过充分溶解，反复离心、调节 pH 等步骤去除原材料中尚未溶解的蛋白质、盐等杂质后，对活性肽粗提液进一步分离纯化，获得目标活性肽，常采用的提取溶剂有水、乙酸、乙酸铵、高氯酸等缓冲溶液。该方法操作简便，绿色环保，适用于天然活性肽的提取，但由于生物原料活性肽含量的局限，导致该方法产量低，提取分离纯化成本高，不利于工业化生产。

2. 化学水解法

化学水解法指用适当浓度的酸或碱溶液与待降解蛋白在适当温度下水浴一段时间，使蛋白质肽键断裂，从而制得活性肽的一种方法。目前，常用的酸溶液主要包括磷酸和盐酸，碱溶液主要是氢氧化钠。化学水解法主要适用于胶原蛋白、角蛋白等结构蛋白的处置。该方法具有工艺简单、成本低等优点，但酸碱试剂可对氨基酸造成损害，降低蛋白质肽的营养价值。例如，酸水解可导致色氨酸的完全破坏，甲硫氨酸的部分损失，以及谷氨酰胺转化为谷氨酸，天冬酰胺转化成天冬氨酸；碱水解可导致大多数氨基酸的完全破坏。此外，该方法还受酸碱溶液水解蛋白的作用位点难以确定与控制，水解结束还需将酸碱除去等因素的限制，故这种方法在工业生产中采用不多。

3. 酶解法

酶解法是利用单种或多种特异性蛋白酶或非特异性蛋白酶酶解蛋白获得活性肽的过程。酶解法制备生物活性肽模拟人体降解蛋白质模式进行体外降解，降解产生的小肽与氨基酸吸收部位不同，不会与体内氨基酸的吸收产生竞争。酶解法制备生物活性肽的关键在于蛋白酶种类的选择和酶解条件的选择。

蛋白酶对底物具有一定特异性，不同蛋白酶酶切位点也不同，催化水解同一蛋白片段会得到不同大小的肽段。因此，一些研究采用的方法是在最佳 pH 和温度条件下，选用不同蛋白酶对底物进行水解，比较产生的各水解产物的水解度、产率及生物活性。针对每种蛋白质底物和每种选择的酶或酶组合来优化关键水解工艺参数（酶解温度、pH、溶液介质等），并且必须在蛋白水解期间维持参数以确保肽的有效生成。

在实际应用中，往往采用2种或2种以上复合蛋白酶同时作用于底物蛋白，不仅可以提高酶解效率，而且可以减少苦味肽的产生，这是由于苦味肽的形成与蛋白质水解过程中疏水性氨基酸的暴露有关，而游离氨基酸苦味与苦味肽相比不明显，复合酶解法可采用外切蛋白酶（氨肽酶、羧肽酶）作用于底物蛋白，将利于水解产物生成游离氨基酸，外切酶切除末端疏水性氨基酸，可使苦味减弱。

酶解法的优点包括：①制备的生物活性肽性能比较稳定，在酸性条件和较高温度时稳定性良好；②相对于化学水解法，酶解法可利用的蛋白质资源多、酶解工艺操作简单、提取周期快、酶解程度容易控制；③酶解法采用特定的蛋白酶，有目的地剪切肽段，以获得所需功能活性的生物多肽，同时多肽产量相对化学水解法也有很大的提升。在酶解法制备生物活性多肽的过程中，该方法最主要的是控制蛋白酶的添加量、温度和体系的酸碱度，将蛋白质水解成生物多肽混合物后，再进一步进行生物活性多肽的分离。

但是该法只能适用于1~2种蛋白质的催化降解，不能适用于多种动植物蛋白的降解，需要根据不同的动植物蛋白质结构配制不同的复合酶，使用具有局限性。另外，不论是单一酶酶解后再进行脱苦处理，还是复合酶酶解，均存在着多肽产量较低、工艺复杂、成本较高等问题。

4. 微生物发酵法

微生物发酵法指利用微生物发酵过程中产生的蛋白酶来将底物蛋白水解成不同相对分子质量的生物活性肽的过程。该方法是通过菌种在生长代谢过程中产生的蛋白酶水解底物蛋白，底物蛋白不仅受到蛋白酶的水解作用，同时还受到发酵菌种的侵蚀作用，均会在一定程度上产生分解产物。底物蛋白既为细菌的生长繁殖提供营养物质，也是细菌分解的目标产物，构建了一个微生态反应圈，通过微生物发酵过程产生的蛋白酶（复合）降解蛋白质，可达到较高的水解度，从而相对降低酶解法生产低聚肽的成本，并且可以利用微生物中的肽酶除去苦味肽，此方法已应用于食品和医药领域。

微生物发酵法的优点如下。

（1）活性微生物菌体直接参与蛋白降解的生化代谢，底物蛋白既为微生物生长代谢提供能量，又是微生物代谢产物酶的作用底物，这样的结构体系可减少废物排放，使资源得到充分利用。

（2）活性微生物菌体的生化代谢产物可以修饰某些功能基团。

（3）活性微生物菌体本身经过代谢可以合成、分泌小肽物质。

（4）微生物发酵法不同于酶解法，酶解法是简单地切割固定的肽键，而发酵法通过微生物代谢产生的复合酶系，可以酶解释放出高浓度特定的活性肽，酶解效率高。

（5）微生物的代谢发酵可以合成多种复杂的初级代谢产物和次级代谢产物，

但酶解法不能。

（6）微生物发酵过程中有大量的菌体细胞生长繁殖，微生物菌体的细胞壁主要成分是乙酰葡萄糖胺和乙酰胞壁酸，是细菌的一种特殊物质，在其他任何生物体内均不存在，所以微生物菌体除具有营养作用外，还对生物体的免疫功能具有刺激作用。

（7）与酶解法相比，微生物发酵法制备得到的生物活性肽水解度可提高10%～20%。

（8）微生物发酵制备活性多肽的过程中，底物不仅受到蛋白酶的酶解作用，同时还受到菌的侵蚀作用，发酵产物比发酵原料的蛋白质增加4.53倍，比氨基酸增加1.43倍，而且通过发酵可以很好地平衡产物的氨基酸比例。

微生物发酵法也有一些缺点：很多的产酶菌有毒或对人体有害，目前已经证明无毒可以用于食品开发的菌种并不多，安全问题、作用机理成为阻碍微生物发酵法制备活性肽的最大障碍。一些特殊功能的肽不是简单的单一细菌代谢产物酶就可以降解的，而是需要根据生物活性肽的结构选择符合要求的复合酶，微生物发酵产生复合酶体系、酶解产生活性肽的机理尚未完全阐明，如果可以说明其中的作用机理，微生物发酵法会比复合酶解法效率更高。

5. 化学合成法

在实验室应用方面，化学合成法是目前使用最广泛的肽合成法，分为液相合成法和固相合成法两类。过去是在均相溶液中合成多肽，称为液相合成法。但该法每次合成肽以后都需要对产物分离纯化或结晶以除去未反应的原料和副产物。这个步骤很耗时，对技术要求也较高。

固相合成法的优点是可在单个容器中进行所有反应，在偶联步骤之后，可以通过冲洗轻易地除去未反应的试剂和副产物。固相合成法是在小规模上合成由10～100个残基组成的肽的最有效的方法，并且还用于快速产生用于筛选目的肽文库。固相合成过程中需保护氨基和侧链官能团以防止副反应的发生，现已建立了两个主要的N端α-氨基保护基：叔丁氧羰基（Boc）和芴甲氧羰基（Fmoc），其中Boc需酸解去除，可能导致酸催化的副反应发生，而Fmoc基团因可在碱性条件下除去，不需使用对有腐蚀性的酸稳定的特殊容器，具有可避免酸催化的副反应发生等优点，其应用更广泛。

固相合成法操作简便，反应时间短，产率较高，易于实现自动化，但主要适用于短肽合成，且合成过程中需进行保护氨基酸侧链及接肽反应后脱侧链保护基步骤。

6. 基因重组法

基因重组法合成活性肽是指在已知氨基酸和核酸序列的前提下，人工设计合成表达活性肽的基因，并将其与适当的载体重组，将其导入受体菌中进行诱导表达，获得目的活性肽。基因重组法常用于新型肽的开发，如果合成系适当，可利用廉价的原料合成昂贵的药物，该方法在生物医药领域应用广阔。然而，基因重组法只能合成大分子肽类和蛋白质，对人类主要需求的具有高营养价值的小肽，此方法不适用。该法存在表达效率低、产品难以提取分离等问题，而且与化学合成法一样，目的片段结构不明确的多肽无法合成。

（二）南瓜籽多肽的测定方法

1. 双缩脲法

在强碱性条件下，$CuSO_4$ 与双缩脲形成紫色络合物，即为双缩脲反应。有两个直接相连的肽键或两个酰胺基，或中间隔一个碳原子而相连的肽键，这些类型的化合物也有双缩脲反应。蛋白质浓度与紫色络合物的颜色深浅成正比，而氨基酸成分和蛋白质相对分子质量与紫色络合物的颜色深浅无关，在540nm的波长处测定蛋白质的含量，这种方法也适合对多肽含量进行测定。由于不同蛋白质会产生相近的颜色，故这种方法的灵敏度比较差，但测定速度快。所以，双缩脲法常用于那些不需要十分精确而需要快速测定的蛋白质。此方法能测定 1~10mg 的蛋白质，对未知样品蛋白质浓度的测定，需注意样品的浓度不能超过 10mol/L，用不同浓度的标准酪蛋白来制作标准曲线。

2. 邻苯二甲醛法（OPA法）

这种方法适合测定乳源性的多肽，在反应试剂中，含有 40mg 的 OPA、2.5mL 20% 的十二烷基硫酸钠（SDS）和 25mL 100mmol/L 的硼砂溶入 100μL 的 β-巯基乙醇和 1mL 的甲醇中，用去离子水定容到 50mL。用胰蛋白酶水解得到的酪蛋白胨（多肽）的不同浓度溶液来制备标准曲线，先将 50μL 的样品溶液和 2mL 的试剂在室温条件下反应 2min，然后在 340nm 波长下测定，从标准曲线中查到的量就是多肽的含量。

3. 紫外吸收法

紫外吸收法快速、灵敏、简便，不会消耗样品，对测过的样品可以回收使用。

（1）肽键测定法　在238nm的波长下，肽键的多少与蛋白质溶液的光吸收强度成正比，因而这种方法可以测定多肽的含量。用标准蛋白溶液配制成浓度在 50~500mol/L 的一系列已知蛋白溶液，从中取 5.0mL，在 238nm 波长下测得 A_{238nm}，以蛋白质含量作为横坐标，A_{238nm} 作为纵坐标，绘制出蛋白质标准曲线。未知样品浓度根据测得的吸光度，从标准曲线获得对应值。对多种有机物，比如酮、醛、醇、有机酸、醚、过氧化物和酰胺类等，由于有干扰作用，所以选择无机盐、水溶液和无机碱进行测定最为合适。如果溶液中有有机溶剂，则先将样品蒸干，或者用其他方法去除干扰物质，再用水、稀碱和稀酸溶解，测定。

（2）吸收差法　由于蛋白质的稀溶液中蛋白质含量低，因而在280nm波长下无法测定，可以测定 215nm 和 225nm 波长处的值，使用 215nm 与 225nm 的吸收差，从标准曲线中找出对应的蛋白质稀溶液浓度。将已知浓度标准蛋白质，配制成一系列浓度在 20～100mol/L 的蛋白质溶液，从中取 5.0mL，然后测定在 215nm 和 225nm 波长处的吸光度，计算它们的差值，以蛋白质浓度作为横坐标，吸收差作为纵坐标，绘制标准曲线。未知样品测得的吸收差，可以从标准曲线上查到对应的蛋白质浓度。

在 20～100mol/L 浓度范围内，吸光度与蛋白质浓度成正比，$(NH_4)_2SO_4$、NaCl 以及氨丁三醇（Tris）、硼酸和 0.1mol/L 磷酸等缓冲液，干扰作用均不显著，但 0.1mol/L 乙酸、0.1mol/L NaOH、巴比妥、邻苯二甲酸、琥珀酸等缓冲液在 215nm 波长下吸收值较大，所以必须把这些缓冲液的浓度降低到 0.005mol/L 以下，干扰作用才不显著。

三、南瓜籽多肽分离纯化、鉴定技术

蛋白质酶解产物中含有未被水解的蛋白质、未完全水解产生的多肽以及完全水解产生的游离氨基酸。为了能够更加清楚地了解肽的活性、作用机制及其结构，需要通过分离纯化以及鉴定完成。根据混合肽的物理性质和分子极性的差异进行分离，可以采取不同的分离方法，在实验室中最常用的分离技术有超滤、凝胶过滤色谱、离子交换色谱、液相色谱和电泳等。

（一）南瓜籽多肽的分离纯化技术

1. 超滤法

超滤法是根据超滤膜的孔径不同对不同分子质量的生物活性肽进行截留分离，是一种物理分离方式，滤微孔小于 0.01μm。在压力驱动下作用，待分离多肽通过一定孔径的特制薄膜，小分子肽能够透过薄膜而大分子肽不能透过，留在膜的一边，从而使不同大小的肽分离。超滤法操作简便、成本低、节能环保，于常温下进行，避免了高温对活性肽的破坏，有效保留了活性肽的活性。但超滤膜容易堵塞，需要频繁清洗，且超滤法不适用于分离分子质量极其相近的多肽。

2. 色谱法

色谱法是分离纯化中应用最广泛的方法，在肽的分离纯化中主要会用到凝胶过滤色谱、离子交换色谱、高效液相色谱以及反相高效液相色谱。

（1）凝胶过滤色谱　凝胶过滤色谱是以分子筛的形式根据分子的大小差异进行分离。当肽溶液流过色谱柱时，大分子会在孔隙外以相对较快速度先流出来，相反，小分子会进入固定相基质孔隙中以较慢的速度后流出来，从而达到分离效果。这种分离方式操作简单、条件温和、成本较低且无污染，广泛应用于多肽的分离纯化。其分离效果受到填充料种类、洗脱速度和色谱柱体积等因素的影响。

（2）离子交换色谱　离子交换色谱是利用固定相和流动相中电荷间的相互作用，使多肽所携带的电荷与离子交换剂中相反的电荷相结合达到分离目的。离子交换色谱又分为阳离子交换色谱和阴离子交换色谱，对于固定相的选择取决于流动相所携带的电荷为阴离子还是阳离子。

（3）反向高效液相色谱　高效液相色谱可以根据多肽和固定相疏水性的差异进行分离纯化。反相色谱使用与固定相颗粒共价键合的烷基链以产生疏水性固定相，其对疏水性或极性较小的化合物具有更强的亲和力。疏水固定相的使用基本上与正相色谱相反，因为移动相和固定相的极性已经反转，因此称为反相色谱。极性流动相中的疏水性分子倾向于吸附到疏水性固定相，流动相中的亲水性分子将通过色谱柱并首先被洗脱。通过使用有机溶剂（非极性）降低流动相的极性可以从柱中洗脱疏水分子，这就减少了疏水相互作用。

分子越疏水，与固定相结合的强度越大，洗脱分子所需的有机溶剂浓度越高。有多种固定相可供选择，可为开发分离方法提供极大的灵活性，适用于分析分子质量在 5000Da 以下的多肽，反相高效液相色谱因其高回收率、高分离效果和广泛适用性常用于生物活性肽的分离纯化。高效液相色谱应用广泛、分离速度快且回收率较高，常被用于多肽的分离。

3. 电泳法

多肽具有可电离基团，它们在某个特定 pH 下可以带正电或负电，在电场作用下，这些带电分子会向着与其所带电荷极性相反的电极方向移动。现在广泛应用于活性多肽分离的是高效毛细管电泳技术，该技术具有样品和缓冲液用量少及分离快速效果准确等特点。毛细管电泳具有所需样品量少、灵敏度高、分析速度快、分离效率高等优点，但由于进样量少，难以实现大规模化生产。

4. 盐析法

在溶液中加入中性盐使蛋白质、酶和多肽等生物大分子沉淀析出的过程称为盐析。最常用作盐析的无机盐是硫酸铵。盐析法沉淀分离生物活性肽的基本原理是多肽分子表面的亲水基团（—OH、—NH$_2$、—COOH 等）可与水分子相互作用形成水化膜，向溶液中加入大量中性盐后，因为中性盐的亲水性大于肽的亲水性，所以加入大量中性盐后夺走了水分子，破坏了膜，暴露出疏水区域，同时多肽分子表面电荷被中和，导致多肽在水溶液中的稳定性机制去除而沉淀。盐析法简单方便，成本低，但提纯浓度不高，只适合初步提纯，且会引入很多盐，需要进行脱盐处理。

5. 层析法

（1）离子交换层析　离子交换层析是采用具有离子交换性能的物质作固定相，利用它与流动相中的离子能进行可逆交换的性质以及进行可逆交换时的结合力大小的差别来分离离子型化合物的方法。该法具有灵敏度高、选择性好、分析速度快等优点，应用较为广泛，但其受洗脱剂离子强度、盐浓度等影响较大，且洗脱时会引入杂质离子，还需再除盐处理。

（2）凝胶过滤层析　凝胶过滤层析又称排阻层析或分子筛层析，是利用具有网状结构的凝胶的分子筛作用，根据被分离物质的分子大小不同来进行分离。利用凝胶的分子筛特性，该法可用于活性肽脱盐、分组，由于离子交换层析需要浓盐溶液洗脱，其含盐量很高，所以凝胶过滤层析常与离子交换层析联用，用于脱盐。该法操作简便、操作条件温和、不需要有机溶剂，对活性肽的活性无影响，分离效果较好。但分离操作一般较慢，而且对于分子质量相近的活性肽难以达到很好的分离效果。

（3）亲和层析　亲和层析是基于分子间的特异性结合，且这种结合在一定条件下是可逆的。所以利用待分离多肽中的目标多肽能够选择性结合在固相载体上，借以与其他多肽分开，达到分离纯化的目的。亲和层析对活性肽的分离具有高选择性、高分离性等特点，但也存在载体较昂贵，吸附杂多肽等缺点。

（4）高效液相层析　高效液相层析采用高压输液系统，将流动相泵入装有固定相的色谱柱，在柱内各成分被分离，随后进入检测器进行检测，从而实现对样品的分析。高效液相层析因其分离高效、快速、效果好等优势，在多肽分离纯化方面应用广泛，与其他方法联用时常用于最后一步，以进一步纯化。HPLC 具有分离效率高、选择性好、样品不被破坏、回收率高和操作自动化等优点，但其设备十分昂贵。

（二）南瓜籽多肽的结构鉴定

多肽结构鉴定最常用的技术就是质谱，混合多肽进入质谱仪后会被打碎成碎片离子，最终形成一级二级质谱图，根据谱图信息进行碎片离子的质荷比比对来确定被测物的结构序列。通过二级质谱图与理论碎片离子的质荷比进行比对，即可逐步推出多肽的结构。因此质谱对多肽的破碎技术就显得十分重要，破碎质量将直接影响多肽结构解析的准确性和可靠性。

目前比较常用的有连续流-快原子轰击质谱（CF-FABMS）、电喷雾离子化质谱（ESI）、基质辅助激光解吸离子化-飞行时间质谱（MALDI-TOF/MS）。MALDI-TOF/MS 的原理是离子被一个已知强度的电场加速，这种加速导致一个离子具有与任何其他具有相同电荷的离子相同的动能。离子的速度取决于质荷比。测量离子到达固定距离的检测器所需的时间，这一时间将取决于离子的速度，因此它的质荷比就能被测量出来，这个方法非常适合分析混合多肽类物质，具有高灵敏度和分辨率。如果直接用蛋白水解液或复杂的混合多肽进行质谱分析，结果较为杂乱，因此在进行质谱分析前通常需要对目标物质进行分离纯化，富集目标活性肽。目前应用最多的是液相色谱-质谱联用技术。

第二节　南瓜籽多肽的制备工艺

南瓜籽粕作为南瓜籽油提取后的副产品，蛋白质含量丰富，是宝贵的蛋白质资源。本研究通过酶解法用南瓜籽粕制备了南瓜籽 ACE 抑制肽，采用球磨预处理和 Plastein 反应提高南瓜籽多肽的 ACE 抑制活性，分析球磨处理促进南瓜籽蛋白酶解的机理，并使用超滤和葡聚糖凝胶层析对南瓜籽 ACE 抑制肽进行分离纯化，筛选出活性最强的组分通过质谱分析鉴定出南瓜籽 ACE 抑制肽的氨基酸序列，最后研究南瓜籽 ACE 抑制肽的稳定性。

一、球磨辅助酶解制备南瓜籽 ACE 抑制肽

（一）仪器、试剂及材料

仪器：微型行星式球磨机（P-7PL，德国飞驰（FRITSCH））；酶标仪（LB941，德国 Berthold）；台式离心机（TDZ5-WS，湖南平凡）；型数显恒温水浴锅（HH-6，江苏金坛大地）。

试剂：碱性蛋白酶（酶活力 $2×10^5$U/g）、木瓜蛋白酶（酶活力 $8×10^5$U/g）、中性蛋白酶（酶活力 $2×10^5$U/g）、风味蛋白酶（酶活力 $1.5×10^4$U/g），江苏锐阳公司；氨肽酶 1（酶活力 500L APU/g）、氨肽酶 2（酶活力 500LAP U/g），天野酶制剂（江苏）；N-［3-（2-呋喃基）丙烯酰］-L-苯丙氨酰-甘氨酰-甘氨酸（FAPGG）、血管紧张素转换酶（ACE），美国 Sigma；其他均为分析纯试剂。

材料：脱脂南瓜籽粕，宝得瑞（湖北）健康产业有限公司提供，其蛋白质含量 56.10%、脂肪含量 4.42%、粗纤维含量 19.41%、灰分含量 6.97%、水分含量 6.71%。

（二）生产工艺

1. 南瓜籽蛋白的制备

取脱脂南瓜籽粕按照料液比 1：5g/mL 加水混合，调节 pH 为 9.5，50℃水浴处理 2h，冷却至室温后，离心 10min 取上清液，调节上清液 pH 为 4.5，50℃水浴处理 2h，冷却至室温后，5000r/min 离心 10min 取沉淀，用蒸馏水水洗沉淀至中性，真空冷冻干燥得南瓜籽蛋白，蛋白质含量达 98% 左右。

2. 南瓜籽 ACE 抑制肽的制备

将南瓜籽蛋白球磨处理一定时间。称取一定量的球磨处理后的南瓜籽蛋白，用蒸馏水溶解，调节底物质量浓度，滴加浓度 1mol/L 的 NaOH 溶液调节 pH，加入一定量的酶（酶添加量为南瓜籽蛋白质量的 2%）后在一定温度水浴锅中酶解一定时间。酶解时间完成后，于沸水浴中灭酶 15min。冷却后离心 15min，取上清液冷藏备用。

3. ACE 抑制率的体外检测方法

配制 0.1mol/L 的硼酸缓冲液（pH 8.3，含 0.3mol/L NaCl），利用缓冲液配制 0.1mol/L 的 FAPGG 溶液和 0.1 U/mL 的 ACE 溶液，并将样品稀释至一定倍数。按照表 9-1 在 96 孔板上添加各溶液，在 340nm 波长处借助酶标仪测定样品孔和空白孔的吸光度 A_1 和 B_1，37℃恒温反应 30min 后再次测定吸光度 A_2 和 B_2。ACE 抑制率按式（9-1）计算：

$$ACE \text{ 抑制率}(\%) = 1 - \frac{\Delta A}{\Delta B} \times 100 \qquad (9\text{-}1)$$

其中：ΔA（$\Delta A = A_1 - A_2$）为样品孔溶液在 340nm 处的吸光度减少值；ΔB（$\Delta B = B_1 - B_2$）为空白孔溶液在 340nm 处的吸光度减少值。

表 9-1　　　　　　　　　　　ACE 抑制活性的测定

添加物	样品孔/μL	空白孔/μL
ACE	20	20
FAPGG	100	100
样品	40	0
硼酸缓冲溶液	0	40

211

4. 蛋白质水解度的测定

氨态氮含量的测定采用甲醛滴定法。

总氮含量的测定参考 GB 5009.5—2016《食品安全国家标准　食品中蛋白质的测定》。

蛋白质水解度按式（9-2）计算：

$$蛋白质水解度(\%) = \frac{氨态氮}{总氮} \times 100 \qquad (9\text{-}2)$$

（三）生产工艺对南瓜籽蛋白酶解产物 ACE 抑制率和水解度的影响

1. 蛋白酶的筛选

以南瓜籽蛋白为原料，选取 6 种酶并在其最适条件下进行酶解，分别为碱性蛋白酶（pH 8.5，55℃）、木瓜蛋白酶（pH 7.0，55℃）、中性蛋白酶（pH 7.0，50℃）、碱性蛋白酶+风味蛋白酶（添加量 1:1，pH 8.5，55℃）；碱性蛋白酶+氨肽酶 1（添加量 1:1，pH 8.5，55℃）、碱性蛋白酶+氨肽酶 2（添加量 1:1，pH 8.5，55℃），酶解条件为酶添加量 2%（质量分数），酶解时间为 8h，底物质量浓度为 0.08g/mL，测定 ACE 抑制率和南瓜籽蛋白水解度，结果如图 9-1 所示。

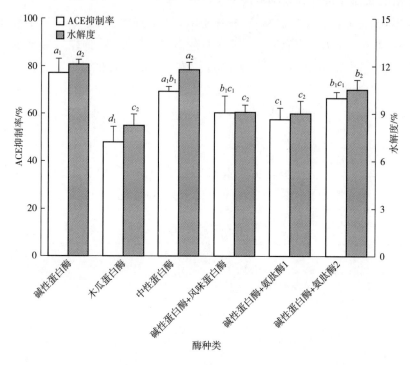

图9-1　不同酶种类对南瓜籽蛋白酶解产物 ACE 抑制率和水解度的影响

由图9-1可见，南瓜籽蛋白的酶解产物均有 ACE 抑制作用，不同酶种类的酶解产物 ACE 抑制率和水解度存在一定的差异，其中碱性蛋白酶的酶解产物ACE 抑制率和水解度均最高，分别为 77.17% 和 12.19%；其次为中性蛋白酶，分别为 69.36% 和 11.74%，且由碱性蛋白酶和中性蛋白酶酶解得到的酶解产物的ACE 抑制率显著高于其他的酶种类的酶解产物（$p<0.05$）。而碱性蛋白酶和风味蛋白酶、氨肽酶1、氨肽酶2复合酶解的产物酶解液的 ACE 抑制率较低，这可能是因为复合酶酶解使原本具有 ACE 抑制活性的肽段降解，导致其失去了 ACE 抑制活性。因此选用碱性蛋白酶进行后续南瓜籽蛋白酶解条件的优化。

2. 球磨时间对酶解液 ACE 抑制率和水解度的影响

采用碱性蛋白酶，在酶解温度55℃、pH 8.0、酶解时间8h、底物质量浓度0.08 g/mL 条件下，考察球磨时间（0min，5min，10min，15min）对酶解产物ACE 抑制率及水解度的影响，结果如图9-2所示。

由图9-2可见，与没有预处理（0min）相比，南瓜籽蛋白进行球磨预处理5min后酶解液的 ACE 抑制率和水解度都显著提高（$p<0.05$）。酶解液的 ACE 抑制活性在0~5min内快速上升，在5min 时达到最高值（82.42%），比未处理提高了 11.13%，此时水解度也提高了 1.03%，这可能是因为球磨处理时的压力和

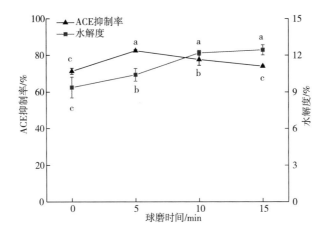

图 9-2　球磨时间对南瓜籽蛋白酶解产物 ACE 抑制率和水解度的影响

摩擦作用使南瓜籽蛋白的结构发生了变化，使蛋白酶解后得到了更多的 C 末端为脯氨酸或芳香氨基酸，而 N 末端是疏水性氨基酸的多肽，拥有该特征的多肽大多具有 ACE 抑制活性。但当球磨时间超过 5min 后，酶解产物的 ACE 抑制活性开始下降，表明过长的球磨时间并不利于 ACE 抑制肽的生成。研究表明，蛋清蛋白在受到球磨作用后，其二级结构发生改变，但当球磨时间过长后，α-螺旋含量开始增加，可能是因为过度球磨处理使蛋白质分子发生聚集。因此，选择最佳球磨时间为 5min。

213

3. 酶解时间对南瓜籽蛋白酶解产物 ACE 抑制率和水解度的影响

采用碱性蛋白酶，在球磨时间 10min、酶解温度 55℃、pH 8.0、底物质量浓度 0.08 g/mL 条件下，考察酶解时间（4h，6h，8h，10h，12h）对酶解产物 ACE 抑制率及水解度的影响，结果如图 9-3 所示。

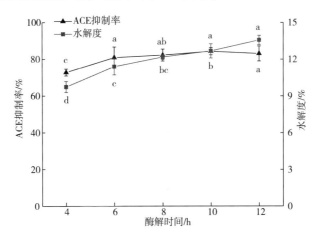

图 9-3　酶解时间对南瓜籽蛋白酶解产物 ACE 抑制率和水解度的影响

由图9-3可见，当酶解时间从4h增加到10h时，南瓜籽蛋白酶解产物的ACE抑制率先升高再降低，在酶解时间为10h时最大，水解度则随着酶解时间的延长不断升高（$p<0.05$）。这是由于在酶解的初期，酶解反应不充分，随着酶解时间增加，生成了更多的ACE抑制肽，从而提高了ACE抑制率；但当酶解时间过长时，部分生成的ACE抑制肽被进一步水解为没有ACE抑制活性的分子，使ACE抑制率下降。但由于在酶解时间为6h和10h时，酶解产物的ACE抑制率变化不显著（$p>0.05$），因此，为节约时间成本，选择最佳酶解时间为6h。

4. 底物质量浓度对南瓜籽蛋白酶解产物ACE抑制率和水解度的影响

采用碱性蛋白酶，在球磨时间10min、酶解温度55℃、pH 8.0、酶解时间8h条件下，考察底物质量浓度（0.02g/mL，0.04g/mL，0.06g/mL，0.08g/mL，0.10g/mL）对酶解产物ACE抑制率及水解度的影响，结果如图9-4所示。

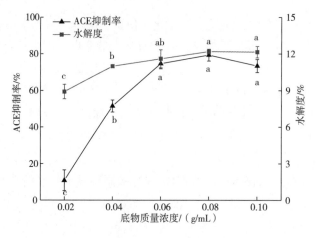

图9-4 底物质量浓度对南瓜籽蛋白酶解产物ACE抑制率和水解度的影响

由图9-4可见，在底物质量浓度从0.02g/mL增加到0.08g/mL时，南瓜籽蛋白酶解产物的ACE抑制率和水解度也逐渐增加，且变化显著（$p<0.05$）。当底物质量浓度为0.08g/mL时，ACE抑制率和水解度最高；之后当底物质量浓度继续增加时，ACE抑制率开始下降但变化不显著（$p<0.05$）。可能的原因是当底物质量浓度较小时，增加底物浓度可以使酶与底物更加充分地结合，从而提高总体水解速率，水解生成更多ACE抑制肽，使水解产物的ACE抑制率和水解度增大；但当底物质量浓度过高时，会使酶解体系黏度增大，影响了酶与底物的结合从而影响了酶解反应的进行，导致ACE抑制率和水解度下降。因此，选择最佳底物质量浓度为0.08g/mL。

5. pH对南瓜籽蛋白酶解产物ACE抑制率和水解度的影响

采用碱性蛋白酶，在球磨时间10min、酶解温度55℃、酶解时间8h、底物质量浓度 0.08g/mL 条件下，考察 pH （7.5，8.0，8.5，9.0，9.5）对酶解产物 ACE 抑制率及水解度的影响，结果如图 9-5 所示。

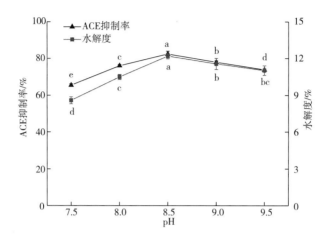

图 9-5　pH 对南瓜籽蛋白酶解产物 ACE 抑制率和水解度的影响

由图 9-5 可见，随着酶解体系 pH 的升高，南瓜籽蛋白酶解液的 ACE 抑制率和水解度也逐渐升高，且变化显著（$p<0.05$），在 pH 8.5 时达到最高值，继续增大 pH 值，ACE 抑制率和水解度反而下降。这可能是因为 pH 过低或过高都会影响碱性蛋白酶的活力，不利于水解，从而影响其作用效果。因此，选择最佳 pH 为 8.5。

6. 酶解温度对南瓜籽蛋白酶解产物 ACE 抑制率和水解度的影响

采用碱性蛋白酶，在球磨时间 10min、酶解时间 8h、pH 8.0、底物质量浓度 0.08g/mL 条件下，考察酶解温度（45℃，50℃，55℃，60℃，65℃）对酶解产物 ACE 抑制率及水解度的影响，结果如图 9-6 所示。

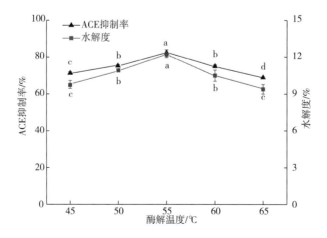

图 9-6　酶解温度对南瓜籽蛋白酶解产物 ACE 抑制率和水解度的影响

由图 9-6 可见，随着温度的增大，南瓜籽蛋白酶解液 ACE 抑制率和水解度都呈现出先增大后降低的趋势，在酶解温度为 55℃时，ACE 抑制率和水解度均最大，这可能是因为在一定的温度范围内，温度越高，酶解反应越充分，但过高的温度易使酶产生不可逆转的变性，活性减弱，从而降低了酶的催化效率。此外，在较高的温度下，热失活速率的增加导致活性催化剂分子数量减少得更快，使得酶解产物的 ACE 抑制率和水解度下降。因此，选择最佳酶解温度为 55℃。

（四）响应面优化试验

响应面方法通过能够正确预测响应变量值的数学模型，探索几个解释变量与一个或多个响应变量之间的关系，已用于优化发酵，水解过程和化学反应等。固定酶解温度 55℃、pH 8.5，根据 Box-Behnken 试验设计原理，选取对 ACE 抑制率影响较大的 3 个考察因素：底物质量浓度（A）、酶解时间（B）和球磨时间（C）为自变量，以酶解产物对 ACE 的抑制率（%）的影响为响应值，采用三因素三水平的响应面分析法进行试验设计，研究各考察因素对南瓜籽蛋白 ACE 抑制率的影响，筛选出最佳酶解工艺参数。并进行 3 组平行试验对响应面模型进行验证。响应面试验设计的因素水平编码见表 9-2。

表 9-2　　　　　　　　　　响应面试验设计的因素水平表

水平	因素		
	底物质量浓度（A）/（g/mL）	酶解时间（B）/h	球磨时间（C）/min
−1	0.06	6	0
0	0.08	8	5
1	0.10	10	10

1. 响应面回归模型的建立与分析

选择对南瓜籽蛋白 ACE 抑制率影响较大的 3 个因素 [底物质量浓度（A）、酶解时间（B）、球磨时间（C）]，根据 Box-Behnken 的中心组合试验设计原理，设计三因素三水平试验，响应面试验设计及结果见表 9-3，方差分析结果见表 9-4。

表 9-3　　　　南瓜籽蛋白酶解制备 ACE 抑制肽的响应面试验设计及结果

试验号	底物质量浓度（A）/（g/mL）	酶解时间（B）/h	球磨时间（C）/min	ACE 抑制率%（Y）
1	0	−1	1	80.36
2	0	1	1	84.25
3	1	0	−1	75.42
4	−1	−1	0	81.56

试验号	底物质量浓度（A）/（g/mL）	酶解时间（B）/h	球磨时间（C）/min	ACE 抑制率%（Y）
5	0	0	0	85.99
6	0	−1	−1	77.49
7	−1	0	1	80.67
8	1	1	0	81.56
9	0	0	0	85.34
10	1	0	1	74.21
11	−1	0	−1	74.35
12	1	−1	0	78.18
13	0	0	0	85.64
14	0	1	−1	79.01
15	0	0	0	85.20
16	0	0	0	84.95
17	−1	1	0	82.98

表 9-4　　　　　　　　　　　　　　响应面试验结果方差分析

方差来源	平方和 SS	自由度 df	均方 MS	F 值	p 值	显著性
模型	257.97	9	28.66	107.64	<0.0001	＊＊
A	12.98	1	12.98	48.74	0.0002	＊＊
B	13.03	1	13.03	48.94	0.0002	＊＊
C	21.85	1	21.85	82.04	<0.0001	＊＊
AB	0.96	1	0.96	3.61	0.0993	
AC	14.18	1	14.18	53.23	0.0002	＊＊
BC	1.40	1	1.40	5.27	0.0553	
A^2	75.50	1	75.50	283.53	<0.0001	＊＊
B^2	0.060	1	0.060	0.23	0.6491	
C^2	106.40	1	106.40	399.59	<0.0001	＊＊
残差	1.86	7	0.27			

续表

方差来源	平方和 SS	自由度 df	均方 MS	F 值	p 值	显著性
失拟项	1.22	3	0.41	2.50	0.1989	不显著
误差	0.65	4	0.16			
总和	259.83	16				
	$R^2 = 0.9928$	$R^2_{Adj} = 0.9836$	$CV = 0.64\%$			

注：＊表示差异显著（$p<0.05$）；＊＊表示差异极显著（$p<0.01$）。

通过表9-3进行响应面分析得到相应的 ACE 抑制率的回归方程为：$Y = 11.75 + 1626.24A - 0.16B + 3.37C + 12.25AB - 18.83AC + 0.06BC - 10586.25A^2 - 0.03B^2 - 0.20C^2$

从表9-4可以看出，该回归模型的 $p<0.0001$，表明模型极显著；失拟项 $p = 0.1989>0.05$，差异不显著，表明该模型拟合度良好，可以用于优化南瓜籽蛋白酶解制备 ACE 抑制肽的工艺；该模型的决定系数 $R^2 = 0.9928$，校正系数 $R^2_{Adj} = 0.9836$，说明其他不确定因素对 ACE 抑制率的影响较小，模型拟合度较好；变异系数 CV 为 0.64%，CV 越低，说明模型的置信度越高，因此可以用此模型进行分析和预测。根据 F 值得出各因素对南瓜籽蛋白酶解产物 ACE 抑制率的影响顺序为：球磨时间（C）>酶解时间（B）>底物质量浓度（A）。模型中 A、B、C、AC、A^2、C^2 对 ACE 抑制率的影响极显著（$p<0.01$），AB、BC、B^2 对 ACE 抑制率的影响不显著（$p>0.05$），表明各个因素之间存在交互作用。

2. 各因素交互作用对南瓜籽蛋白酶解效果的影响（图9-7）

两变量交互作用的显著与否易从等高线图直接看出，相对于圆形而言，椭圆形或者马蹄形表示两因素交互作用更显著。由图9-7可见，底物质量浓度和球磨时间的等高线图均呈椭圆形，表明底物质量浓度和球磨时间之间存在着显著的交互作用，这与模型方差分析中交互项显著性结果一致。通过模型优化得出南瓜籽蛋白酶解的最优条件：底物质量浓度为 0.08g/mL、酶解时间为 10h、球磨时间 6.25min，此条件下 ACE 抑制率理论值为 86.92%。

3. 验证试验

为校验模型准确程度，重复上述最优条件进行验证试验，从实际操作角度考虑，将参数调整为：底物质量浓度 0.08g/mL、酶解时间 10h、球磨时间 6min、酶解温度 55℃、pH 为 8.5，经过 3 次平行试验，南瓜籽蛋白 ACE 抑制率的平均值为（86.65±0.55）%，与模型的理论值相对误差为 0.31%，说明该模型差异小，拟合好，根据优化得到 ACE 抑制肽制备工艺的参数准确可靠。

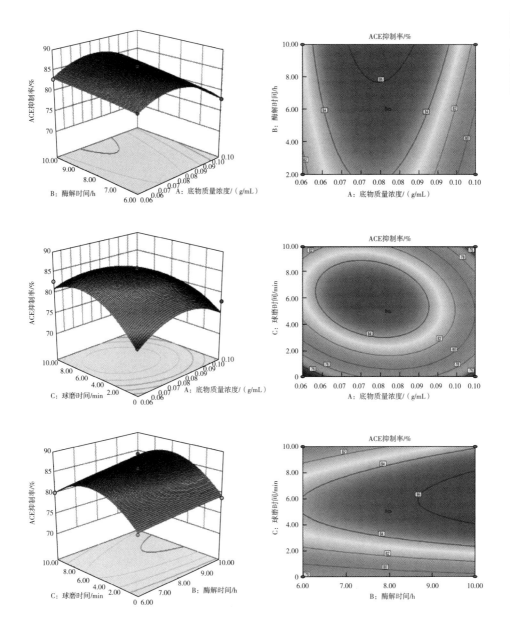

图 9-7　各因素交互作用对南瓜籽蛋白酶解效果的影响

（五）总结

　　球磨法是利用诸如摩擦、碰撞、剪切等外力作用来改变蛋白结构和性质的一种方法，具有操作简单、可控性强、可间歇也可连续工作、研磨物料便于更换、成本低、环境友好等优点。试验以南瓜籽蛋白为原料，将球磨技术应用到南瓜籽ACE 抑制肽的制备中，通过比较不同酶的酶解产物 ACE 抑制率和水解度，优化得到的碱性蛋白酶酶解南瓜籽蛋白制备 ACE 抑制肽的最优工艺条件为：球磨时间 6min、酶解时间 10h、底物质量浓度 0.08g/mL，pH 8.5，酶解温度 55℃。在此条件下 ACE 抑制率为（86.65±0.55）%。

本试验结果表明球磨辅助处理后南瓜籽蛋白酶解产物的 ACE 抑制率显著高于未经处理的酶解产物，有力证明了球磨预处理是提高南瓜籽 ACE 抑制肽的活性的有效途径，为球磨辅助酶法制备南瓜籽 ACE 抑制肽提供了理论依据，对南瓜籽蛋白的进一步开发利用具有重要参考价值。

二、Plastein 反应修饰南瓜籽 ACE 抑制肽的研究

（一）仪器、试剂及材料

仪器：酶标仪（LB941，德国 Berthold）；台式离心机（TDZ5-WS，湖南平凡）；数显恒温水浴锅（HH-6 型，江苏金坛大地仪器）；紫外分光光度计（UV-2450，日本岛津）；冷冻干燥机（FD-8 型，北京博医康）。

试剂：N-［3-（2-呋喃基）丙烯酰］-L-苯丙氨酰-甘氨酰-甘氨酸（FAPGG）、血管紧张素转换酶（ACE），美国 Sigma 公司；其他均为分析纯试剂。

材料：脱脂南瓜籽粕，宝得瑞（湖北）健康产业有限公司提供，含有蛋白 56.10%，脂肪 4.42%，粗纤维 19.41%，灰分 6.97%，水分 6.71%；碱性蛋白酶（酶活力 $2×10^5U/g$），江苏锐阳。

（二）生产工艺

1. 南瓜籽 ACE 抑制肽的制备

按照最优条件下得到的南瓜籽 ACE 抑制肽作为 Plastein 反应的原料。称取球磨处理 6min 后的南瓜籽蛋白，用蒸馏水溶解，调节底物质量浓度为 0.08g/mL，pH 为 8.5，加入称取南瓜籽蛋白质量 2% 的碱性蛋白酶后在 55℃水浴锅中酶解 10h。酶解时间完成后，于沸水浴中灭酶 15min。冷却后离心 15min，取上清液冷冻干燥即为南瓜籽 ACE 抑制肽。

2. 南瓜籽 ACE 抑制肽的 Plastein 反应修饰

称取一定量的南瓜籽多肽，用蒸馏水溶解，调节底物质量分数为 30%，滴加浓度 1mol/L 的 NaOH 溶液调节 pH 为 8.5，加入称取南瓜籽多肽质量分数 2% 的碱性蛋白酶后在 30℃水浴锅中反应 2h。反应结束后，沸水浴灭酶 15min。冷却后离心 15min，取上清液测定其游离氨基酸减少量及 ACE 抑制率。考察不同底物质量分数（30%，35%，40%，45%，50%），反应温度（20，30，40，50，60℃）和反应时间（1，2，3，4，5h）对南瓜籽 ACE 抑制肽 Plastein 反应修饰的影响。

3. 添加外源氨基酸的 Plastein 反应修饰

以优化的 Plastein 反应条件进行反应，同时向体系中分别添加亮氨酸、苯丙

氨酸和甘氨酸，添加量分别为 0.3，0.4，0.5，0.6 和 0.7mmol/g 多肽，制备外源氨基酸存在下的 Plastein 反应修饰物，并分别测定修饰产物的游离氨基酸减少量及 ACE 抑制率。

4. 游离氨基酸含量的测定

游离氨基酸含量的测定采用 OPA 法，并略有改动。

配制 OPA 试剂，称取 40mg 的 OPA，加入 1mL 无水乙醇，使其完全溶解。再加入 2.5mL 质量分数为 20% 的十二烷基硫酸钠 （sodium dodecyl sulfate， SDS） 溶液，25mL 浓度为 0.1mol/L 硼砂溶液和 100μL 的 β-硫基乙醇，最后用蒸馏水定容到 50mL，此试剂现配现用。

配制浓度分别为 0，10，20，30，40，50μg/mL 的 L-亮氨酸溶液，取 2mL 不同浓度的 L-亮氨酸溶液与 4mL 的 OPA 试剂混合，涡旋混合仪混匀后在室温下准确反应 5min，340nm 处测其吸光度，绘制标准曲线如图 9-8 所示。

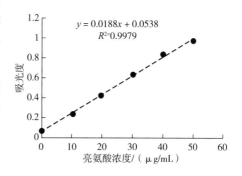

图 9-8　亮氨酸含量标准曲线

将样品稀释后，在相同条件下按上述步骤测定吸光度，用水作空白，通过标准曲线计算样品中的游离氨基酸含量。样品中游离氨基酸的减少量按式（9-3）计算：

样品游离氨基酸的减少量（mmol/g）= 反应前的游离氨基酸含量−反应后的游离氨基酸含量

$$(9-3)$$

拟合方程为 $y = 0.0188x + 0.0538$，$R^2 = 0.9979$，线性关系良好，可用于测定样品中的游离氨基酸含量。

5. Plastein 反应验证试验

将单因素优化后的最佳条件下得到的修饰物以及添加外源氨基酸的最佳添加量下得到的修饰物进行冷冻干燥，在相同浓度下测定南瓜籽多肽的 ACE 抑制率进行验证试验，并与修饰前的酶解产物作比较。

（三）生产工艺对 Plastein 反应的影响

1. 底物质量分数对 Plastein 反应的影响

底物质量分数对 Plastein 反应的影响如图 9-9 所示。

由图 9-9 可见，Plastein 反应的底物质量分数要比酶解反应的大，因为要利于缩合和转肽反应。当底物质量分数从 30% 增加到 50% 时，南瓜籽 ACE 抑制肽的 Plastein 反应修饰物的 ACE 抑制率和游离氨基酸的减少量都呈先上升后下降的趋势，在底物质量分数为 45% 时最大，分别为 65.57% 和 130.65μmol/g。当底物

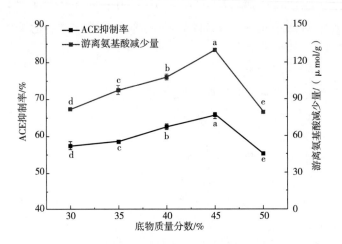

图 9-9　底物质量分数对 Plastein 反应的影响

质量分数达45%时，反应混合物是有黏性的，这可能会影响碱性蛋白酶对反应的催化效率。如果底物质量分数太低，则 Plastein 反应产物的 ACE 抑制率和游离氨基酸的减少量处于较低水平。因此，选择最佳的底物质量分数为45%。

2. 反应温度对 Plastein 反应的影响

反应温度对南瓜籽 ACE 抑制肽 Plastein 反应的影响如图 9-10 所示。

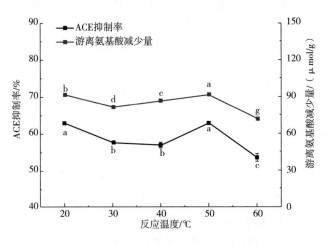

图 9-10　反应温度对 Plastein 反应的影响

由图 9-10 可见，当温度为 20℃ 和 50℃ 时，南瓜籽 ACE 抑制肽的 Plastein 反应修饰物的 ACE 抑制率和游离氨基酸的减少量都呈现较高水平，且此时 ACE 抑制率无显著差异（$p > 0.05$）。活性蛋白酶对于催化 Plastein 反应很重要。反应温度范围受所用酶的最适反应温度限制。因为 Plastein 反应是放热反应，较低的温度是有利的，而较高的温度可能会减慢反应速度，甚至立即停止反应，尽管Plastein 反应的初始速度很快。考虑到碱性蛋白酶的热稳定性和 Plastein 反应的反应速率，选择最佳的反应温度为 20℃。

3. 反应时间对 Plastein 反应的影响

反应时间对 Plastein 反应的影响如图 9-11 所示。

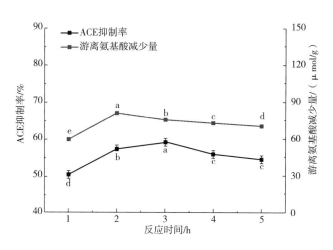

图 9-11　反应时间对 Plastein 反应的影响

由图 9-11 可见，当反应时间从 1h 增加到 3h 时，南瓜籽 ACE 抑制肽的 Plastein 反应修饰物的 ACE 抑制率显著增大，在 3h 时达到最大值 59.10%，当反应时间继续增加后，ACE 抑制率呈下降趋势；南瓜籽 ACE 抑制肽的 Plastein 反应修饰物的游离氨基酸减少量随反应时间的变化趋势与 ACE 抑制率相同，都呈现先增加后减少的趋势，在反应时间为 2h 时，游离氨基减少量最大，为 81.55μmol/g。这表明，反应时间过长后，将增加 ACE 抑制肽的分子大小，从而破坏了其 ACE 抑制活性。因此，选择最佳的反应时间为 3h。

综合以上 3 个单因素试验的结果，优化南瓜籽 ACE 抑制肽 Plastein 反应条件，确定最佳的反应条件为底物质量分数 45%、反应温度 20℃、反应时间 3h。

4. 添加外源氨基酸对 Plastein 反应修饰的影响

ACE 抑制肽的结构会影响其活性，肽链长度、氨基酸组成和序列等都对其活性有影响。大部分 ACE 抑制肽由 2~12 个氨基酸组成，少数由 27 个氨基酸组成，ACE 抑制肽与 ACE 活性部位的结合受到 ACE 抑制肽 C 端氨基酸的强烈影响。

研究表明，在 N 端为疏水性的 Ile、Leu、Ala、Val、Gly 或碱性氨基酸的肽与 ACE 结合能力较强，抑制活性相对较高，但是 Pro 除外，而在 C 端为芳香族氨基酸 Phe、Trp、Tyr 时的 ACE 抑制肽具有较强的 ACE 抑制活性。因此，本实验选取了亮氨酸（Leu）、苯丙氨酸（Phe）和甘氨酸（Gly）这 3 种氨基酸来参加南瓜籽 ACE 抑制肽 Plastein 反应。

（1）亮氨酸添加量对 Plastein 反应的影响　用上述优化的南瓜籽 ACE 抑制肽 Plastein 反应条件，在添加外源氨基酸的情况下进行类蛋白反应。选取亮氨酸的添加量分别为 0.3，0.4，0.5，0.6，0.7mmol/g 多肽水解，以底物质量分数 45%、反应温度 20℃、反应时间 3h 的条件来进行类蛋白反应，考察亮氨酸的添加量对南瓜籽 ACE 抑制肽 Plastein 反应的影响，结果如图 9-12 所示。

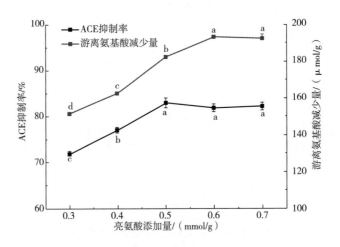

图 9-12　亮氨酸添加量对 Plastein 反应的影响

由图 9-12 可见，随着亮氨酸添加量的增大，南瓜籽 ACE 抑制肽的 Plastein 反应修饰物的 ACE 抑制率和游离氨基酸的减少量都先显著增大（$p<0.05$）后趋于平缓，在亮氨酸添加量为 0.5mmol/g 时达到最大值。经研究 Plastein 反应对醋蛋水解物 ACE 抑制活性的影响时也发现了类似的结果，当添加脯氨酸时，Plastein 反应产率随着添加量（＜1mol/mol 水解物游离氨基）增大而显著升高（$p<0.05$），在添加量为 1mol/mol 水解物游离氨基时达到最大值，而继续添加时，产率变化不显著（$p>0.05$）。研究证明在优化酪蛋白水解物的 Plastein 反应条件时通过响应面分析发现，氨基酸添加量对反应的影响最显著（$p<0.0001$）。当氨基酸添加量小于 0.6（mol/mol）时，随着氨基酸添加量的增加，游离氨基的减少量逐渐增加，Plastein 反应的程度逐渐增大；当氨基酸添加量超过 0.6（mol/mol）时，随着氨基酸添加量的增加，游离氨基减少量的增加程度趋于平缓，同时，Plastein 反应程度也趋于平缓，与本研究结果相似。因此，选择最佳的亮氨酸添加量为 0.5mmol/g。

（2）苯丙氨酸添加量对 Plastein 反应的影响　通过 Plastein 反应将苯丙氨酸导入到南瓜籽 ACE 抑制肽中，选择苯丙氨酸的添加比例和反应条件与导入亮氨酸时相同，考察苯丙氨酸的添加量对南瓜籽 ACE 抑制肽 Plastein 反应的影响，结果如图 9-13 所示。

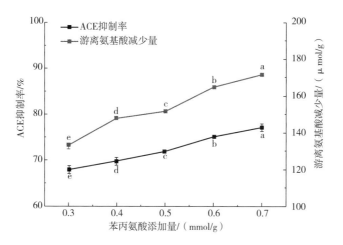

图 9-13　苯丙氨酸添加量对 Plastein 反应的影响

　　由图 9-13 可见，在苯丙氨酸的存在下，经过 Plastein 反应修饰后，伴随着苯丙氨酸添加量的增大，修饰物的 ACE 抑制率和游离氨基酸的减少量都显著增大（$p < 0.05$），在苯丙氨酸添加量为 0.7mmol/g 时达到最大值。通过研究苯丙氨酸存在条件下酪蛋白水解物的适宜 Plastein 反应条件时，也发现了相同的规律，在反应体系中游离氨基减少量的增加会随着苯丙氨酸的添加量的增加而增加，当苯丙氨酸添加量为 0.74mol/mol 水解物游离氨基时，体系中游离氨基减少量也最大。有研究发现，酪蛋白水解物在丙醇水相 Plastein 反应中可将其 ACE 抑制活性提高至 63.8%；体系中添加苯丙氨酸，修饰产物活性可进一步提高至 68.5%，这表明添加疏水性苯丙氨酸于反应体系，可以进一步提高修饰产物的 ACE 抑制活性。因此，选择最佳的苯丙氨酸添加为 0.7mmol/g。

　　（3）甘氨酸添加量对 Plastein 反应的影响　　通过 Plastein 反应将甘氨酸导入到南瓜籽 ACE 抑制肽中，选择甘氨酸的添加比例和反应条件与导入亮氨酸时相同，考察甘氨酸的添加量对南瓜籽 ACE 抑制肽 Plastein 反应的影响，结果如图 9-14 所示。

　　由图 9-14 可见，当甘氨酸的添加量逐渐提高时，南瓜籽 ACE 抑制肽的 Plastein 反应修饰物的游离氨基酸的减少量显著增大（$p < 0.05$），但 ACE 抑制率呈现先增大后减小的趋势。在甘氨酸添加量为 0.4mmol/g 时，ACE 抑制率达到最大值。加入外源甘氨酸低于 0.4mmol/g 时，由于其添加量过少，反应程度不够，影响反应效果；外源甘氨酸加入高于 0.4mmol/g 时，则可能造成 Plastein 反应初期产生抑制活性较高的 Plastein 产物，随着合成反应的进行，Plastein 产物的合成量增大并聚合成大分子颗粒物质从而降低了修饰产物的 ACE 抑制活性。因此，选

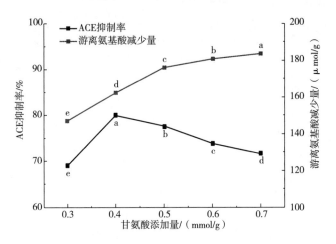

图 9-14　甘氨酸添加量对 Plastein 反应的影响

择最佳的甘氨酸添加量为 0.4mmol/g。

为排除外源氨基酸对 ACE 抑制活性的影响，配制最优添加量下的亮氨酸、苯丙氨酸和甘氨酸溶液，其浓度与 Plastein 反应浓度相同，并稀释相同倍数（稀释后浓度分别为 0.1482mg/mL，0.2602mg/mL 和 0.06756mg/mL）分别测定 ACE 抑制率，结果并未发现 ACE 抑制活性，表明亮氨酸、苯丙氨酸和甘氨酸是参与了 Plastein 反应从而提高了南瓜籽多肽的 ACE 抑制活性。

（4）Plastein 反应验证试验　将经过球磨处理优化后的但未进行 Plastein 反应修饰的南瓜籽 ACE 抑制肽设为第 1 组；单因素得到南瓜籽 ACE 抑制肽 Plastein 反应修饰的最佳条件为底物质量分数 45%、反应温度 20℃、反应时间 3h，将该组设为第 2 组；通过 Plastein 反应将亮氨酸导入到南瓜籽 ACE 抑制肽中，选择亮氨酸的添加量为 0.5mmol/g，将该组设为第 3 组；通过 Plastein 反应将苯丙氨酸导入到南瓜籽 ACE 抑制肽中，选择苯丙氨酸的添加量为 0.7mmol/g，将该组设为第 4 组；通过 Plastein 反应将甘氨酸导入到南瓜籽 ACE 抑制肽中，选择甘氨酸的添加量为 0.4mmol/g，将该组设为第 5 组；分别测其 ACE 抑制率。

分别将这 5 组冻干的样品配制成浓度为 1mg/mL 的溶液，测得的 ACE 抑制率如图 9-15 所示。

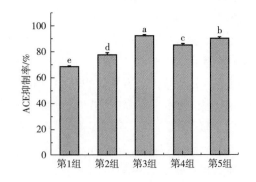

图 9-15　Plastein 反应验证试验

由图 9-15 可知，经过 Plastein

反应修饰后的南瓜籽多肽的 ACE 抑制率都显著增大（$p<0.05$），这表明 Plastein 反应能够有效提高修饰产物的 ACE 抑制活性。在 Plastein 反应体系中添加外源氨基酸（亮氨酸、苯丙氨酸和甘氨酸）与在相同制备条件下不添加氨基酸的修饰产物相比，其 ACE 抑制活性也都显著提高（$p<0.05$），其中，添加亮氨酸的 Plastein 反应修饰产物的 ACE 抑制率最高，为 92.82%，比未经 Plastein 反应修饰的南瓜籽 ACE 抑制肽提高了 24.50%，比在相同制备条件下不添加氨基酸的修饰产物提高了 14.57%。

（四）总结

利用碱性蛋白酶对南瓜籽 ACE 抑制肽进行 Plastein 反应修饰，以游离氨基酸减少量和 ACE 抑制率为指标，得到的最优工艺条件为底物质量分数 45%、反应温度 20℃、反应时间 3h。

利用上述优化的南瓜籽 ACE 抑制肽 Plastein 反应条件，在添加外源氨基酸的情况下进行类蛋白反应。优化得到最佳的亮氨酸添加量为 0.5mmol/g，最佳的苯丙氨酸添加量为 0.7mmol/g，最佳的甘氨酸添加量为 0.4mmol/g。

将未进行 Plastein 反应修饰的南瓜籽 ACE 抑制肽，Plastein 反应修饰的最佳条件下（未添加外源氨基酸）得到南瓜籽 ACE 抑制肽，通过 Plastein 反应将最佳添加量的亮氨酸、苯丙氨酸和甘氨酸导入到南瓜籽 ACE 抑制肽，配制成浓度为 1mg/mL 的溶液，分别测其 ACE 抑制率。

结果表明，Plastein 反应能够有效提高修饰产物的 ACE 抑制活性。在 Plastein 反应体系中添加外源氨基酸（亮氨酸、苯丙氨酸和甘氨酸）与在相同制备条件下不添加氨基酸的修饰产物相比，其 ACE 抑制活性也都显著提高（$p<0.05$），其中，添加亮氨酸的 Plastein 反应修饰产物的 ACE 抑制率最高，为 92.82%，比未经 Plastein 反应修饰的南瓜籽 ACE 抑制肽提高了 24.50%，比在相同制备条件下不添加氨基酸的修饰产物提高了 14.57%。

三、南瓜籽 ACE 抑制肽的分离纯化与结构鉴定

（一）仪器、试剂及材料

仪器：酶标仪（LB941，德国 Berthold）；台式离心机（TDZ5-WS，湖南平凡）；数显恒温水浴锅（HH-6 型，江苏金坛大地仪器）；层析柱（1.6×80cm，上海沪西）；全自动部份收集器（CBS-B，上海嘉鹏）；电脑恒流泵（DHL，上海嘉鹏）；毛细管高效液相色谱仪（Ultimate 3000，美国 Thermo Fisher）；电喷雾-组合型离子阱 Orbitrap 质谱仪（Q Exactive™ Hybrid Quadrupole-Orbitrap™ Mass Spectrometer，美国 Thermo Fisher）。

试剂：N-[3-(2-呋喃基)丙烯酰]-L-苯丙氨酰-甘氨酰-甘氨酸（FAPGG）、血管紧张素转换酶（ACE）、乙腈（色谱纯）、甲酸（色谱纯）、二硫苏糖醇 DTT

（分析纯）、碘乙酰胺 IAA（分析纯）、美国 Sigma 公司；HPS-3（3 KDa）超滤膜，上海摩速；Sephadex G-25 葡聚糖凝胶，美国 GE；其他均为分析纯试剂。

材料：脱脂南瓜籽粕，宝得瑞（湖北）健康产业有限公司提供，含有蛋白质 56.10%，脂肪 4.42%，粗纤维 19.41%，灰分 6.97%，水分 6.71%；碱性蛋白酶（酶活力 2×10^5U/g），江苏锐阳。

（二）生产工艺

1. 超滤

将按照类蛋白反应后最优水解条件下获得的南瓜籽蛋白酶解液先用滤纸进行抽滤，然后选取截留分子质量为 3000 超滤膜配合超滤设备对酶解液进行分离，在超滤前，先用超纯水清洗超滤膜组件 20min。通过溶液阀开启程度控制超滤设备压力为 0.1~0.2MPa，分别得到分子质量大于 3000 和小于 3000 的超滤液。将上述超滤液进行冷冻干燥，配制成同浓度溶液，测定其 ACE 抑制活性。进完样后，先用超纯水清洗超滤膜和超滤装置 30min，再用 0.5%~1% 甲醛溶液将超滤膜组件浸泡后放入冰箱冷藏保存。

2. Sephadex G-25 柱层析

Sephadex 填料是由直链的葡聚糖分子通过环氧氯丙烷偶联填料交联形成的高分子化合物，根据交联度不同，用数字进行区分，数字越小，则表示交联度越大，分级范围越小。通过葡聚糖凝胶柱对原料进行分离时，各组分由于其相对分子质量差异在凝胶柱内的扩散速度和阻滞速度不同。通过洗脱液进行洗脱时，相对分子质量大的物质几乎不进入凝胶孔内，流出速度快，而相对分子质量小的物质则进入凝胶孔内滞留，流动路程长，流出速度慢，不易被洗脱出来，所以可以按流出顺序对各组分进行分离。本试验选用 Sephadex G-25 葡聚糖凝胶对相对分子质量小于 3000 的南瓜籽多肽的组分进一步进行分离。其操作方法如下。

称取 40g Sephadex G-25 葡聚糖凝胶于烧杯中，加入足量的超纯水，于 90℃ 水浴 3h 或室温下浸泡 8h，间隙轻轻搅拌，使其充分溶胀。溶胀完成后，倒入抽滤瓶中进行抽滤，重复 3 次，除去凝胶中的气泡。再加入适量的超纯水，使凝胶浓度在 75% 左右。用 2~3 个柱床体积的洗脱液对层析柱（1.6m×80cm）平衡后上样。上样浓度为 60mg/mL，洗脱流速为 0.8mL/min，上样量为 5mL。用酶标仪在波长 280nm 处检测每管的吸光度，并绘制洗脱曲线。样品重复收集多次后，将各个保留时间相同的洗脱峰组分合并收集起来，进行旋蒸和冷冻干燥得到各组分样品，再测定其 ACE 抑制活性。

3. LC-MS/MS 鉴定南瓜籽 ACE 抑制肽序列

首先进行肽段定量，取 1mg 粉末样品溶解于 1mL 双蒸水中。配置浓度为 1000，500，250，125，62.5，31.3，15.6μg/mL 的标准品溶液。分别取 20μL 标准品及样品于微孔板中，每孔中加入 180μL 工作试剂。在微孔板振荡器上混合

30s 后，于 37℃ 孵育 15min。冷却至室温后，在多功能酶标仪上测量 480nm 处的吸光度。制备标准曲线，并计算样品浓度。然后还原烷基化，取 20μg 肽段样品并加入双蒸水至 100μL，加入二硫苏糖醇溶液使其终浓度为 10mmol/L，于 56℃ 水浴中还原 1h。加入碘乙酰胺溶液使其终浓度为 50mmol/L，避光反应 40min。使用自填 C_{18} 脱盐柱脱盐，于 45℃ 真空离心浓缩仪中挥干溶剂。加入 500μL 溶液上样缓冲液（99.9% H_2O，0.1%甲酸）溶解，将样品加入样品瓶中待测。

液相色谱分析柱：C_{18} 反相柱［Acclaim PepMap RPLC C_{18}，150μm（内径）×150mm，1.9μm，100Å］；流动相 A 为 99.9%水和 0.1%甲酸混合液，流动相 B 为 80%乙腈和 0.1%甲酸混合液。液相洗脱梯度为：0～2min，4%～8% B；2～45min，8%～28% B；45～55min，28%～40% B；55～56min，40%～95% B；56～66min，95% B。流动相流速为 600nL/min。

MS 条件为：ESI^+ 模式，采用数据依赖性扫描模式，在分辨率为 70000（AGC3e6）的轨道阱中进行全扫描采集（m/z 300～1800）。将分离出的前 20 个肽信号（电荷态 ≥ +1）母离子通过高能碰撞（HCD）破碎，标准化碰撞能（NCE）为 28.0。毛细管的温度是 320℃，喷雾电压是 2300V，子离子在分辨率为 17500（AGC le5）的轨道上测量。全扫描和 MS-MS 扫描的最大填充时间分别设置为 100ms 和 50ms，动态排除时间设置为 30s。利用 Byonic 软件对样品中的多肽进行序列分析。

4. 南瓜籽 ACE 抑制肽的合成

经 LC-MS/MS 鉴定的多肽序列由上海楚肽生物科技有限公司完成，多肽纯度≥98%，对合成后多肽的 ACE 抑制活性进行检测。

（三）不同生产工艺对 ACE 抑制肽的影响

1. 南瓜籽 ACE 抑制肽的超滤分离

南瓜籽蛋白酶解液经超滤分离得到 2 个组分（A_1：相对分子质量<3000，A_2：相对分子质量>3000），冷冻干燥后分别测定在 1mg/mL 浓度下南瓜籽蛋白酶解产物的 ACE 抑制率如图 9-16 所示。

图 9-16 显示出，组分 A_1 展现出最大的 ACE 抑制活性，达到 81.57%，显著高于粗酶解液和组分 A_2（$p<0.05$）。这也初步说明酶解液中 ACE 抑制活性较强的肽段相对分子质量可能集中在

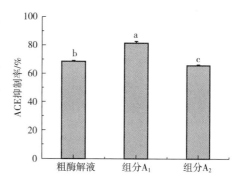

图 9-16 超滤后不同组分的 ACE 抑制活性

3000Da 以下，表明超滤处理对南瓜籽 ACE 抑制肽的分离纯化具有良好的效果，能有效富集高活性的 ACE 抑制肽段。因此，选择 A_1 组分进行下一步的分离

纯化。

2. Sephadex G-25 分离纯化南瓜籽 ACE 抑制肽

当玻璃层析柱规格为 1.6m×80cm，洗脱溶液为超纯水的前提下，控制 Sephadex G-25 分离纯化南瓜籽 ACE 抑制肽的条件为上样浓度 60mg/mL，洗脱流速 0.8mL/min，上样量 5mL，南瓜籽 ACE 抑制肽被分成 3 个不同的组分，如图 9-17 所示。

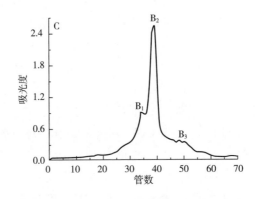

图 9-17　超滤组分的凝胶色谱洗脱图

由图 9-17 可见，按照出峰时间先后顺序命名为 B_1、B_2、B_3。由凝胶色谱的分离特性可知，相对分子质量大洗脱时间短。因此，组分 B_1 的相对分子质量最大，组分 B_3 最小。

将经过 Sephadex G-25 分离后的南瓜籽 ACE 抑制肽的 3 个组分收集起来并进行冷冻干燥，在同浓度下测定 ACE 抑制活性，结果如图 9-18 所示。

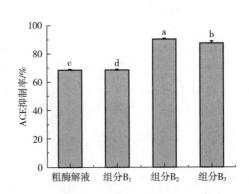

图 9-18　Sephadex G-25 分离后不同组分的 ACE 抑制活性

由图 9-18 可见，南瓜籽蛋白粗酶解液经超滤得到 ACE 活性较高的组分 A_1，经 Sephadex G-25 分离得到组分 B_1、B_2、B_3，在质量浓度为 1mg/mL 时，组分 B_2

具有最高的 ACE 抑制活性，ACE 抑制率达到 89.61%，显著高于其他组分（$p < 0.05$）。这表明高活性的 ACE 抑制肽集中在相对分子质量较小的组分中，经过 Sephadex G-25 分离纯化后，抑制活性得到大幅度提升，但降压能力不只与相对分子质量有关，氨基酸组成和肽的空间结构等均对肽的活性有所影响。因此，选择组分 B_2 进行下一步的结构鉴定。

3. LC-MS/MS 测定肽序列

将南瓜籽 ACE 抑制肽经过（Sephadex G-25）葡聚糖凝胶纯化后的高活性组分（B_2 组分）进行 LC-MS/MS 鉴定，总离子流色谱图如图 9-19 所示。

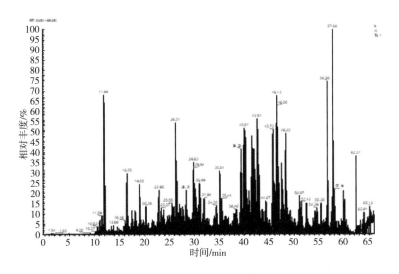

图 9-19 总离子流色谱图

由于想要尽可能多的获取有 ACE 抑制活性的多肽序列，并且避免高活性肽段因为含量低而未显示出高活性而被忽略，所以未经过反相高效液相色谱纯化而直接测序，共获得 76 个肽段，见表 9-5。

表 9-5　　　　　　　　　　南瓜籽 ACE 抑制肽的序列鉴定

序号	肽段序列				
1~5	VFH	LGF	YII	ITF	YTL
6~10	IYS	EFT	LYK	IFH	IHF
11~15	IYE	LFP	INY	FIR	IFN
16~20	VNF	FYS	SFY	FLY	PHL
21~25	DWL	LFH	NLH	YTNAPRL	AHWTY

续表

序号	肽段序列			
26~30	DFHPR	DFHPRAF	NYHNLPF	YHNLPFL	HNLPFL
31~35	VYV	VLY	LYQ	YMV	IFF
36~40	VYL	TFR	YET	LFY	VPH
41~45	FIH	LFHGVLQ	LWIPA	NFYPA	LAMLSSAF
46~50	LYPPIDR	TYGQPR	LLPIYLFATPA	NAPVAVLY	VYIDHFPH
51~55	LNLPF	WEVPRSRSM［+15.995］PRGESGGHT	SDQGHWR	TYTTLVH	TYFRRY
56~60	LAQIHQELLF	WEVMLAVWMGTQADESF	LFD	ITW	IFM［+15.995］
61~65	YFS	IGY	IAW	LIGF	IFC［+57.021］
66~70	EEH	TFF	LHY	FGH	FGNI
71~75	LAAF	IFPPS	VC［+57.021］GVW	LDF	LFKYEIT
76	FTPC［+57.021］FR				

固相合成 4 种多肽，其氨基酸序列分别是 IFH、IFF、LAAF、DFHPR，它们的相对分子质量分别为 416.23、426.24、421.25 和 671.33。选择这 4 种肽的原因包括：①根据质谱仪对鉴定出来序列的肽段打分可知，这 4 种肽段的打分都相对较高，表明这 4 种肽段的氨基酸序列具有较高的可信度。②体外 ACE 抑制活性的肽序列常常表现出以下两种特征：N 端为疏水性氨基酸，尤其是包含有脂链的氨基酸：Gly、Ile、Leu、Val 或碱性氨基酸 Arg、Lys、His；C 端包含有芳香环的氨基酸或脯氨酸：Phe、Tyr、Trp、Pro，而且食源性 ACE 抑制肽多为含 2~12 个氨基酸残基的寡肽。③碱性蛋白酶能够对 Phe、Leu、Trp 和 Tyr 链接肽键的 C 末端进行酶切，其酶解产物的 C 末端通常带有疏水性氨基酸，该结构是很多高活性 ACE 抑制肽的特征结构。④研究表明，南瓜籽蛋白具有丰富的营养价值，是一种优质的天然蛋白质。南瓜籽蛋白中 Arg 含量较高，南瓜籽蛋白中疏水性氨基酸包括 Ala、Val、Met、Phe、Ile、Leu、Lys、Pro，含量占 30.037%，且这 4 种鉴定出的氨基酸序列都能与数据库 National Center for Biotechnology Information 中报道的南瓜中蛋白的某一段肽链的氨基酸序列匹配或相似。将这 4 种多肽的序列输入活性肽数据库，并没有发现与其相同的降压肽序列，表明发现了新的南瓜籽

ACE 抑制肽。这 4 种多肽的二级结构质谱图分别如图 9-20（IFH），图 9-21（IFF），图 9-22（LAA）和图 9-23（DFHPR）所示。

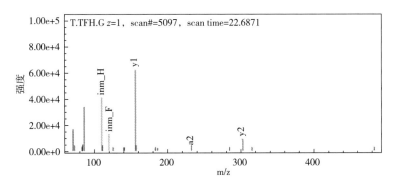

图 9-20　IFH 的二级结构谱图

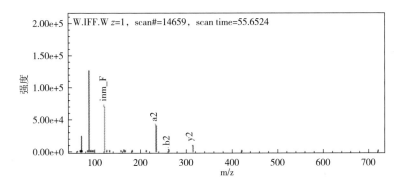

图 9-21　IFF 的二级结构谱图

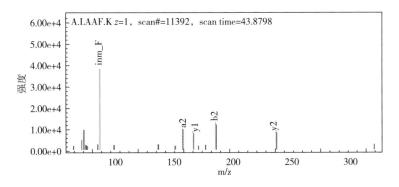

图 9-22　LAAF 的二级结构谱图

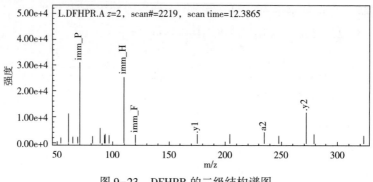

图 9-23　DFHPR 的二级结构谱图

4. 南瓜籽多肽的合成及 ACE 抑制活性的测定

为验证鉴定出的南瓜籽 ACE 抑制肽的氨基酸序列是否具有 ACE 抑制活性，多肽的纯度是用在 220nm 处，合成肽的峰面积占总峰面积的比例表示。通过固相合成技术获得 4 种多肽 IFH、IFF、LAAF、DFHPR，最终目标肽的纯度都达到 98%以上，结果如图 9-24 所示（a、b、c、d，基本满足实验要求。LC/MS 测定这 4 种多肽的相对分子质量分别为 415.48、425.52、420.50 和 670.71。对这 4 种多肽的 ACE 抑制活性进行测定，结果见表 9-6。

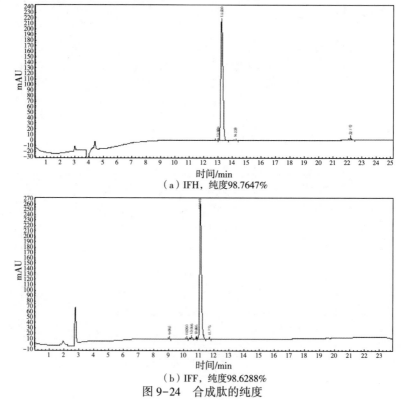

（a）IFH，纯度98.7647%

（b）IFF，纯度98.6288%

图 9-24　合成肽的纯度

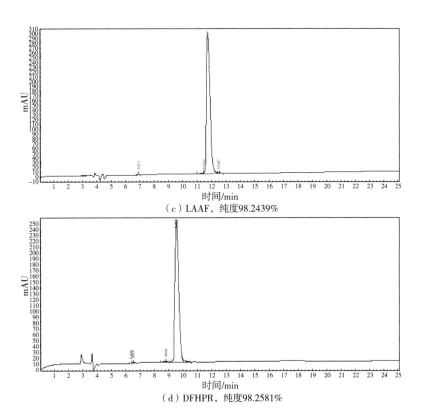

（c）LAAF，纯度98.2439%

（d）DFHPR，纯度98.2581%

图9-24 合成肽的纯度（续）

表9-6　　　　　　　　　　合成肽的 ACE 抑制活性

肽序列	$IC_{50}/(mmol/L)$
IFH	1. 55
IFF	2. 24
LAAF	3. 79
DFHPR	7. 86

由表9-6可知，这4种多肽均有 ACE 抑制活性，其中 IFH 的 ACE 抑制活性最高，为1.55mmol/L，此结果与前人研究的 ACE 抑制肽构效关系高度一致。

（四）结论

将南瓜籽蛋白酶解液采用3000Da的超滤膜分离得到2个组分（A_1：相对分子质量<3000，A_2：相对分子>3000），其中组分 A_1 的 ACE 抑制活性最大，达到81.57%，显著高于粗酶解液和组分 A_2（$p<0.05$）。

经凝胶色谱分离纯化，将组分 A_1 分成 3 个不同组分 B_1、B_2、B_3。在浓度为 1mg/mL 时，组分 B_2 的 ACE 抑制率最高，可达 89.61%，显著高于其他组分（$p<0.05$）。

通过 LC-MS/MS 分析鉴定组分 B_2 的氨基酸序列，共得到 76 种南瓜籽多肽，从中固相合成 4 种多肽，其氨基酸序列分别为 IFH、IFF、LAAF、DFHPR，纯度为 98%，经测定，其 IC_{50} 值分别为 1.55mmol/L、2.24mmol/L、3.79mmol/L 和 7.86mmol/L，为首次发现的南瓜籽 ACE 抑制肽。

参考文献

[1] 陈丽娜，温宇旗，韩国庆，等．生物活性肽制备工艺的研究进展 [J]．农产品加工，2018，(17)：57-62.

[2] 唐蔚，宁奇，孙培冬．南瓜籽抗氧化肽的制备及分离纯化 [J]．中国油脂，2016，41 (2)：20-24.

[3] 朱泽洋，李熔，袁宇怡，等．植物源性降压肽作用机制、制备与评价方式及相关研究进展 [J]．食品工业科技，2022，43 (18)：501-508.

[4] 杨文清，黄秀芳，陈耀兵，等．植物源生物活性肽的研究进展 [J]．食品安全质量检测学报，2023，14 (1)：270-278.

[5] 张妮．南瓜籽蛋白及多肽制备的研究 [D]．武汉：武汉轻工大学，2019.

[6] 刘艳荣．南瓜籽蛋白制备及其活性多肽的研究 [D]．太原：山西大学，2011.

[7] 杨晨．南瓜籽 ACE 抑制肽制备及其活性的研究 [D]．武汉：武汉轻工大学，2021.

[8] 张淑蓉，武瑜，梁叶星，等．南瓜籽仁蛋白多肽的酶法制备和抗氧化活性研究 [J]．食品工业科技，2012，33 (3)：241-244.

[9] 王培宇．南瓜籽多肽制备及其抗衰老作用研究 [D]．无锡：江南大学，2020.

[10] 谢丽平．具有抗氧化、抗衰老活性的多肽筛选、分离纯化及结构鉴定 [D]．广州：华南理工大学，2019.

[11] 李璇，杜梦霞，王富龙，等．生物活性肽的制备及分离纯化方法研究进展 [J]．食品工业科技，2017，38 (20)：336-340，346.

[12] 张强，李伟华．抗氧化肽的研究现状 [J]．食品与发酵工业，2021，47 (2)：298-304.

[13] 张红玉，李会珍，张天伟，等．抗氧化肽作用机制研究进展 [J]．食品安全质量检测学报，2022，13 (12)：3981-3988.

[14] 范三红，王亚云，胡雅喃，等．南瓜籽蛋白酶解液的超滤分离及其抗氧化活性研究 [J]．食品工业科技，2012，33 (20)：128-132.

附录 LS/T 3250—2017《南瓜籽油》

南 瓜 籽 油

1 范围

本标准规定了南瓜籽油的术语和定义、分类、质量要求、检验方法、检验规则、标签、包装、储存、运输和销售。

本标准适用于以南瓜籽为原料加工的供人食用的南瓜籽油。

2 规范性引用文件

下列文件对于本标准的应用是必不可少的。凡是注日期的引用文件，仅注日期的版本适用于本标准。凡是不注日期的引用文件，其最新版本（包括所有的修改单）适用于本标准。

GB/T 191　包装储运图示标志

GB 2716　食用植物油卫生标准

GB 2760　食品安全国家标准　食品添加剂使用标准

GB/T 5009.37　食用植物油卫生标准的分析方法

GB 5009.168　食品安全国家标准　食品中脂肪酸的测定

GB 5009.227　食品安全国家标准　食品中过氧化值的测定

GB 5009.229　食品安全国家标准　食品中酸价的测定

GB 5009.236　食品安全国家标准　动植物油脂水分及挥发物的测定

GB/T 5524　动植物油脂　扦样

GB/T 5525　植物油脂　透明度、气味、滋味鉴定法

GB/T 5526　植物油脂检验　比重测定法

GB/T 5529　植物油脂检验　杂质测定法

GB/T 5532　动植物油脂　碘值的测定

GB 7718　食品安全国家标准　预包装食品标签通则

GB 8955　食用植物油厂卫生规范

GB/T 17374　食用植物油销售包装

GB 28050　食品安全国家标准　预包装食品营养标签通则

3　术语和定义

下列术语和定义适用于本标准。

3.1　压榨南瓜籽油　pressing pumpkin seea oil

南瓜籽经压榨工艺制取的油。

3.2　浸出南瓜籽油 refine pumpkin seed oil

南瓜籽经浸出工艺制取的油。

3.3　成品南瓜籽油　finished product of pumpkin seed oil

经处理符合本标准成品油质量指标和卫生要求的直接供人类食用的南瓜籽油。

4　分类

南瓜籽油分为压榨成品南瓜籽油和浸出成品南瓜籽油两类。

5　质量要求

5.1　基本组成和主要物理参数

南瓜籽油的基本组成和主要物理参数见表 1。这些组成和参数表示了南瓜籽油的基本特性，当被用于真实性判定时，仅作参考使用。

表 1　　　　　　　　　南瓜籽油基本组成和主要物理参数

项目		指标
相对密度（d_{20}^{20}）		0.910~0.930
碘值（以 I_2 计）/（g/100g）		100~133
脂肪酸组成/%	月桂酸（$C_{12:0}$）	ND~1.0
	豆蔻酸（$C_{14:0}$）	0.07~0.20
	棕榈酸（$C_{16:0}$）	7.0~16.0
	棕榈—烯酸（$C_{16:1}$）	ND~0.5
	硬脂酸（$C_{18:0}$）	1.0~10.0
	油酸（$C_{18:1}$）	15.0~38.0
	亚油酸（$C_{18:2}$）	40.0~65.0
	亚麻酸（$C_{18:3}$）	ND~2.8
	花生酸（$C_{20:0}$）	ND~0.6
	花生—烯酸（$C_{20:1}$）	ND~0.6
	山萮酸（$C_{22:0}$）	ND~1.0
	芥酸（$C_{22:1}$）	ND~0.6

注：ND 表示未检出，定义为不大于 0.05%。

5.2 质量指标

南瓜籽油质量指标见表2。

表2   南瓜籽油质量指标

项目		质量指标	
		压榨成品南瓜籽油	浸出成品南瓜籽油
色泽		红色至深棕色	淡黄色至黄色
气味、滋味		具有南瓜籽油固有的气味和滋味，无异味	具有南瓜籽油固有的气味和滋味，无异味
透明度		澄清、透明	澄清、透明
水分及挥发物含量/%	≤	0.15	
不溶性杂质含量/%	≤	0.05	0.05
酸价（以 KOH 计）/（mg/g）	≤	2.5	2.0
过氧化值/（g/100g）	≤	0.15	0.10
溶剂残留量/（mg/kg）	≤	不得检出	15

注：溶剂残留量检出值小于 10mg/kg，视为未检出。

5.3 食品安全要求

5.3.1 应符合 GB 2716 和国家有关的规定。

5.3.2 食品添加剂的品种和使用量应符合 GB 2760 的规定，但不得添加任何香精香料，不得添加其他食用油类和非食用物质。

5.3.3 生产加工过程应符合 GB 8955 的规定。

6 检验方法

6.1 透明度检验、气味、滋味检验：按 GB/T 5525 执行。

6.2 色泽检验：按 GB/T 5009.37 执行。

6.3 相对密度检验：按 GB/T 5526 执行。

6.4 水分及挥发物含量检验：按 GB 5009.236 执行。

6.5 不溶性杂质含量检验：按 GB/T 5529 执行。

6.6 酸价检验：按 GB 5009.229 执行。

6.7 碘值检验：按 GB/T 5532 执行。

6.8 过氧化值检验：按 GB 5009.227 执行。

6.9 溶剂残留量检验：按 GB/T 5009.37 执行。

6.10　脂肪酸组成检验：按 GB 5009.168 执行。

7　检验规则

7.1　组批及扦样

7.1.1　同一班次、同一次投料、同一工艺、同一条生产线生产的同一品种、同一规格的产品为一批。

7.1.2　扦样方法按照 GB/T 5524 的要求执行。

7.2　出厂检验

7.2.1　应逐批检验，并出具检验报告。

7.2.2　按表 2 的规定检验。

7.3　型式检验

7.3.1　按本标准全项检验，有下列情况之一时，亦应进行型式检验：

   a)　设备初次生产或停产 6 个月以上的；

   b)　生产工艺或原材料有较大变化，可能影响产品质量时；

   c)　出厂检验结果与上次型式检验结果有较大差异时；

   d)　连续生产时，每 6 个月进行一次；

   e)　国家质量监督部门提出要求时。

7.3.2　按表 1、表 2 的规定检验。当检测结果与表 1 的规定不符合时，可用生产该批产品的南瓜籽原料进行检验佐证。

7.4　判定规则

产品经检验，有一项不符合表 2 规定值时，判定该批产品为不合格产品。

8　标签

8.1　应符合 GB 7718 和 GB 28050 的要求。

8.2　产品名称：根据术语和定义内容标注产品名称。

8.3　应在包装或随行文件上标识加工工艺。

9　包装、储存、运输和销售

9.1　包装

9.1.1　应符合 GB/T 17374 及国家有关规定和要求。

9.1.2　包装储运图示标志应符合 GB/T 191 的规定。

9.2　储存

应储存在卫生、阴凉、干燥、避光的地方，不得与有害、有毒物品一同存放，尤其要避开有异常气味的物品。

如果产品有效期限依赖于某些特殊条件，应在标签上注明。

9.3 运输

运输中应注意安全，防止日晒、雨淋、渗漏、污染和标签脱落。散装运输符合 GB/T 30354 的要求。

9.4 销售

预包装的成品南瓜籽油在零售终端不得脱离原包装散装销售。